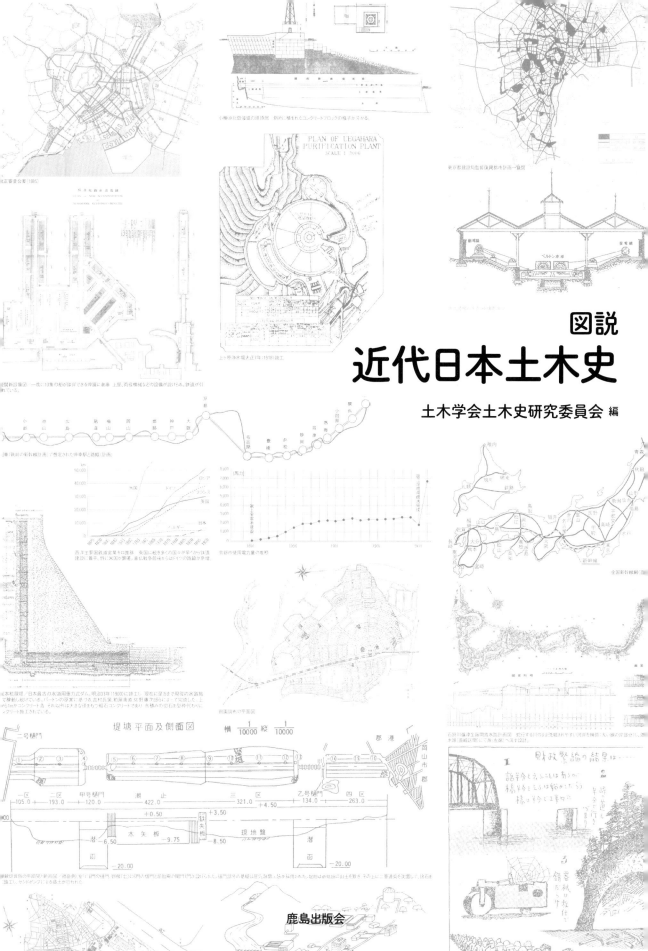

図説
近代日本土木史

土木学会土木史研究委員会 編

鹿島出版会

# 『図説 近代日本土木史』からの眺め

　社会基盤（インフラストラクチュア）を編み上げる土木技術は、国土の筋書きを解釈し、改定し、あるいは読みかえる。このようにして国民生活を支える土木の門を叩いた若い諸君に、近代化する国土の軌跡と営為を絵解きする入門書がここに登場した。

　道路、鉄道、河川、港湾など、そしてそれら大きな巨龍たちに育まれた都市や地域のふところで、国民の生活や文化がどのように変わり、彼らの人生はいかに変貌したのであろう？　図解の群れを繰り広げながら、日本近代のパノラミックな眺めを楽しんでほしい。

　文明の礎としての社会基盤をどのように再編し、整備すべきなのか。この問いにたいする答えの如何が、あたらしい時代の息吹をつくっていく。人類の文明が根底から問われる気難しい時代に、その舵取りの責任を負う技術者たちは、大局を見誤らないように視野をひろげ、思想をきたえ、発想をゆたかにし、すぐれた構想を市民とともに描いてゆかねばならない。そのためには、先人たちが苦しみながら見抜いた問題群と、それに対する答えの双方を視野にいれてほしい。技術者の斬新な問いが文明を覚醒させ、その答えは生活を革新する。ここに精選された近代土木の古典の姿は、新しい問題の発見と斬新な答えの両面においてわれわれを啓蒙するだろう。

　本書は、プロジェクトだけでなく、それに関係した人物もとりあげている。土木という巨龍と格闘した人間の情念と見識に眼を向けてもらうためである。彼らの輝いた瞳は、青雲の志をもってこの道を歩みだした若い諸君を奮い立たせるにちがいない。

　母性的風土に鋭く対立する科学的普遍性。この両極のあいだにピンと張られた弦のように、風景のなかの土木構造体は、他の工学技術にみられない複雑な音色を奏でる。その造形上の振幅は、とくにわが国において著しい。過酷な自然と古い文化の伝統のもとで、われわれの先輩たちのなした仕事は、世界の近代土木のなかで独特の景観をしめすであろう。

　近代土木技術の開いた地平は、川、道、橋という個別の建設事業をつなぎあわせて、都市や田園、林野を視野におさめる国土マネージメントの世界をひらいた。こうして土木史は都市史、国土史というあたらしい歴史学の地平を拓くであろう。

　今日、他の工学技術とおなじように、肥大化した土木技術の世界では、環境、社会と人間の関係が錯綜し、緊張している。この難題を解きほぐす一つの鍵は、人類の経験としての土木の歴史を編みあげ、語ることにある。なぜなら、歴史は文明の進路を模索する人々に大局観を授け、それが有効な言葉と勇気を提供する羅針盤になるからだ。

　ともかく、文明の基盤を支える土木を統括し大観する「土木原論」の心臓部を土木史学が担うことは疑いない。歴史という志をもった総合知こそが若い技術者の学習の原動力になると信じる。

東京工業大学 名誉教授（土木学会 土木史研究委員会 元委員長）

中村良夫

# はじめに

　本書は、ここ数十年来、大きく進展した近代土木史研究の最新成果を取り入れつつ、図面、写真、データ、年表類を豊富に用いて作成した、土木史分野で初めての図説教材です。土木史教材の充実を求める教育現場からの声を受けて、2004年に土木学会土木史研究委員会（委員長：中村良夫）に組織された教材検討小委員会（前年設立の土木史教材検討準備会を前身とする）のメンバーが、分担して執筆しました。

　執筆にあたっては、以下の3つの基本方針を掲げました。完成までに、思いのほか長い年月を要し、執筆担当や出版社も何回か変更しましたが、これらの方針は何とか最後まで貫くことができたかと思います。

1. 教養の書であること……技術者が知るべき最低限の歴史情報（主要トピック、人物、データなど）を盛り込む。
2. 現在との繋がりを意識すること……歴史家を養成するための教材ではない。現在の業務や研究にいかしうる知の源泉としての教材をめざす。
3. 「土木原論」再考のきっかけを与えること……文明や文化の形成において、土木が本来担うべき役割の再考を促す。

　これらの方針が示すように、本書はもともと土木を学ぶ学生、特に土木史の初学者を想定して生まれたとはいうものの、編集にあたっては、近代のインフラ、国土、都市に興味をもつ一般の方でも手に取っていただけるような内容を目指しました。

　教材としては、講義での使い勝手を考えて、以下のような工夫を施しています。まず、多岐にわたる土木の各分野を、15回程度の講義で、できるだけ網羅的に扱う目次構成になっています。また、ただ事実を羅列するだけでは上記基本方針の1しか満たすことができないので、各分野を代表するプロジェクトを章ごとに一つ選定し、その構想や実現のプロセスを紹介することで、過去の経験を読者と共有することを企図しました。つまり、本書は、従来の土木史教材とは異なり、通史的な体裁をとっていません。ただ、全体として代表プロジェクトの構想、実施順におおよそ並んでいるので、一応、目次通りに講義すれば、近代土木史全体の流れをつかむことができるような構成にはなっています。

　なお、本書では大きく扱わなかった近世以前を含む土木史の図説としては、2014年に開催された土木学会創立100周年記念式典特別展示『土木と文明』展の図録があります。その内容は、土木学会が運営するオンライン土木博物館・ドボ博（www.dobohaku.com）のサイトに掲載しているので、あわせてご利用ください。

　さらに、学習の段階から一歩進んで、土木史をテーマとした論文執筆や研究を行いたいという方のために、「土木史研究のてびき」を作成しています。これも、土木学会 土木史研究委員会のホームページで無料公開しています。

　本書が描くように、わが国の国土と都市の成り立ちは、実に興味深く、魅力的です。しかしそれは、十分な知識や、知ろうとする意識がなければ

見えてきません。技術がめまぐるしく変化する現代社会にあって、その変化に身をゆだね、最先端の技術や政策を追い求めるのは刺激的ですが、それだけでは国土や都市の本質にたどり着くことはできません。

　教材として、そして国土や都市に関わるすべての人の知の共通基盤として、本書がいくばくかの役割を果たし、土木史研究の輪が広がるきっかけになるのなら、それに勝る喜びはありません。

土木学会 土木史研究委員会
教材検討小委員会 委員長
北河大次郎

執筆者（50音順、＊編集幹事、［担当章］）

**阿部貴弘＊**
日本大学 理工学部 まちづくり工学科 教授［12, 13］

**上島顕司**
国土交通省 国土技術政策総合研究所 沿岸域システム研究室長［05］

**岡田昌彰**
近畿大学 理工学部 社会環境工学科 教授［08］

**小野田滋**
公益財団法人鉄道総合技術研究所 情報管理部 担当部長［02］

**北河大次郎＊**
文化庁 文化資源活用課 文化財調査官［01, 11］

**田中尚人**
熊本大学 熊本創生推進機構 准教授［04, 07］

**知野泰明**
日本大学 工学部 土木工学科 准教授［04, 付録］

**土井祥子**
アーバンデザインセンター坂井 チーフディレクター［12］

**中井 祐**
東京大学大学院 工学系研究科 社会基盤学専攻 教授［06］

**原口征人**
一般社団法人北海道開発技術センター 企画部 上席研究員［03］

**樋口輝久**
岡山大学大学院 環境生命科学研究科 准教授［09, 14］

**三宅正弘**
武庫川女子大学 生活環境学部 生活環境学科 准教授［10］

## Contents

003 『図説 近代日本土木史』からの眺め
004 はじめに

# 01. 世界の中の近代日本土木

012 Civil Engineerの誕生
014 西洋における国土と都市の近代化
016 西洋における構造物の近代化
018 日本の国土の地理的特性
020 日本の開国
022 文明開化の時代
024 日本の社会資本の形成と技術者の育成

# 02. 鉄道⋯⋯⋯⋯東海道本線

028 東海道本線の完成
030 東海道本線の改良
032 東海道新幹線の開業
034 新幹線ネットワークの形成
036 初期の鉄道政策
038 明治後期以降の鉄道政策の展開
040 都市鉄道の発展——路面電車と近郊鉄道
042 都市鉄道の発展——拡大する地下鉄網

# 03. 開拓⋯⋯⋯⋯北海道開拓

046 北辺の未開地
048 北海道開発の始動
050 海陸の連絡と技術開発
052 開拓の持続と拓地殖民
054 拓殖から総合開発へ

# 04. 河川⋯⋯⋯⋯淀川改修

058 近世から近代初期の大阪湾と淀川
060 淀川改修計画
062 淀川の分流と放水路工事
064 近代治水事業の全面展開
066 分水堰技術の変遷

# 05. 港湾⋯⋯⋯⋯横浜築港

072 横浜開港前後
074 横浜第一次築港
076 横浜港での近代埠頭の完成
078 日本における近代港湾の誕生
080 近代から現代の港湾整備へ

## 06. 都市計画 …………東京市区改正事業

084 近世城下町・江戸から近代都市・東京へ
086 市区改正計画策定の経緯
088 市区改正計画の実現
090 東京の新たな都市問題への対応

## 07. 都市の再生 …………琵琶湖疏水

094 琵琶湖疏水、建設の背景
096 琵琶湖疏水、建設と土木技術
098 第二琵琶湖疏水と都市の拡大
100 歴史都市・京都の近代化過程
102 近代疏水・運河と総合開発

## 08. 水道 …………神戸水道

106 近代以前の日本の水道
108 近代の衛生思想、水道建設の展開
110 近代水道の普及
112 神戸水道建設の背景と計画
114 神戸水道の技術と景観

## 09. 干拓 …………児島湾干拓

118 近世岡山の農業土木
120 児島湾への近代技術の導入
122 児島湾干拓事業の展開
124 戦後の児島湾と全国の農業政策

## 10. 郊外開発 …………阪急と沿線開発

128 私鉄による都市開発の軌跡
130 阪急のアミューズメント・デザイン
132 関西私鉄の沿線開発の多角化
134 私鉄と東京・大阪

## 11. 道路 …………国道1号

138 東海道から国道1号へ
140 国道1号と道路法の制定
142 国道1号における道路構造物のデザイン
144 国道の全国ネットワーク
146 高速道路の全国ネットワーク

## 12. 災害からの復興……………帝都復興事業

150 江戸以来の防火対策と復興
152 関東大震災の発生と帝都復興院の発足
154 帝都復興計画と復興体制の変遷
156 土地区画整理の実施と街路・公園の整備
158 橋梁及び河川・運河の整備と防火地区の指定
160 市場新設、住宅供給と横浜の復興
162 帝都復興後の災害と復興

## 13. 植民地経営……………満州

168 「満鉄」設立
170 満州の鉄道建設と港湾整備
172 満州の都市計画
174 満州の国道計画
176 満州の産業計画
178 台湾及び朝鮮半島における植民地経営

## 14. 発電………………黒部峡谷開発

182 新たなエネルギーとしての電力
184 水力開発ブーム
186 ダム技術の発達
188 黒部峡谷における電源開発と自然保護
190 戦後の電源開発とエネルギー源の多様化

194 **付録　東北開発計画**

207 掲載図表出典
213 索引
215 おわりに

# 01.

# 世界の中の
# 近代日本土木

Civil Engineerの誕生
西洋における国土と都市の近代化
西洋における構造物の近代化
日本の国土の地理的特性
日本の開国
文明開化の時代
日本の社会資本の形成と技術者の育成

世界の中の近代日本土木
# Civil Engineerの誕生

**Civil Engineer誕生の時代背景**
**Civil Engineerの使命とは**
**英仏の違い**

## civil engineerという概念

近代日本の土木は、近世以前の伝統と西洋のcivil engineeringという、2つの異なる歴史をとりこむ形で発展した。これらのうち、近世以前の日本土木については各章でそれぞれ扱っているので、ここでは西洋のcivil engineeringの歴史を簡単に振り返っておきたい。

一般にcivil engineeringという言葉は、自然の理法を市民社会に適合させ、公益の増進を図るために用いられる建設技術全般を指す。また歴史的に見れば、civil engineerとは軍事兵器enginの建設者を意味した軍事技術者engineer / ingénieurに対して、前記の技術を専門的に扱う民生的civil(非軍事的、非宗教的)技術者を指し、その意味においてcivil engineer(ing)の歴史は少なくとも2つの源流に遡ることができる。

## 英国

1つは英国である。17世紀の清教徒革命、名誉革命を経て、社会の伝統を色濃く残しながらも、英国にはいち早く市民社会が形成された。また18世紀になると、人々の創意工夫により、新たな社会秩序を形成しようとする気運が高まった。こうした時代状況の中で、産業革命が起こると同時に図1、civil engineerという新たな職業が誕生する。

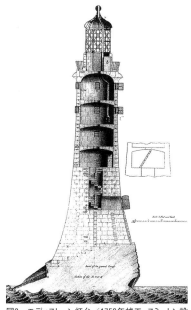

図2 エディストーン灯台／1759年竣工。スミートン設計。岩礁上に建設。ポルトランドセメントや鉄材を使用し、力学的原理に適った形状をとる。近代灯台の原型として知られる。

最初に自らをcivil engineerと名乗ったのは、スミートン[ii]だといわれる。彼は、1759年エディストーン灯台図2の再建に成功した後、施工管理の近代化、工事報告書の作成など、市民社会が必要とする近代土木のあり方を多角的に提示した。また1771年には、世界初の技術者協会である土木技術者協会The society of civil engineersという一種のクラブ組織を創設し、土木界におけるリーダーのネットワークを構築した。

さらに1818年には、英国に世界で最初の土木学会であるThe Institution of Civil Engineers(ICE)がつくられ、テルフォード[iv]がその初代会長に就任する。そして1828年に国がこの会の設立を正式に許可し、civil engineerが1つの職業であることが正式に認められる。ICEは、engineer又はcivil engineeringという概念を規定し[*1,2]、学術雑誌を出版するなどして、研究の推進と技術の普及を図り、土木の専門教育機関の整備に遅れた英国において重要な役割を果たした。

そして、経験論を重んじる国民性や、産業革命による技術の発展・商品化(特許制度の確立)を背景として、理論よりも実験と現場を重視し高度な専門性を発揮する、優れたcivil engineerが次々と輩出された。

## フランス

一方、フランスではまだ市民社会が実現する前の絶対王政期に、非軍事的・非宗教的であるという意味で、今日のcivil engineerに通じる技術者が誕生している。

従来、地域で個々に行われていた道路の整備と管理を国家が所轄し、国富の増大に結びつけようと考えた重商主義者コルベールの意思を受け継ぎ、財

図1 アイアンブリッジ／1779年に竣工。プリチャード設計、ダービー三世製作による世界初の本格的な鉄橋。ダービー家が開発したコークスを用いた近代的製法でつくられた鋳鉄を使用している。全体として石橋を想わせる半円アーチ形をとりながらも、細部においては木橋建設の技法を用いる。産業革命を象徴する土木構造物。

i. ペロネ ········· Jean-Rodolphe Perronet(1708-1794) フランス人技術者。ポンゼショセ初代学長。プロジェクト中心の技術者養成を行う
ii. スミートン ······· John Smeaton(1724-1792) イギリス人技術者。The Society of Civil Engineers 創設者(1771)。最初の"Civil Engineer"
iii. モンジュ ········ Gaspard Monge(1746-1818) フランス人数学者。ポリテクニック創設者。理論を基礎としたプロジェクト訓練を行う。画法幾何学の開発者
iv. テルフォード ····· Thomas Telford(1757-1834) イギリス人技術者。メナイ吊橋など革新的な橋梁・運河を建設

務総監シャミアールとデマレは1716年に土木技師団 le Corps des Ponts et chaussées（直訳すると橋梁及び道路技師団）を設立する。その構成員である土木官僚は、軍部ではなく財務部局（後に内務省、公共事業省、施設省等）に所属し、橋梁・道路のみならず港湾、運河、公共建築等の広範な建造物を扱った。そして、1747年には彼らを養成するための教育機関――土木のみならず技術関係全般で世界初の国立高等教育機関――が設立される（初代学長はペロネ[i]。1775年にEcole royale des Ponts et chaussées王立土木学校図3）。ここでは、プロジェクト作成能力が重視され、技術から文章表現力に至る幅広い実務教育が行われた。

1794年に理工科学校Ecole Polytechnique（当初は中央公共事業学校Ecole centrale des Travaux Publics[iii]）ができると、土木学校は理工科学校卒業生が専門化を図るための機関として位置づけられる。そして、高度な理数科目と将来国家を担うに相応しい広範な学問が理工科学校で教えこまれたことで、土木自体の理論化が進められ、さらに専門性よりも総合性を重んじる気風が広まった。

ただし、フランスは早くから国家が先導して技術者養成を行ったにも関わらず産業の近代化には遅れをとっていた。そこで、技術官僚だけでなく英国のcivil engineerに相当する産業界のリーダーを養成する必要性が認識され、1829年にエコール・サントラルEcole Centrale des Arts et Manufacturesが設立される。こうして創意工夫の精神に富み、建設・機械・冶金・化学という技術全般に通じた総合的能力をもつingénieur civilという新たな職業がフランスにも誕生することになる図4,5。

*1 エンジニアとは／"An engineer is a mediator between the philosopher and the working mechanic and, like an interpreter between two foreigners, must understand the language of both.(...) Hence the absolute necessity of his possessing both practical and theoretical knowledge."(ICE, 1818)
*2 シヴィルエンジニアリングとは／"(Civil engineering is) the art of directing the great sources of powers in Nature for the use and convenience of man, as the means of production and of traffic in states both for external and internal trade, as applied in the construction of roads, bridges, aqueducts, canals, river navigation and docks,(...)"(ICE, 1828)

|  | 技術官僚 | 民間技師 |
|---|---|---|
| 土木 | ポリテクニック＋陸軍工兵学校 |  |
|  | ポリテクニック＋土木学校 | サントラル |
| 鉱山 | ポリテクニック＋鉱山学校 |  |
| 機械 | ポリテクニック＋砲兵学校 |  |
| 冶金 | ― |  |
| 化学 | ― |  |

フランスのシヴィルエンジニア　日本のシヴィルエンジニア

図4　フランスのシヴィルエンジニアの範疇／当初フランスのIngénieur civilは技術官僚と対比的な概念として生まれ、建設に限らない広範な技術的知識が求められた。

図3　エコール・デ・ポンゼショセの寓意画／オベリスクを中心とし、光降り注ぐ秩序的な大空間の中で、多くの技術者があわただしく図面作成、講義を行う様子が描かれる。壁面には数多くの図面が架かる。理性の光によって社会に進歩をもたらそうとした啓蒙時代の雰囲気をよく表す。

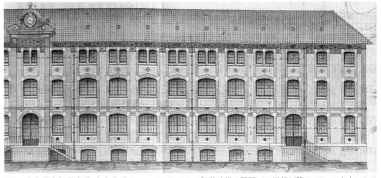

図5　土木学会初代会長・古市公威のエコール・サントラル留学時代の図面／古世紀以降のフランス土木における「エンジニア・アーチスト」の系譜を受け継ぐ水彩図面。当初フランス土木技術者には美しい図面表現の技術も求められた。

世界の中の近代日本土木
# 西洋における国土と都市の近代化

産業革命と交通手段の変化
新たなネットワークの整備
新たな都市問題とその解決

### 国土のネットワーク

civil engineerという概念が生まれた時から、土木の最も重要な目的の一つは交通路の改良と考えられてきた。p.13 *2
実際、civil engineerは重商主義や、資本主義の発展を求める時代の価値観や国家の方針に基づき、道路、水路、鉄道を次々と改良、整備していった。
道路、水路、鉄道のうち、最も古い歴史をもつ道路については、英仏でそれぞれ対照的な整備が行われている。まず英国では、近代産業発展の礎として民間会社による有料道路の充実が図られた。一方、道路建設を中央集権国家確立の手段と考えていたフランスでは、幹線道と地方道の規格を区別したパリ中心型の放射状ネットワークが、国家によって直接建設された。管理についても、ネットワークの重要性に対応した国と地方の分担方式が、19世紀初頭に制度化されている。
水路については、大量物資輸送に適した舟運の重要性が英仏、ベネルクス、ドイツ、北米などの多くの国々で認識され、運河網や灯台の整備が進められた。図1
そして鉄道の時代となる。鉄道は道路、水路以上に近代国土のかたちを決定付ける役割を果たした。蒸気機関という新たなエネルギーを利用して、輸送路と輸送機関が一体的に開発されることで、鉄道は従来にない効率的な交通施設として各地で建設された。図2-4,i,ii
こうした交通網の重層化による国土の近代化は、文明の発展を支えただけでなく、文化の変容ももたらした。特に鉄道は、人・モノ・カネの移動量の増大と資本主義社会を牽引する巨大企業（鉄道会社）誕生の要因となっただけでなく、その規則性、スピード、移動の容易性から人々の時間と空間の感覚や生活スタイルに大きな変化をもたらした。例えば、鉄道によって海岸や大都市近郊でレジャーを楽しむ習慣が広まり、情報（新聞等）と金融の新たなネットワークも生み出された。また、鉄道による新たな時空間の体験がターナーや印象派による新しい絵画表現を生み出す契機にもなった。

図1　1840年頃の英国運河網図／運河網は鉄道網完成前の主要輸送路で、英国ではバーミンガムなどの工業都市と交易拠点リバプールを中心としてネットワークが形成された。また海岸には数多くの灯台が建設された。

図2　ワットの蒸気機関発明の寓意画／蒸気機関の開発が、単に産業の発展だけでなく、国土と都市の変容をもたらしうることが暗示されている。

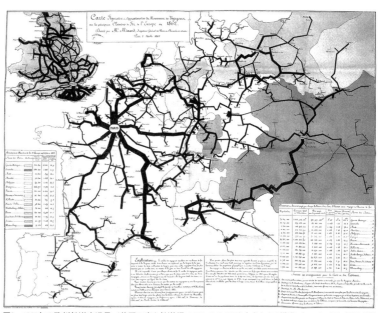

図3　1862年の欧州鉄道交通量／英国の密な鉄道網、フランスのパリを中心とする構造、ウィーン・ミラノ間など異国間の長距離交通が確認できる。

i. ワット ················ James Watt (1736-1819) スコットランド人技術者。蒸気機関の実用化に貢献
ii. G.スチーブンソン ········ George Stephenson (1781-1848) イギリス人技術者。鉄道の実用化の貢献者。ストックトン・ダーリントン間、リバプール・マンチェスター間の鉄道建設
iii. ナポレオンⅢ世とオスマン ··· Napoléon Ⅲ (1808-1873)、Georges-Eugène Haussmann (1809-91) フランス人。パリ大改造の指揮者
iv. セルダ ················ Ildefons Cerda (1815-1876) スペイン人技術者。"アーバニズム"の概念を生む。バルセロナ拡張計画の計画者
v. アルファン ············ Jean Charles Adolphe Alphand (1817-1891) フランス人技術者。パリ大改造で街路・公園を担当。オスマン後にパリ大改造指揮

## 都市整備

西洋においては、産業革命や市民革命後の都市人口の急激な増加を背景として、次第に都市環境の悪化が顕在化していった。特にロンドンでは、労働者住宅街に、それが顕著に現れた図5。
そのため近代の都市には、従来の建築物と広場を主体とした空間造形よりも、街路・水道・公園等の社会基盤施設整備による都市問題の解決が求められ、そのことがこれまで国土整備に邁進していた土木技術者が都市整備に関わる1つのきっかけとなった。
こうした中、19世紀中期のパリにおいて、産業化時代に対応した最初の総合的都市整備が実施される表1,iii,v。すでに、歴史都市として知られていたパリを近代化するために、交通・衛生・美観・軍事など複数の整備目的に適合する方法論が、土木官僚を中心として包括的に探求され、新旧の市街地は広幅員街路で結ばれ、要所には公園が配置された。その結果、都市空間は再組織化され、パリは経済・文化両面の充実を図る新たな都市再生モデルを世界に提示することができた。
また、19世紀後半のバルセロナにおいても、旧市街地の外側にグリッド状の街路網を拡張し、港湾や新旧の市街地を幹線道路によって繋ぐという、ネットワークを重視した近代都市の形成が目指された図6,iv。
バルセロナの例にその兆候が見られるように、特に19世紀後半以降の近代都市の探求は、技術者、建築家、社会学者などによる都市の理論化を促した。その代表例が、ハワードによる"Garden-City"論である図7。
このように、都市整備の手法はかつての造形的・具象的なものから、次第に分析的・抽象的なものへと移り、計画という概念自体が1つの学問の対象となっていく。

表1 パリ大改造の整備実績／上下水道、ガスといったライフラインの充実が顕著。また道路延長に対し植樹の増加の割合が高い。

| | 道路 | 上水道 | 下水道 | 植樹 | ガス |
|---|---|---|---|---|---|
| 整備前(1852年頃) | 680km | 700km | 170km | 38,100本 | 14,000世帯 |
| 第二帝政期末期(1870年頃) | 855km | 1600km | 560km | 80,000本 | 33,000世帯 |

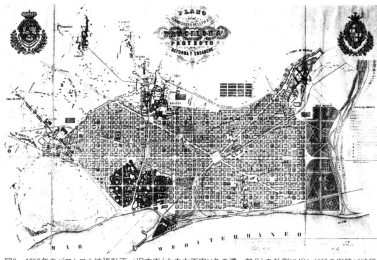

図6 1859年のバルセロナ拡張計画／旧市街(中央左下寄り色の濃い部分)の外側にグリッド状の街路が拡張される。幹線道路は旧市街も貫き、鉄道は港と地方を繋ぐ。計画者のセルダは、世界で初めて「アーバニズム」という概念を生んだ土木技術者としても知られている。

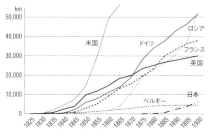

図4 西洋主要国鉄道営業キロ推移／英国に続いて多くの国々が鉄道建設に着手。特に米国が顕著。普仏戦争前後からはドイツの路線が急増。

図5 "Over London by rail"(ドレ)／鉄道の排煙、暗い空、狭小な集合住宅など劣悪な生活環境が描かれる。

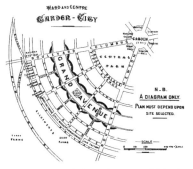

図7 Garden-Cityの概念図／交通と公共・産業施設、住宅、農地など総合的機能を備えた都市のモデル。

世界の中の近代日本土木
# 西洋における構造物の近代化

材料の開発
新たな構造物のかたち
建設の理論化

## 鉄

国土と都市の近代化は、新たな規模・強度をもつ構造物の建設によって初めて可能となった。陸路を今まで以上に直線化、平坦化し、荷重の大きな車両を通すために、大スパン・高強度の橋梁や長大トンネルを建設。また水路の短絡、河道の安定化、船舶の大規模化などを進めるために、大規模閘門や長大かつ頑強な護岸が建設された。

構造物の近代化にあたり、まず実用化された近代建設材料は鉄である。特に製鉄技術の先進地で鉄道発祥の地でもあった英国において、様々な構造物が創り出された図1～3。鋳鉄、錬鉄、鋼鉄を、鋲、チェーン、ケーブルなどに部材化し、桁、アーチ又は吊構造などの形式を用いて一つの形にまとめる。特に19世紀は、新たな構造技術、理論を総合して、今までにない大規模かつ独創的な鉄構造物が各地で建設された、まさに「鉄の時代」であった。そして、それを担った土木技術者は、人々の伝統的風景観と軋轢を生みながらも、新たな近代文明の先覚者として広く注目を集めたのである図4,i～iv。

図1 "The wonder of the Menai, in its suspension and tubular bridge"／テルフォード設計1826年竣工のメナイ吊橋（手前）とスチーブンソン設計1850年竣工のブリタニア橋（奥）。大規模橋梁が建ち並ぶこの景観は、19世紀の人々にとってまさに"wonder"であり、大英帝国の卓越した技術力と繁栄を世界に示した。

## コンクリート

近代的なセメント製法は鉄とほぼ同時期に誕生したが、大規模構造物への実用化という点で、コンクリートは鉄に大きく遅れをとった。

実際19世紀におけるコンクリートの使用は、ブロック構造物や実験的な鉄筋コンクリート構造物（RC）にほぼ限定され、さらにまだ十分な信頼性がなかったために、公共施設にはほとんど使用されなかった図5。

しかし1906年にフランスで初めてRCの技術基準が定められた頃から、仏・独を中心として、橋梁や公共建築への応用が急速に進められていく図6。そして従来の建設材料に比べ造形の自由度の高いコンクリートは、土木デザインに新たな可能性をもたらした図7,v。さらにプレストレスト・コンクリート構造（PC）が開発されることで、コンクリート技術の信頼性と汎用性がさらに高まり、各地で大規模コンクリート構造物が建設されたvi。

## 理論の発展

西洋で土木構造物が主に石材によって築かれていた時代には、建築と同じく比例や釣り合いなどの造形的洗練が、新たな構造物を生み出す重要な要件であった。しかし、鉄・コンクリートの時代になると、強度を確保するために長大又はモノリシックな部材の力学的特性を知る必要が生まれ、それを数学的に把握することが重要視される。つまり近代になって土木構造物の世界は、幾何学から解析学へとそのアプローチを変えていくのである。また、解析学の隆盛は流体力学という新たな学問も生み出している。

こうした変化は、技術者の秩序感覚にも変容をもたらした。従来の直角、直線、アーチによる硬直的な幾何学秩序に拠らず、数理的な合理性を根拠とする自

図2 ロイヤル・アルバート橋／ブルネル設計1859年竣工。楕円形断面のアーチと吊橋を組合わせ補剛桁も付ける。創意あふれる大規模橋梁。最大スパン139m。

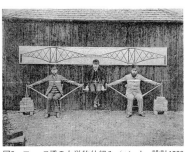

図3 フォース橋の力学的仕組み／ベーカー設計1889年竣工。最初期の鋼橋。ゲルバー橋の仕組みを示す写真で、中央の人物は工部大学校卒の渡辺嘉一と伝わる。

i. R.スチーブンソン・Robert Stephenson(1803-1859) イギリス人技術者。土木・機械に通じる。ヴィクトリア朝前期を代表する技術者の一人
ii. ブルネル‥‥‥‥ Isambard Kingdom Brunel(1806-1859) イギリス人技術者。橋、トンネル、船舶などを建設。ヴィクトリア朝前期を代表する技術者の一人
iii. エッフェル‥‥‥‥ Gustave Eiffel(1832-1923) フランス人技術者。エコール・サントラル卒。ギャラビ橋、エッフェル塔の建設で知られる
iv. ベーカー‥‥‥‥ Sir Benjamin Baker(1840-1907) イギリス人技術者。フォース橋の設計。ヴィクトリア朝後期を代表する技術者の一人
v. マイヤール‥‥‥‥ Robert Maillart(1872-1940) スイス人技術者。RC技術の発展を促し、優れた構造デザインを行った
vi. フレシネ‥‥‥‥ Eugène Freyssinet(1879-1962) フランス人技術者。大規模なRC構造物を建設。PCの発明者として知られる

i ii iii iv v vi

由な形態秩序感覚が技術者に芽生え、そのことが新たな構造物、都市形態が生み出される一つの契機となった。
ただ、数学的洗練や合理性の探究が、優れた構造物をつくるうえでの十分条件ではない。20世紀には優れた数学的能力を持ちながらもあくまで直感、実験、観察をもとに新たな創造(特にコンクリート)に挑んだマイヤール、フレシネ、ネルヴィなどの技術者の活躍も見られた。

### 西洋関係の年表

|  |  |
|---|---|
| 1689 | (英)権利章典 Bill of Rights |
| 1716 | (仏)土木技師団 Corp des Ponts et Chaussées創設 |
| 1747 | (仏)土木学校 Ecole des Ponts et Chaussées創設 |
| 1771 | (英)土木技術者協会 Society of Civil Engineers創設 |
| 1776 | (米)アメリカ独立宣言 Unanimous Declaration of the Thirteen United States of America |
| 1779 | (英)アイアンブリッジ竣工 |
| 1784 | (英)パドル炉開発、錬鉄生産の本格化 |
| 1789 | (仏)人権宣言 Déclaration des Droits de l'Homme et du Citoyen |
| 1794 | (仏)理工科学校 Ecole Polytechnique(当初中央公共事業学校 Ecole centrale des Travaux Publics)創設 |
| 1829 | (仏)中央工芸学校 Ecole centrale des Arts et Manufactures創立 |
| 1832 | (独)シュトゥットガルト工科大学 Hochschule für Technik Stuttgart設立 |
| 1837 | (米)モース、電信の実験に成功 |
| 1844 | (米)ワシントン・ボルチモア間電信 |
| 1855 | (スイス)チューリッヒ工科大学 Eidgenössische Technische Hochschule Zürich創立 |
| 1856 | (独)ドイツ技術者協会 Verein Deutscher Ingenieure設立、(英)ベッセマー転炉開発、鋼鉄生産の本格化 |
| 1860 | (独)ライス電話製作 |
| 1866 | 図解法の開発(クールマン『図解法静力学』) |
| 1869 | (エジプト)スエズ運河竣工 |
| 1871 | 普仏戦争終結 |
| 1875 | メートル条約 |
| 1879 | カスティリアノの定理・ひずみエネルギー法(カスティリアノ『弾性システムの平衡定理とその応用』) |
| 1884 | グリニッジを基準とする世界標準時設定 |
| 1888 | 弾性理論の完成(メラン『鋼アーチと吊橋の理論』) |
| 1928 | (仏)フレシネによるプレストレスト・コンクリートに関する特許 |

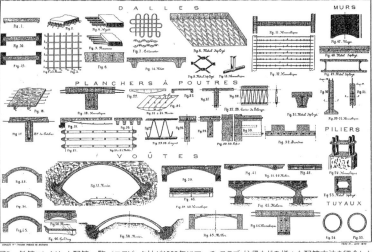

図5 鉄筋コンクリート配筋一覧／エヌビック社が1902年にアーチ・スラブ・柱梁などの様々な配筋方法を紹介したもの。19世紀後半に各国の技術者が様々な配筋方法を模索し、1906年に技術基準が制定されるまでの間フランスではRC関係で262件にのぼる特許申請があったという。

図4 エッフェル塔／エッフェル監修・ケクラン設計1889年竣工。技術者の世紀を象徴する錬鉄構造物の到達点。景観論争も巻き起こした。エッフェルは、優秀な技術者集団を組織した企業家としても注目される。

図6 オルリー空港格納庫／フレシネ設計1923年竣工。大規模RC建造物の代表例。

図7 サルギナトーベル橋／マイヤール設計1930年竣工。近代の新たな構造美を示している。

世界の中の近代日本土木
# 日本の国土の地理的特性

**地形**
**気候**
**災害**
**人口**

自然の理法を市民社会に適合させることが、土木技術の目的の一つであるとすれば、技術者はその対象である自然自体をよく知る必要がある。

ここでは、日本の地形、気候、地震、人口等の世界的な比較図1〜8を通じて、日本の地理的特性を大まかに把握してみたい。

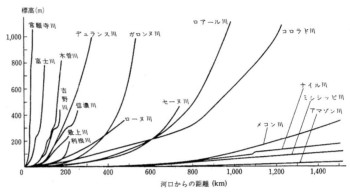

図2　世界の河川勾配比較／島国であるわが国には、大陸にあるような長大な河川は存在しない。一方、急峻な地形を流れる急流河川が多く、降水量も多いことから、水害が起きやすい。

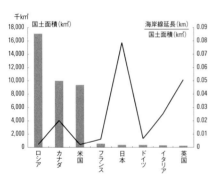

図1　国土面積と海岸線延長の各国比較／先進国の中では、ロシア・カナダ・米国の面積が突出しており、日本の国土はヨーロッパ諸国（ロシアを除く）と同程度。より細かく見ると本州の面積はグレートブリテン島とほぼ同じ約23万km$^2$。北海道はアイルランドよりやや小さい約7万8千km$^2$である。なお、日本国土の約65％は森林で、耕地は約12％にすぎない。また、国土面積あたりの海岸線延長については、日本の値が突出しており、同じ島国の英国と比べても約1.6倍である。

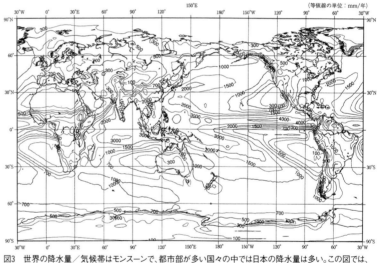

図3　世界の降水量／気候帯はモンスーンで、都市部が多い国々の中では日本の降水量は多い。この図では、南北から赤道付近に向けて増える全般的な傾向が示されている。

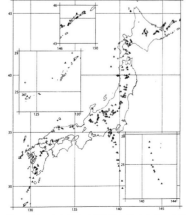

図4　日本の火山分布／北海道南部から中部の山間部、中部から伊豆諸島にかけて火山が集中。

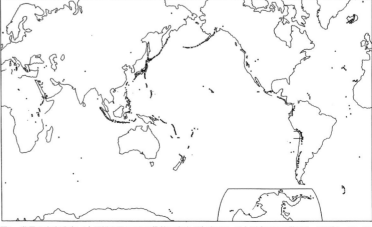

図5　世界の火山分布／太平洋を囲むように帯状に火山が存在する。日本列島はこの帯にちょうど重なっている。

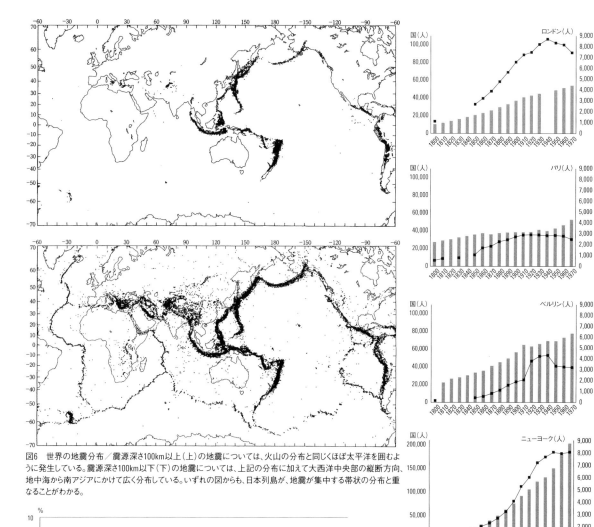

図6　世界の地震分布／震源深さ100km以上（上）の地震については、火山の分布と同じくほぼ太平洋を囲むように発生している。震源深さ100km以下（下）の地震については、上記の分布に加えて大西洋中央部の縦断方向、地中海から南アジアにかけて広く分布している。いずれの図からも、日本列島が、地震が集中する帯状の分布と重なることがわかる。

図7　国と都市人口の推移／国全体では日本、米国の増加率が高く、フランスはほとんど伸びがない。都市人口は東京、ロンドン、ニューヨークの増加率高いが、20世紀後半は東京を除いて減少の傾向が見られる。

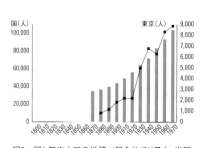

図8　雇用者全体に占める建設業者の割合（2005年）／先進8カ国中で日本が最大。女性の割合も比較的高い。

世界の中の近代日本土木
# 日本の開国

植民地化の脅威
国防の充実
近代産業の濫觴

## アジアへの列強進出
産業革命と近代技術者の誕生を経て、西洋諸国は、強大な経済力と技術力を手にするに至った。そして19世紀以降、綿花や茶といった国内で消費する製品の原料を有利な条件で入手するために、強大な軍事力によってアジア諸国に威嚇や侵略を行い、その結果、インドや東南アジア諸国は植民地と化し、中国には不平等条約が課せられた。こうして、古来よりヨーロッパと対等な交易を行ってきたアジア諸国は、西洋列強による覇権争いの場と化し、従属的な立場を強いられていく図1,2。

アジアに限らず、19世紀には数多くの非西洋諸国が侵略の脅威にさらされながら、長年培われた伝統的価値観や技術の再考を迫られていた。そして、中にはトルコやエジプトなどのように自発的な近代化に早くから取り組んだ国もあったが、政変や諸国の介入によって挫折した国がほとんどであった。

## 幕府の動き
西洋諸国によるアジア進出の情報は、これまで鎖国によって国の安寧を保持してきた幕府に大きな衝撃を与えた。そして結局は、日本に寄港地としての役割を期待していたアメリカが、嘉永6年（1853）に艦隊を連れて開国要求するに至り、幕府は遂にアメリカ船舶への燃料供給や下田・函館の開港などを盛り込んだ日米和親条約を締結する。

さらに、安政5年（1858）には日米修好通商条約が締結され、横浜・長崎・新潟・神戸・函館が新たな開港場として位置づけられると、港湾施設や外国人居留地の整備が進められていった。また、この条約よりもさらに低い関税率を定めた慶應2年（1866）の改税約書の規定に基づき、外国船の安全な航行のための灯台建設が義務づけられた図3。

こうした西洋からの強力な圧力を背景として日本の近代国土整備が始動する一方で、西洋諸国の侵略に備えた軍事施設の充実も継続的に行われた。また、幕府はオランダ技術による長崎製鉄所と、フランス技術による横須賀製鉄所の整備も進め図4、さらには、海軍伝習所（長崎）や蕃書調所（江戸）を設立し、数多くの日本人の海外留学も後押ししながら、近代技術の修得と近代技術者の

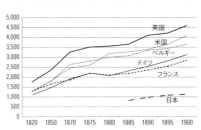

図1　19世紀の国力の比較（単位ドル）／左が国全体の実質GDP、右が国民一人あたり実質GDP。日本開国前後の西洋との国力の差がわかる。19世紀中期までは英仏が世界経済を牽引し、1870年ころ英国と米国の順位が逆転。一人あたりでは、英国が突出、日本は極端に低くなる。

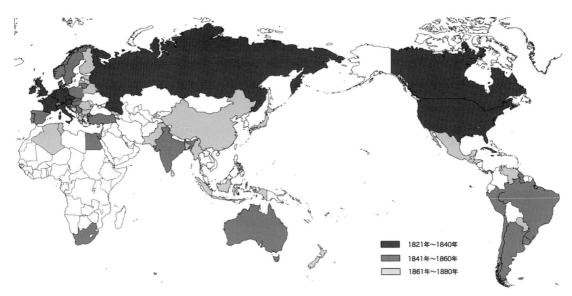

図2　鉄道開通世界地図／19世紀には、西洋だけでなく多くの非西洋諸国に鉄道が敷設された。この図から、日本よりも早く、南米、アフリカ、インドなどの国で鉄道が建設されていたことがわかる。

i. 山尾庸三 ……… (1837-1917) 長州藩出身。イギリスで造船を学んだあと、帰国して工部卿を務めるなど、工業にかかわる行政と教育の中核を担った
ii. 井上勝 ……… (1843-1910) 長州藩出身。イギリスで鉱山、鉄道、造幣を学び、帰国後は一貫して鉄道行政に関わる。わが国鉄道の功労者。後出：p.029

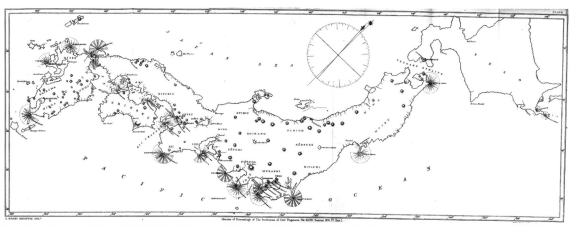

図3　明治初期の灯台の配置／わが国の近代国土整備では、まず陸路よりも海路が優先された。この時期に建設された灯台の多くは、今もそのままの姿で使われている。

図4　横須賀製鉄所ドック／わが国初の本格的近代土木構造物。幕府の近代化推進策を象徴する。

図5　指宿の宮ヶ浜港／疲弊した藩の財政を立て直すため清国との貿易や砂糖専売等に使われた港湾の防波堤。天保5年（1834）造で、雁木状につくる。

図6　集成館（明治5年頃の撮影）／島津家別邸に隣接して築かれる。手前の木造2階建は今も残る英国人紡績技術者の宿舎。この他機械館も現存する。

## 西南雄藩の動き

幕末の近代技術史を考える上で、幕府と同じく重要な役割を果たしたのが薩長を初めとする西南雄藩である。

特に薩摩藩は、支配下においた琉球王国を介した清国との貿易等によって貯えた富や 図5、他藩に先駆けて入手していたアヘン戦争などのアジア諸国の最新情報を活かして、防衛と近代技術の開発を積極的に進めていった。特に藩主島津斉彬の時代は、反射炉、精錬所（嘉永3年（1850））の他、ガラス、陶磁器等の製造工場も備えたわが国初の近代工場群である集成館の建設に着手したことで知られる。この施設は、文久3年（1863）の薩英戦争によって破壊されるが、その後再建され、英国人技術者によるわが国初の近代紡績工場など先駆的な施設が導入された 図6。

一方、長州藩は倒幕に向けた武器の購入や、後に国家を担うことになる藩士5人の留学派遣などを通じて 図7、薩摩藩と同様に英国との結びつきを深めていく i, ii。このことは、幕府がフランスとの関係を築いたのとは対照的で、後に明治政府が英国を重視する下地となった。

図7　「長州五傑」（文久3年（1863）頃の撮影）／上左より井上聞多（馨）、野村弥吉（井上勝）、伊藤俊輔（博文）。下左より遠藤謹助、山尾庸三。

世界の中の近代日本土木
# 文明開化の時代

新たな国の秩序の形成
建設的な思想とその具現化の手法
人々の反応と批判

## 新たな国土経営に向けて

開国後、西洋列強を中心とする新たな国際秩序に組み込まれた日本は、侵略の脅威から逃れるためにも、いち早く国際的地位を確立する必要性に迫られる。この危機感は、インド・中国の惨状を知る旧支配者層の間でも広く共有され、戊辰戦争等の内乱はあったものの、日本は新たな国のかたちを整えるために着実に改革を進めることができた。

国土経営に関しては、藩主が地方を統治する旧来の仕組みを、天皇を中心とした中央集権型に改めるため、まず藩の領土・領民を天皇に奉還し、旧藩主を知藩事に任命する版籍奉還が行われた。さらに、藩の代わりに府県を置き、中央政府が官僚の中からその長(知事)を任命するとした廃藩置県により、国が地方を直接的に統治する体制がかたちづくられる。

*1 五カ条の誓文(明治元年)
──広く会議を興し万機公論に決すへし
──上下心を一にして盛に経綸を行ふへし
──官武一途庶民に至る迄各其志を遂げ人心をして倦まさらしめん事を要す
──旧来の陋習を破り天地の公道に基づくへし
──智識を世界に求め大いに皇基を振起すへし
我国未曾有の改革を為んとし 朕躬を以て衆に先し 天地神明に誓ひ 大に斯国是を定め万民保全の道を立とす 衆亦此旨趣に基き共心努力せよ

図1 岩倉使節団リバプール視察／政府の中心メンバーが1年9ヶ月の長期間にわたり欧米先進国を視察し、欧米の思想、産業、技術などを研究した。同時に植民地化の進むアジア諸国の現状も把握し、日本の近代化が喫緊の課題であるとの認識を強くした。

また日本の首都が、新たに皇居がおかれた東京に移り、中央集権国家の地理的中心となる。ただ、国土構造としては江戸時代にも江戸(東京)を中心とした五街道の整備が行われており、また近代以降も京都・大阪がしばらく地理的な重要性を保持したという意味で、近世との継続性が確認できる。

## 近代化の思想

近代に入ると、国づくりや技術に関係する思想にも変化が見られる。まず、五カ条の誓文*1からわかるように、世界に目を開きながら、人々が分け隔てなく意見を交わし、一丸となって新たな国家を築くという建設的な基本精神の浸透が図られる。このことは、朱子学に代表される形而上学的な価値観で、エリート層や人民を縛っていた江戸幕府とは対照的である。

また岩倉使節団に代表されるように、新たな上層部が自ら西洋諸国を実見することで、日本の針路が具体的に模索された図1。例えば、岩倉具視に同行した大久保利通は殖産興業の重要性を再認識し、福沢諭吉は西洋の進歩主義の精神を様々な書物を通して国民に伝え、伊藤博文や渋沢栄一らは人やモノの自由な流れを生み出す鉄道や銀行のネットワーク建設の推進役となった。こうして近世の硬直的社会・経済構造は急速に近代化されていく。

## 近代化の手法

土木に関係するわが国の近代化の手法として、以下の2点を挙げておきたい。まず、西洋には国ごとに異なる歴史や長所・短所があることを理解し、その得意分野を考慮して制度や技術を取り入れたこと。これは西洋主導でなく、あくまで日本が主体的に近代化を進めることで初めて可能となった手法で、具体的には政府機関などが諸国の専門家を雇

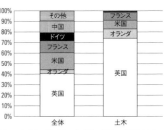

図2 お雇い外国人の国別の割合／明治元年から22年までの間、全体で2,299人の外国人が雇われ、うち土木は146人であった。国籍別に見ると、土木では特に英国人の割合が高いことがわかる。

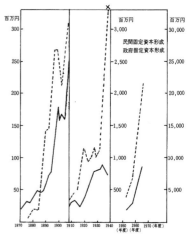

図3 インフラ資本形成における民間投資と公共投資の比較／実線が政府、点線が民間。電力事業と軍事関係は除く。明治20年(1887)頃から、民間資本形成が政府のそれを一貫して上回っている。

用する(「お雇い外国人」)ことで実現された図2。

2つ目は、あくまで国家が政策的権限を握りながらも、その具現化にあたり民間の力が積極的に活用された点である。当初、明治政府は工部省を中心として官営事業を盛んに興したが、鉄道や鉱山などの利益が見込める事業については、国家との関わりの強い三井、三菱、住友をはじめとする財閥系の大資本家や、その他の資本家たちの参入を可能としていく。電力施設などのライフラインも、国の調整のもと民間資本によって建設された図3。

i. 大久保利通 ‥‥（1830-1878）薩摩藩出身。西郷隆盛とともに薩長同盟の中心となり倒幕運動を推進。明治6年に初代・内務卿となり中央政権の基礎を確立。特に学制、地租改正、徴兵令などの実施。士族授産、殖産興業などの政策を推進

図4 東京高輪蒸気車鉄道之図／現在の品川・八ツ山橋付近の様子。海上に築かれた線路を走る鉄道が、東海道の道路橋と立体交差する。伝統的な街道の風景が一変している。

## 文明開化

土木技術者は近代化の思想を人々と共有し、また国が推進した近代化の手法を具現化しながら、近代国土、都市の建設に邁進する。そしてその成果は、国土や都市に新たに登場した社会基盤施設の姿によって、人々に具体的に示された。なかでも、鉄道、鉄橋、煉瓦建築などは、わが国の伝統とは異なる全く新しい近代の建造物として人々の間でもてはやされ、文明開化を象徴する存在として当時の情報媒体である錦絵に盛んに描かれた。図4,5

一方、明治中期以降になると、西洋の価値観を絶対視し、旧来の自国の歴史や文化を軽視するという当時のエリート層によく見られた傾向に対して、批判的な意見も出るようになる*2,3。

図5 横浜鉄橋之図／吉田橋は明治2年造のトラス橋で、設計はブラントン、英国製の鉄材が使用されている。外国人居留地と日本人の居住地とを隔てる吉田川に架設された。この錦絵でも橋上の往来の様子が描かれ、遠方には横浜港に停泊する数多くの船舶を確認することができる。

*2 ドイツ人ベルツによる批判／「不思議なことに、今の日本人は自分自身の過去についてなにも知りたくないのだ。それどころか教養人たちはそれを恥じてさえいる。」「日本人はお雇い外国人を学問の果実の切り売り人として扱ったが、彼らは学問の樹を育てる庭師としての使命感に燃えていたのだ（…）つまり根本にある精神を究める代わりに最新の成果さえ受け取れば十分と考えたわけである。」（『ベルツの日記』、明治35年）

*3 夏目漱石による批判／「悲しいかな今の吾等は刻々に押し流されて、瞬時も一所に低徊して、吾等が歩んで来た道を顧みる暇を有たない。吾等の過去は存在せざる過去の如くに、未来の為に蹂躙せられつゝある。」（「マードック先生の日本歴史」、明治44年）「西洋の開化は内発的であって日本の現代の開化は外発的である。」（『現代日本の開化』、明治44年）

世界の中の近代日本土木
# 日本の社会資本の形成と技術者の育成

ネットワークの形成と国土保全
国の技術者養成における土木の位置

### インフラ資本形成

西洋から導入した技術を駆使して、いかにして日本の国土を近代化するか。多額の費用がかかる土木事業を遂行するには、政治・経済・技術に絡む多様な利害を調整しつつ、整備の優先順位を示す必要があった。

わが国では、西洋諸国と同様に交通基盤整備が優先的に進められた図1。自由な交流や流通を可能とする基盤を整備して経済を活性化し、また各藩が割拠する封建時代の国土をより一体的なものとするために、新たな全国ネットワークの建設が目指されるのである。中でも鉄道については、その発祥の国イギリスから多くの技術者を雇い、優先的に建設が進められた。そして明治25年に鉄道敷設法が公布されることで、全国規模の近代ネットワークのかたちが明らかになる。

河川については、淀川を嚆矢としてオランダ人による技術指導のもと、利根川、信濃川、木曽川などの大規模河川において国直轄事業が展開する。当初は水制工や砂防工などの局所的な工事に留まっていたが、大凡明治20年（1887）代になると、航路整備に関わる低水工事を国、洪水防御に関わる高水工事を関係府県が実施するという方針に基づき、次第に事業が拡大していく。そして、明治29年に河川法、30年に砂防法が制定されるなど治水に関わる法整備も進められる。

社会基盤施設の所管官庁については、明治初期からめまぐるしく変遷し、最終的には旧建設省の系譜に繋がる内務省土木局と旧運輸省系の鉄道省（ただし港湾は内務省で灯台は逓信省）にほぼ集約されていく。

### 技術者の養成

わが国の近代工学教育は、幕末以後の国家近代化の諸相を反映して、その揺籃期において多面的に展開した。すなわち、幕府が所轄した海軍伝習所や横須賀製鉄所、蕃書調所の系譜を受け継ぐ

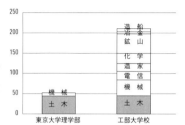

図3 初期の高等工学教育機関に占める土木専攻者の割合／東京大学では明治11年から18年の間、理学部において土木又は機械の工学専門家を養成した。そして、そのほとんどが土木技術者だった。一方工部大学校では、明治12年から18年まで工学専攻者を幅広く養成していた。この学校でも、鉱山・機械と並び土木が最も重要な位置を占めた。

図4 第1回文部省貸費留学生／明治8年（1875）撮影。国内に高等教育機関が整備される前のエリート学生を、海外の大学に派遣した時の写真。計11名のうち、法学と工学が4名、理学が3名で、工学の3名が土木専攻者（原口要（下中央）、平井晴二郎（上右端）、古市公威（上右から3人目））だった。この時、法学からは、小村寿太郎（下右端）や鳩山和夫（上左端）が選抜されている。

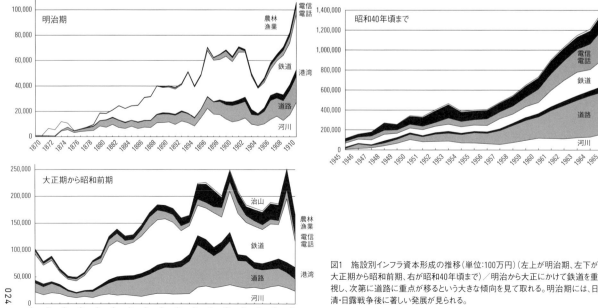

図1 施設別インフラ資本形成の推移（単位：100万円）（左上が明治期、左下が大正期から昭和前期、右が昭和40年頃まで）／明治から大正にかけて鉄道を重視し、次第に道路に重点が移るという大きな傾向を見て取れる。明治期には、日清・日露戦争後に著しい発展が見られる。

i. 原口要 ········ (1851-1927)レンセラー工科大学で土木を学び、帰国後は東京の都市計画、鉄道建設などを担い、わが国に近代化をもたらした。後出: p.087
ii. 古市公威 ······ (1854-1934)エコール・サントラルで土木を学び、帰国後は内務省、帝国大学、逓信省などで要職を歴任。土木学会初代会長。後出: p.060, 068, 074, 076, 079
iii. 平井晴二郎 ··· (1856-1926)レンセラー工科大学で土木を学び、帰国後は北海道開発を担当、鉄道、水道、官庁建築など北海道の近代化を支えた。後出: p.049, 109

文部省の東京開成学校、開拓使の札幌農学校、工部省の工部大学校など、所轄機関を異にする複数の施設が、短期間のうちに次々と設立されるのである。これらの施設は、近代工学教育の源流をつくりだすと共に、多様な近代の技術者精神を育む貴重な苗床となる。

工学系の高等教育機関を、その関連分野の省庁が所管するという仕組みは、諸外国ではフランスに見られる。ただ、わが国では、明治5年に学制が公布され、そこで規定する「大学」という機関が明治10年に東京大学として設立されると、当初の工学系の高等教育機関は次第に文部省の所管へと集約されていくことになる図2。

しかし、高等教育機関が土木系の省庁と切り離されたとは言っても、初期の工学専攻者において土木専攻者が多くを占めたことに変わりはない図3,4,i,ii,iii。卒業生は、お雇い外国人に代わる技術官僚や教師(お雇い外国人の給与により国家財政は逼迫していた)、または鉄道や発電などの民間会社の技師として活躍した。また中には陸軍省や海軍省に所属して、military engineerとして基盤施設の建設を担当する者もいた。このように土木教育を受けた技術者たちは、官／民、civil/militaryの枠に留まらず幅広い分野で活躍し、新生日本の発展を支えたのである。

| 日本関係の年表(1890年まで) |  |
|---|---|
| 1821 | 大日本沿海輿地全図完成 |
| 1839 | (トルコ)タンジマート(近代化政策) |
| 1840 | (中国)アヘン戦争はじまる |
| 1850 | 佐賀に反射炉建設(最初の洋式製鉄) |
| 1854 | 日米和親条約、日英和親条約締結、品川台場(第1〜3)竣工 |
| 1855頃 | 長崎海軍伝習所設立 |
| 1857 | (インド)セポイの反乱 |
| 1858 | 日米修好通商条約締結、釜石で高炉による近代製鉄開始 |
| 1859 | 横浜開港 |
| 1861 | 長崎製鉄所設立 |
| 1862 | 最初の海外(オランダ)留学生派遣 |
| 1865 | 横須賀製鉄所設立 |
| 1867 | 王政復古 |
| 1868 | 五箇条の誓文 |
| 1869 | 版籍奉還、東京・横浜間電信、観音崎灯台竣工 |
| 1870 | 横浜毎日新聞(わが国初の日本語の日刊紙)、工部省設立 |
| 1871 | 岩倉使節団欧米派遣、郵便制度導入、長崎・上海間電信開通 |
| 1872 | 富岡製糸場開業 |
| 1873 | 地租改正、内務省設立 |
| 1875 | 樺太・千島交換条約 |
| 1879 | 工学会設立 |
| 1885 | 内閣制度はじまる、工部省廃止 |
| 1890 | 第一帝国議会開会、大日本帝国憲法施行 |

図2 高等教育機関の整備／開成学校、工部大学校、札幌農学校は最終的に文部省所轄の帝国大学に集約され、その系譜は今日まで続く。その他、現場の技術者を養成するための攻玉社、東京職工学校、工手学校なども早くから設立された。

**参考文献**

・GUILLERME, A.: Bâtir la ville, Champ Vallon, 1995
・PANNELL, J.P.M.: Man the Builder, Thames and Hudson ltd., 1977
・PICON, A.（編）: L'art de l'ingénieur, Editions du Centre Pompidou, 1997
・SCHIVELBUSCH, W.: The Railway Journey, Urizen Books, 1979
・WATSON, G.: The Smeatonians, Thomas Telford lid., 1989
・La ville, Editions du Centre Pompidou, 1994
・加藤友康（責任編集）: 歴史学事典14 ものとわざ、2007
・北河大次郎: 近代都市パリの誕生、河出書房新社、2010
・ゴードン・アンドルー: 日本の200年 上、みすず書房、2006
・沢本守幸: 公共投資100年の歩み、大成出版社、1981
・ショエ・フランソワーズ: 近代都市、井上書院、1983
・高橋裕: 現代日本土木史、彰国社、1990
・土木学会編: 新体系土木工学別巻 日本土木史、技報堂出版、1994
・土木学会編・北河大次郎（責任編集）: 技術者たちの近代、土木学会、2005
・土木学会土木図書館委員会・土木史研究委員会編: 古市公威とその時代、土木学会、2004
・夏目漱石: 漱石文明論集、岩波文庫、1986
・エルウイン・ベルツ著・浜辺正彦訳: ベルツの「日記」、岩波書店、1939

# 02.

## 鉄道
東海道本線

東海道本線の完成
東海道本線の改良
東海道新幹線の開業
新幹線ネットワークの形成
初期の鉄道政策
明治後期以降の鉄道政策の展開
都市鉄道の発展──路面電車と近郊鉄道
都市鉄道の発展──拡大する地下鉄網

鉄道──東海道本線
# 東海道本線の完成

国土幹線鉄道の第一歩
海外技術と伝統技術の融合
日本人鉄道技術者の誕生

### 鉄道の導入

日本の鉄道建設の歴史は、慶応3年（1867）、アメリカ公使のポートマンが出願した江戸〜横浜間の鉄道を幕府が認可したことに始まるが、明治政府はこれを継承しなかったため破棄された。明治2年（1869）にイギリス公使のパークスの進言により、国の事業として建設が進められることとなった。この時点で、すでに東西両京を結ぶことが決められていたが、鉄道に対して懐疑的な意見もあり、まず新橋〜横浜間と大阪〜神戸間に鉄道を敷設することとした。資金は、外債を募集し、イギリスの技術協力を受けた。

明治3年（1870）には、建築師長としてイギリス人のエドモンド・モレル[i]が来日したが、モレルは鉄道の開業を目前にして急逝した。しかし、在任期間中に技術組織の自立と、日本人技術者の養成を進言するなど、その後の鉄道の進むべき方向を示した。

鉄道はまず、明治3年（1870）3月に新橋〜横浜間が着工し、同年10月には大阪〜神戸間も着工した。これらの路線は、いずれも平坦な地形で、新橋〜横浜間の橋梁はすべて木橋であったが、大阪〜神戸間では錬鉄製のトラス橋[図1]や最初の鉄道トンネル[図2]が建設され、大阪の堺には直営の煉瓦工場が設立された。

新橋〜横浜間の鉄道は、明治5年（1872）10月14日に開業し、明治天皇を迎えて盛大な開業式典が挙行された[図3]。続いて、明治7年（1874）5月11日に大阪〜神戸間が開業し、さらに明治10年（1877）2月5日には大阪〜京都間が全通した。

### 鉄道建設技術の国産化

日本側の鉄道建設の最高責任者であった井上勝[ii]は、かつてロンドン大学に留学して鉱山学や鉄道工学を学び、鉄道が近代国家の発展に重要な役割を果た

図1　イギリスで製造された武庫川橋梁の錬鉄製トラス

図2　完成時の石屋川トンネル

すことを十分認識していた。井上は、モレルの遺志を継いで、日本人技術者を養成するための直轄の教育機関として、明治10年（1877）、大阪駅構内に工技生養成所を開設し[図4]、外国人技師と留学経験者を講師に迎えて本格的な技術者教育を開始した。

工技生養成所は、1882年（明治15）に廃止されるまで24名の卒業生を輩出し、生徒は建設現場で工事にたずさわりながら鉄道技術を身につけた。その最初の試みとなったのが明治11年（1878）に着工した京都〜大津間の鉄道建設で、延長665mの逢坂山トンネルは[図5]、生野銀山の鉱夫が加わり、西洋の土木技術に日本の伝統技術を融合させながら工事が進められた。京都〜大津間は、明治13年（1880）7月に開業したが、この路線の建設をほとんど日本人の手で完成させたことは、その後の鉄道建設にとって大きな自信となった。

当時、お雇外国人に対する高額な報酬が財政上の負担となっていたが、技術の自立とともに外国人はしだいに解雇され、一部の技術を除いてほとんど日本人のみで鉄道事業を行う体制が整え

i. モレル ……… Edmund Morel(1840-1871)イギリス人技術者。日本の鉄道導入を指導
ii 井上勝 ……… (1843-1910)既出：p.021参照

## 東海道本線の全通

明治政府では、日本海側と関西地方を連絡し、あわせて中山道鉄道への資材運搬を目的として長浜〜敦賀間の鉄道建設を進めることとし、明治13年（1880）に着工した。この区間には、延長1,352mの柳ヶ瀬トンネルが建設され、工技生養成所出身の長谷川謹介が担当した。長浜〜敦賀間は明治17年（1884）に全通し、大津〜長浜間を舟運で結ぶことによって日本海側と関西地方が結ばれた。

一方、東西両京を結ぶ鉄道は、明治3年（1870）に佐藤政養と小野友五郎による東海道筋の調査が行われ、翌年にはイギリス人技師のリチャード・ヴィッカース・ボイルによる中山道筋の調査が実施された。当時、東海道筋はすでに海運や街道が発達しており、交通の不便な内陸部に鉄道を通すことによって産業を振興し、国防上も有利であるという考え方が強く、中山道筋の鉄道が優先されることとなった。

また、鉄道建設の拡大にともなって、民間資本による鉄道事業への参画も認められるようになり、明治14年（1881）にわが国最初の私設鉄道として日本鉄道が設立された。そして、中山道鉄道の一部となる上野〜熊谷間を明治16年（1883）に開業させた。

しかし、中山道鉄道は、山岳地を経由するため多大な建設費と工事期間を要し、路線長も長いため、再調査を経て明治19年（1886）に東海道経由を優先させることに方針を大転換した。そして、ただちに横浜〜大府間、関ヶ原〜長浜〜馬場（大津）間の建設に着手し、明治22年（1889）7月1日に新橋〜神戸間の東海道本線が全通した。

図3　新橋ステーションと新橋横浜間の鉄道（錦絵）

図4　工技生養成所の外国人技師および留学経験者とその生徒

図5　建設中の逢坂山トンネル

鉄道──東海道本線
# 東海道本線の改良

進化する鉄道
海のネットワークとの接続
最先端のトンネル技術

## 全通後の東海道本線

東海道本線の全通により、新橋〜神戸間は約20時間で結ばれたが、直通する列車は1日1往復のみであった。その後、明治29年（1896）、新橋〜神戸間の直通列車は1日4往復となり、うち1往復は急行運転によって到達時間を17時間22分に短縮した。さらに明治33年（1900）には寝台車、翌年に食堂車の連結も開始され図1、サービスの向上が図られた。また、明治39年（1906）には新橋〜下関間を結ぶ最急行の運転が開始され、新橋〜神戸間は13時間40分に短縮された。増加する輸送量に対応するため、単線区間の複線化も順次進められた。わが国の鉄道は、まず線路を全国各地に伸ばすことが重視されたため、東海道本線についてもごく一部の区間を除いて単線で開業することを基本としたが、新橋〜横浜間が明治14年（1881）までに複線化され、明治23（1890）〜明治24年（1891）には輸送上のボトルネックとなっていた駿河小山〜沼津間が複線化された。その後、大正2年（1913）までに全線の複線化が完成した。

しかし、国府津〜沼津間、関ヶ原〜長浜間、大津〜京都間に25‰の急勾配区間があり、牽引できる車両の両数が制限され、速度も遅く、エネルギー消費量も大きかった。このため、輸送力が限界に達するとともに、別線の建設によるこれらの路線の勾配改良工事が実施された。

図1 初期の食堂車の車内

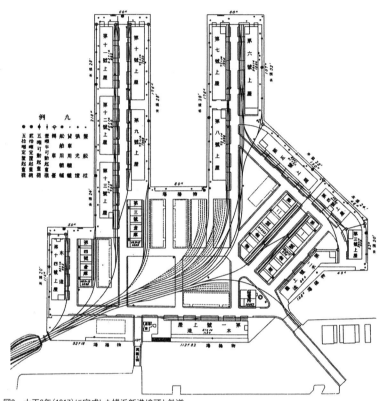
図2 大正6年（1917）に完成した横浜新港埠頭と鉄道

## 水陸連絡鉄道の整備

日本の鉄道の整備は、官設鉄道と私設鉄道により進められ、港湾の整備は内務省により進められた。このため、鉄道事業と港湾事業は、それぞれ個別に行われていたが、横浜港の拡張工事にあたっては、水陸連絡設備として鉄道も整備され、港湾と鉄道を一体化した事業となった。

横浜港の拡張は、イギリス人技師のヘンリー・スペンサー・パーマーの計画に基づいて進められ、第一期修築工事として明治29年（1896）に、内務省により完成した。その後、横浜税関の拡張工事にあわせて第二期修築工事が実施されることとなり、税関を管轄する大蔵省が事業を継承した。

この事業では、まず新港埠頭の東側を構成する16万m²の埋立地を造成することとなり、同時に赤煉瓦倉庫などを建設し、明治38年（1905）に完成した。さらに、新港埠頭の西半分にあたる7万m²の埋立地が造成され、水陸連絡設備として、横浜と税関、埠頭を結ぶ連絡鉄道が敷設され、大正6年（1917）に完成した図2。この連絡鉄道を利用して、旅客船の発着に合わせて東京と横浜港を直通するボートトレインの運転が実施されたほか、起重機などの荷役設備も整備され、近代的な貿易港としての姿を整えた。

こうした港湾地区の鉄道整備は、小樽港、室蘭港、名古屋港、大阪港、神戸港など各地でも実施され、いわゆる「臨港線」を併設して、鉄道による貨物輸送が大きな役割を果たした。臨港線は、のちに自動車輸送に転換するなどしてその

図3 箱根の急勾配で使用されたマレー型機関車

図5 丹那トンネルの工事

図6 特急「つばめ」

多くが廃止されたが、遊歩道として整備された横浜の山下臨港線や、名古屋臨海高速鉄道として旅客化された西名古屋臨港線など、その後の都市基盤の整備に活かされた例もある。

## 丹那トンネルの建設

開業時の東海道本線は、国府津付近から箱根の外輪山を大きく迂回して沼津に至っていたが（現在の御殿場線）、25‰の急勾配が連続したため、補機やマレー型と呼ばれる勾配用の特殊な機関車を使用し図3、輸送上の隘路となっていた。このため、国府津から分岐して沼津へ至る新しい路線が計画され、明治42年（1909）から本格的な調査が開始された。

ルートは、いくつかの案の中から、小田原、熱海を経由し、丹那盆地の直下を延長7,804mの丹那トンネルで貫く熱海線が選択され図4、大正7年（1918）に着工した。このうち、丹那トンネルの工事は、膨張性の地質や軟弱な断層破砕帯、大量の湧水に阻まれて困難を極め、特に「六大難場」と呼ばれた難工事区間を突破するために、水抜坑、迂回坑、注入工などの補助工法が適用された。図5。また、直上の丹那盆地ではトンネルの掘削にともなう農地の渇水が深刻な環境問題となった。

このため、工事はその存続すら危ぶまれたが、約16年の歳月を経て、昭和8年（1933）に貫通し、翌年12月に開業した。これによって、従来の東海道本線は御殿場線に改称し、熱海線は晴れて東海道本線の一部となった。丹那トンネルの完成によって最急勾配は10‰に緩和され、国府津～沼津間も約12km短縮された。そして、東京～大阪間の特急「つばめ」は、8時間20分運転から8時間運転となった。図6。

丹那トンネルが難工事となった原因のひとつは、事前の地質調査が満足に行われていなかった点にあった。このため、鉄道省では、昭和5年（1930）に土質調査委員会を発足させ、テルツァギの地盤工学理論や、ボーリングを用いた地質調査技術、電気探査や弾性波探査などの物理探査法の導入が図られた。

| 開通年表（東海道本線） | |
|---|---|
| 1870 | 外国人技師が来日し、鉄道の建設を開始 |
| 1872 | 新橋～横浜間の鉄道開業 |
| 1874 | 大阪～神戸間の鉄道開業 |
| 1877 | 大阪～京都間の鉄道開業 |
| 1877 | 工技生養成所を開設し技術者教育を開始 |
| 1880 | 京都～大津間の鉄道が開業し、逢坂山トンネル完成 |
| 1886 | 東海道本線の建設を優先することに決定 |
| 1889 | 東海道本線全通 |
| 1896 | 新橋～神戸間で急行列車の運転を開始 |
| 1906 | 新橋～神戸間で最急行の運転を開始 |
| 1912 | 新橋～下関間で特別急行の運転を開始 |
| 1913 | 東京～神戸間の全線複線化完成 |
| 1914 | 東京駅が開業 |
| 1917 | 横浜水陸連絡鉄道完成 |
| 1921 | 大津～京都間の路線変更（勾配改良）が完成 |
| 1930 | 東京～神戸間で特急「つばめ」の運転を開始 |
| 1934 | 丹那トンネルが完成し、国府津～沼津間の路線を変更、旧線は御殿場線となる |
| 1944 | 大垣～関ヶ原の勾配改良完成 |
| 1949 | 東京～大阪間に特急列車復活（「へいわ」） |
| 1956 | 東京～神戸間の全線電化が完成 |
| 1958 | 東京～神戸間に電車特急「こだま」運転開始 |
| 1964 | 東海道新幹線東京～新大阪間開業 |

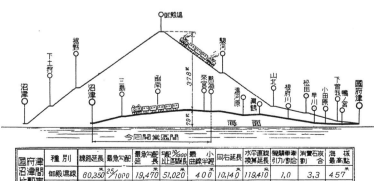
図4 御殿場経由（在来線）と熱海経由（現在の東海道本線）の比較

鉄道——東海道本線
# 東海道新幹線の開業

世界に先がけた高速鉄道
広軌による幹線鉄道の実現
技術の総合化

### 弾丸列車計画

昭和13年(1938)になると、大陸における戦火の拡大とともに東京-下関間の輸送力の強化が求められるようになり、鉄道省では同年、鉄道省企画委員会を設置して、狭軌別線案と広軌別線案を提案した。翌年設置された鉄道幹線調査分科会は、東京〜下関間に広軌別線を建設することが必要であるとの答申を行った図1。

一般に弾丸列車計画と呼ばれるこの計画は、昭和16年(1941)に部分工事を開始し、用地買収や一部のトンネル工事を進めたが、戦争の激化によって昭和18年(1943)には工事が中断された図2。しかし、弾丸列車で買収された用地やトンネル、また作成された技術基準などは、戦後の新幹線計画の基礎となった。

### 東海道新幹線の計画と建設

日本の大動脈である東海道本線の輸送量は、戦後の復興とともに旅客輸送、貨物輸送とも増加の一途をたどり、全国の総輸送量の4分の1を占めるまでに至っていた。昭和30年(1955)に国鉄総裁に就任した十河信二[ii]は、欧米の例に照らして日本でもほどなく航空機や高速道路の時代が到来すると予見し、これに対抗するために高速鉄道の実現性を関係者に打診した。そして、島秀雄[ii]を技師長に迎え、広軌新幹線の具体的検討を開始した。翌年5月には、東海道本線の輸送力を高めるために東海道線増強調査会が国鉄部内に設置され、その実現は緊急を要する旨の答申を行った。

昭和32年(1957)には、運輸省に日本国有鉄道幹線調査会が設置され、在来線に並行してさらに複線を増設する案(腹付線増案)や、在来線とは別に広軌を建設する案(広軌別線案)などを比較検討した結果、総工費1,972億円、工期5年で広軌別線を敷設し、東京-大阪間を約3時間で結ぶ必要があると答申した。

東海道新幹線の建設は、昭和33年(1958)に閣議決定され、翌年4月に起工した図3。その後、建設費は当初の予算を大きく上回る結果となり、最終的に3,800億円に達した。国鉄では、世界銀

図3 在来線に併設して建設された新幹線豊橋駅

図4 モデル線で試運転を行う試験車

図5 東海道新幹線と名神高速道路

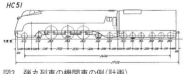
図2 弾丸列車の機関車の例(計画)

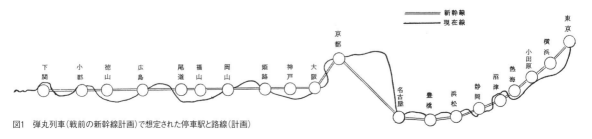
図1 弾丸列車(戦前の新幹線計画)で想定された停車駅と路線(計画)

i. 十河信二 ……… (1884-1981)第4代国鉄総裁。新幹線の父と呼ばれた鉄道官僚
ii. 島秀雄 ……… (1901-1998)国鉄技師長として新幹線の開発に従事。宇宙開発事業団(現・宇宙航空研究開発機構)の初代理事長

行からの借款を受けるなどして建設費に充当したが、世論の批判は厳しく、東海道新幹線の計画を推進した十河信二総裁と島秀雄技師長は、建設費超過の責任をとって昭和38年(1963)に国鉄を去らざるを得なかった。

しかし「夢の超特急」と呼ばれた新幹線に対する国民の期待は大きく[図4]、昭和39年(1964)10月1日、東京オリンピック開催に先がけて開業し、東京－新大阪間が3時間10分で結ばれた[図5]。

### 東海道新幹線の技術

東海道新幹線を実現した技術は、すでに在来線でつちかわれた鉄道技術を組み合わせ、これを高速鉄道にふさわしい新しい概念の鉄道システムとして最適化した点に大きな特徴があった。

動力分散式(列車の動力を各車両に分散して搭載した方式)による長距離・長編成の電車列車は、昭和25年(1950)に登場したモハ80系湘南型電車以来、着実な発展を遂げ、世界の鉄道が動力を機関車に集中させて車両を牽引する動力集中式に固執するなかで、いち早くその普及が図られていた[図6]。

交流電化は、フランスの商用周波数による交流電化方式を参考とし、昭和32年(1957)に仙山線での試験を経て北陸本線・田村〜敦賀間の電化で実用化され、直流電化に比べて大容量の電力を容易に供給でき、地上設備も軽減できるという長所が活かされた。

CTCと呼ばれる分岐器や信号の集中管理システムは、昭和33年(1958)に伊東線などで実用化され、東海道新幹線で初めて長距離線区の運行管理に使用された。また、車内信号によって列車のブレーキを自動的に制御するATCが採用され、これによって従来の地上信号は廃止され、高速鉄道にふさわしい信頼性の高い運転保安システムが実現した。

建設分野でも在来線で普及しつつあった技術が積極的に導入され、プレストレストコンクリートの技術は、耐久性や強度に優れた構造としてまくらぎ[図7]や橋梁[図8]などに用いられたほか、底設導坑先進上部半断面工法や鋼製支保工の技術は、トンネルをより合理的に掘削するための施工法として普及した。

図6 動力分散方式による特急「こだま」(在来線)

図7 PCまくらぎと東海道新幹線

図8 PC構造による東海道新幹線の矢作川橋梁

鉄道──東海道本線
# 新幹線ネットワークの形成

国土の新たな骨格
技術のさらなる進化
世界的な影響

## 開業後の新幹線

東海道新幹線の開業は、高度成長時代のシンボルとして国民生活にも大きな変化をもたらし、昭和45年（1970）に大阪で開催された万国博覧会では、高頻度・高速輸送機関としての機能を最大限に発揮した。新幹線による移動時間の短縮や、移動距離の拡大など、その間接的な経済効果は計り知れず、大量高速輸送機関としての鉄道の存在がふたたび注目された。

政府では、新幹線のネットワークを計画的に整備することによって国土の発展に寄与することを目的として、昭和45年（1970）に全国新幹線鉄道整備法を成立させ、その建設を国の重要な施策として位置付けた図1。しかし、その後のオイルショックや国鉄の財政難などによって計画は遅々として進まず、また開業後に騒音・振動公害が大きな社会問題として取り上げられたため、その対策が優先されることとなった。

その後、山陽新幹線図2、東北新幹線、上越新幹線などが建設されたが、技術的にはいくつかの進歩があったものの基本的には東海道新幹線の技術がベースとなっていた。

## 新幹線の展開

昭和62年（1987）4月に国鉄が分割・民営化されてJR各社が発足し、東海道新幹線は東海旅客鉄道、山陽新幹線は西日本旅客鉄道、東北・上越新幹線は東日本旅客鉄道がそれぞれ管理することとなった。これによって各社が最先端の技術を競うようになり、各路線の実情に合わせたコンセプトの車両を登場させて、より速く、快適な交通機関としてさらに進化を遂げることとなった図3。

具体的な成果としては、東海道新幹線で270km/h運転を開始し、東京〜新大阪間を3時間10分から2時間30分に短縮したJR東海の300系新幹線電車（1993）、新幹線による通勤輸送に対応するためJR東日本が開発したオール2階建てのE1系新幹線電車（1994）、山陽新幹線で当時の世界最高速度と並ぶ300km/h運転を実現したJR西日本の500系新幹線電車（1997）などがあげられる。これらの新世代の新幹線電車は、沿線環境に対する負荷の軽減、省エネルギー、メンテナンスの軽減などを重視しており、バリアフリー設備の充実や乗り心地の向上など、より快適な移動空間の提供にも力を注いでいる。

また、地上設備でもスラブ軌道の導入による保守費用の節減、早期地震検知システムの整備による安全性の向上などの新技術が導入され、安全輸送を支えている。なお、全国新幹線鉄道整備法は、その後の社会情勢の変化や技術の進歩

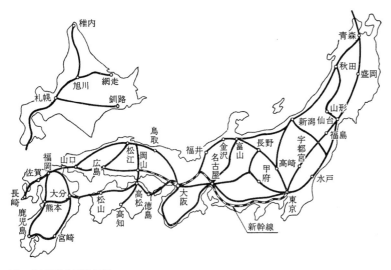

図1　全国新幹線網（当初案）

図2　山陽新幹線の博多開業

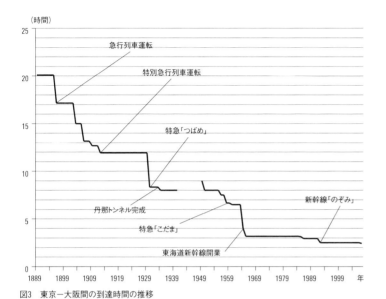

図3 東京－大阪間の到達時間の推移

| 開通年表（新幹線） | |
|---|---|
| 1939 | 鉄道省に鉄道幹線調査分科会が設置され東京～下関間の弾丸列車計画を検討 |
| 1943 | 戦局の悪化により弾丸列車の工事を中止 |
| 1956 | 国鉄東海道線増強調査会を発足させ、広軌新幹線の検討を開始 |
| 1958 | 東海道新幹線の建設を閣議決定 |
| 1959 | 東海道新幹線着工 |
| 1964 | 東海道新幹線（東京～新大阪間）開業 |
| 1970 | 万国博覧会輸送、全国新幹線鉄道整備法の成立 |
| 1972 | 山陽新幹線岡山まで開業（新大阪～岡山間） |
| 1975 | 山陽新幹線博多まで開業（岡山～博多間） |
| 1982 | 東北新幹線（大宮～盛岡間）、上越新幹線（大宮～新潟間）開業 |
| 1985 | 東北新幹線（上野～大宮間）開業 |
| 1991 | 東北・上越新幹線東京駅乗り入れ |
| 1992 | 奥羽本線の一部を広軌化して山形新幹線（福島～山形間）開業 |
| 1993 | 東海道新幹線（東京～新大阪間）で「のぞみ」運転開始、所要時間2時間30分 |
| 1997 | 長野新幹線（高崎～長野間）開業 田沢湖線などの一部を広軌化して秋田新幹線（盛岡～秋田間）開業 |
| 2004 | 九州新幹線（新八代～鹿児島中央間）開業 |
| 2010 | 東北新幹線新青森まで開業（八戸～新青森間） |
| 2011 | 九州新幹線鹿児島ルート全通（博多～新八代間） |
| 2016 | 北海道新幹線（新青森～新函館北斗間）開業 |

とともにスキームの見直しなどを繰り返しながら、現在も継承されている。

### 世界の高速鉄道への影響

日本における新幹線の成功は、斜陽となりつつあった世界の鉄道界にも大きな刺激を与え、高速鉄道が各国で開発された。とくに、1980年代になるとフランスのTGV、ドイツのICE、イタリアのETRなどの高速列車が営業運転を開始して、ヨーロッパにも高速鉄道網が構築されるようになった。

昭和56年（1981）に営業運転を開始したフランスのTGVは、動力集中方式と連接台車を採用し、最高速度260km/hで運転を開始した。平成3年（1991）に最高速度250km/hで営業運転を開始したドイツのICEも動力集中方式を採用したが、台車は新幹線と同じボギー式であった。その後、平成12年（2000）からは、動力分散式によるICEが登場し、現在に至っている。

このほか、振子方式により曲線通過速度を向上させたイタリアやスウェーデンの高速列車、タルゴと呼ばれる1軸式の連接台車を用いたスペインの高速列車などが登場した。

アジア地域では、平成16年（2004）にフランスのTGVの技術を導入した韓国のKTX、平成19年（2007）に日本の新幹線技術を導入した台湾高速鉄道などが開業し、中国でも日本、フランス、ドイツなどの技術を導入して高速鉄道の整備が進められている図4。

エネルギー効率に優れた高速鉄道の実現は、地球環境への寄与という観点からも注目されており、高速鉄道のネットワークの構築が、世界的な規模で実現しつつある。

図4 中国新幹線と天津仮駅

鉄道──東海道本線
# 初期の鉄道政策

官設鉄道と私設鉄道
最初の全国マスタープラン
主要幹線の国有化

## 私設鉄道の成立

わが国の鉄道は、明治政府の方針によって官設鉄道の主導によって整備が進められたが、これはほとんどが資本家による民営鉄道の主導によって整備が進められた欧米とは、大きく異なった点であった。官設主義を採用した理由としては、民間の資本家がまだ成長していなかったことや、中央集権国家を確立する手段として鉄道の建設が位置づけられていたことなどがあった図1。

しかし、官設鉄道の建設が財政上の理由などによって思うように進まなくなると、華族や資本家から民間資本による鉄道建設の要求がなされ、明治14年(1881)に初めての私設鉄道として、日本鉄道が設立され、明治16年(1883)に上野〜熊谷間が開業した。

日本鉄道の経営は、沿線の紡績業の発達にも支えられて好調に推移したため、これをきっかけとして各地で民間資本による鉄道建設があいついだ図2。このため、政府では、会社の乱立を防止し、会社の設立要件や経営方法について定めた私設鉄道条例を明治20年(1887)に制定し、その基準を明確にした。私設鉄道条例は、明治33年(1900)、商法の改正にともなって私設鉄道法となり、同時に、鉄道の営業に関わる法律として鉄道営業法も公布された。

## 鉄道敷設法の公布

私設鉄道の設立は、民間活力の導入による社会資本整備の成功例として、鉄道網の急速な普及に貢献したが図3、会社が乱立したため、計画的に鉄道を整備する必要に迫られた。

鉄道庁長官・井上勝は、国が建設すべき鉄道路線を法律によって決めることを主張し明治25年(1892)に鉄道敷設法が公布された。この法律では、国が敷設すべき33の鉄道路線を法律で明示するとともに、このうち9路線を第1期線として12年以内に完成させるとした。この法律は、北海道を除いていたが、明治29年(1986)には北海道鉄道敷設法が公布された。

図2　大陸への航路との接続を意識した山陽鉄道の広告

なお、鉄道敷設法の成立とともに、明治25年(1892)に鉄道会議規則が定められ、鉄道建設の順序やその計画を諮問する組織として鉄道会議が発足した。鉄道会議は、昭和24年(1949)の日本国有鉄道の発足まで存続し、鉄道整備の諮問機関として機能した。

また、鉄道建設にあたって基本となる技術基準を示した規程類は、鉄道敷設法の成立とともに個々に整備されたが、これらを体系的に統合した規程として明

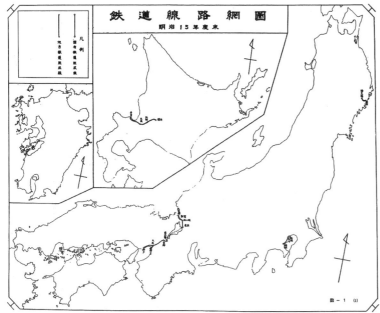

図1　私設鉄道成立以前の明治15年における鉄道網

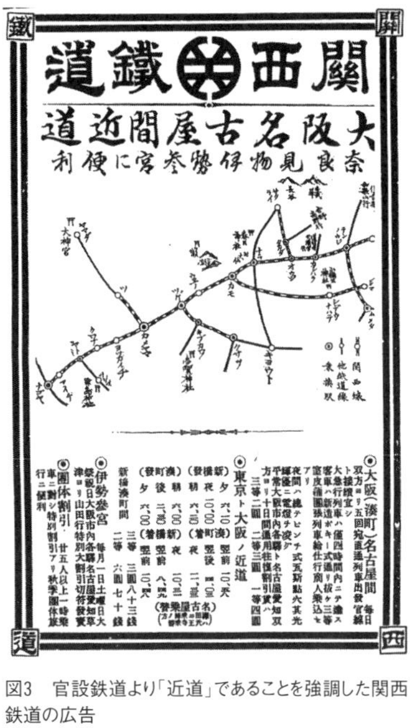

図3　官設鉄道より「近道」であることを強調した関西鉄道の広告

i. 後藤新平 ……(1857-1929)台湾総督府民政長官、満鉄総裁を歴任。鉄道院総裁として国内の鉄道を整備。関東大震災後に帝都復興計画を立案。後出：p.109, 153, 169

治33年（1900）に鉄道建設規程が定められ、曲線、勾配、レール、橋梁などの要件が明示された。

## 鉄道の国有化

かねてから鉄道国有を主張していた井上勝は、私設鉄道の乱立や経済恐慌による私設鉄道の経営悪化などを背景として、明治24年（1891）に、鉄道の国有と私設鉄道の買収を主張した上申書を政府に提出した。しかし、私設鉄道の経営者である華族や資本家に反対され、鉄道国有化は長官の地位を利用した井上の私欲に過ぎないとして非難された。その後、日清戦争を契機として軍部による鉄道国有化が主張されるようになり、また不況を背景として資本家の一部からも鉄道国有化が主張されるようになったため、明治32年（1899）に鉄道国有に関する建議案が提出され、鉄道国有調査会が設置された。調査会は、翌年2月に鉄道国有法案と私設鉄道買収法案を答申して帝国議会に諮られたが、軍備拡張のために買収予算を確保することが難しく、審議未了のまま議決には至らなかった。

日露戦争で鉄道の軍事的意義を認識した軍部は、ふたたび鉄道の国有化を主張し、明治37年（1904）末に法案の作成を開始し、鉄道国有法が明治39年（1906）3月に公布された。

これにより、全国の主要幹線を構成する17社の私設鉄道、総延長4,550kmが国に買収されたが 図4,5、これは官設鉄道の総延長2,525kmをしのいだ。また、東武鉄道や南海鉄道など15社は、買収の対象から外された。

私設鉄道の国有化によって、官設鉄道を管理した鉄道作業局は帝国鉄道庁に改組され、さらに翌年には内閣の直轄組織として逓信省から独立して鉄道院が成立した。鉄道国有化は、明治期における鉄道の総決算と言うべき事業となり、昭和62年（1987）の国鉄分割・民営化まで、約80年間にわたって鉄道の国有体制が維持されることとなった。

鉄道の国有化を契機として、それまで各社でまちまちであった技術基準の統一が図られたほか、橋梁や機関車の標準化、国産化が推進された。また、初代鉄道院総裁となった後藤新平 i は、発足したばかりの組織を大家族主義でまとめ、研究所や教習所、病院など、その基盤となる機関を整備した。

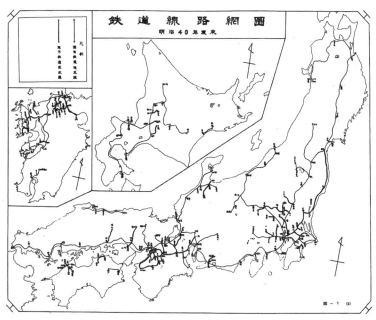

図4 明治40年の鉄道国有化時点での鉄道網

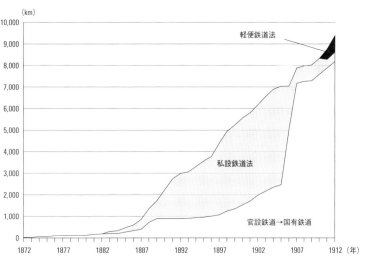

図5 明治期における鉄道営業キロの推移

鉄道──東海道本線
# 明治後期以降の鉄道政策の展開

**広軌改築計画**
**法整備の展開**
**自動車・飛行機との競合**

### 広軌改築論とその挫折

日本の鉄道は、イギリスからもたらされた軌間1,067mmの狭軌によって敷設された。これは欧米の標準軌の軌間1,435mmに比べて狭く、より安価に鉄道を建設できたが、車両が小さいため輸送力に乏しく図1、スピードも劣った。このため、明治半ばにはこれを標準軌に改築しようとする気運が高まった。

その契機となったのは、明治27年(1894)の日清戦争で、大陸へ物資を輸送する手段として鉄道の利用価値が高まると、東海道本線の複線化と改良計画が議論され、その中で輸送力に優れた広軌に改築するか否かが問題となった。

そして、明治29年(1896)に政府の諮問機関として軌制取調委員会を発足させ、広軌化の優劣を検討したが、広軌化を強く主張していた陸軍が消極的となり、逓信省にも支持者が少なかったため、明治32年(1899)に廃止され、広軌論はいったん下火となった。

その後、明治43年(1910)に東京～下関間の広軌改築計画が帝国議会に上程されたが、財政上の負担も大きいため、さらに検討を進めることとなった。明治44年(1911)には広軌鉄道改築準備委員会が設置され、委員会では、具体的な改築順序やその方法、予算を提案し、建設中の一部の構造物はその基準に基づいて施工されたが、採決の直前に広軌化を主張した桂内閣が総辞職し、西園寺内閣はこれを継承しなかったため、広軌化は見送られた。

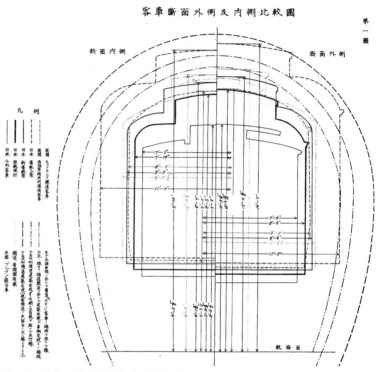

図2 狭軌と広軌の客車の大きさとトンネル断面の比較

さらに、大正3年(1914)に鉄道院は広軌改築案を提出し、大正5年(1916)に内閣に軌制調査会を設置して検討を進めたが図2,3、大隈内閣の辞職により取り下げられた。しかし、寺内内閣になると横浜線に広軌改築試験線を設置し、実際の車両を用いた試験が実施されたが、大正8年(1919)に寺内内閣の交代とともに消滅した。こうして、広軌改築計画は、技術論争から次第に政争の具となり、実現することなく終わった。

### 軽便鉄道法と地方鉄道法

鉄道敷設法や鉄道国有化によって、国による幹線鉄道の整備が優先されるようになり、民間資本による鉄道事業への参入はしばらく抑制された。このため、地域の沿線開発を目的とした鉄道を振興するためには、これまで幹線鉄道を前提としていた私設鉄道法を簡素化し、規制緩和によって鉄道事業への参入を容易にすることが必要となり、明治44年(1911)に軽便鉄道法が公布された。

軽便鉄道法では、設備の要件を簡素化し、軽便鉄道補助法によって収益の補償を行うなど、大幅な規制緩和を実施したため、各地方でこの法律に基づく鉄道事業者の申請が相次いだ(私設鉄道に対する第二次鉄道ブーム)。また、従

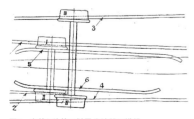

図1 広軌と狭軌の併用分岐器の構想

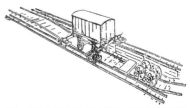

図3 大正時代に試作された狭軌と広軌の車軸変換装置

来の私設鉄道法で設立されていた鉄道も、その多くが軽便鉄道法に移行したため、私設鉄道法は形骸化した。

こうした背景のもとで、私設鉄道法と軽便鉄道法を廃止・合体させ、両者の中間的な要件を備えた法律として地方鉄道法が成立し、大正8年（1919）に公布された。地方鉄道法は、公営鉄道の一部を含む私鉄経営の根拠となる法律として機能したが、昭和62年（1987）の国鉄分割・民営化で日本国有鉄道法とともに廃止され、新たに鉄道事業法が公布されて現在に至っている。

### 鉄道敷設法の改正

大正時代になると、鉄道敷設法で定められた路線がほぼ整備されたため、大正11年（1920）の鉄道省発足を契機として見直しが行われ、地方路線を中心として148路線を示した新たな鉄道敷設法（法律名は同じであるが、旧法と区分するため「改正鉄道敷設法」と呼ばれた）が公布された。

改正鉄道敷設法は、地方路線の根拠法として、鉄道建設の根幹をなしたが、戦後になると自動車や航空機の発達とともに輸送体系も大きく変化し、鉄道輸送の独占的地位はしだいに失われ[図4]、鉄道輸送を前提とした改正鉄道敷設法は時代にそぐわないものとなった。

特に、改正鉄道敷設法で規定された地方路線（地方交通線）の建設は、昭和40年代に国鉄の赤字が増大すると、その元凶のひとつとして厳しく批判され、昭和62年（1987）の国有鉄道改革法等施行法の成立とともに廃止された。

また、地方路線の廃止や第三セクター鉄道、バス輸送などへの転換が推進された[図5]。

図5　第三セクターに転換した三陸鉄道

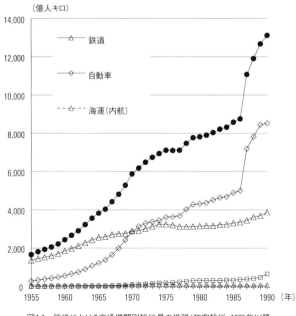

図4-1　戦後における交通機関別輸送量の推移（旅客輸送、1985年以降は軽自動車を含む）

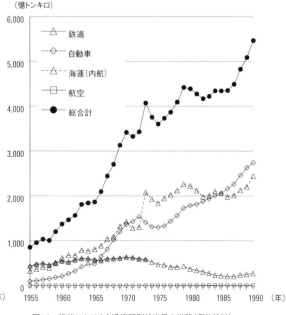

図4-2　戦後における交通機関別輸送量の推移（貨物輸送）

鉄道──東海道本線
# 都市鉄道の発達──路面電車と近郊鉄道

馬車鉄道から電気鉄道へ
郊外発展と鉄道網
鉄道事業の再編

## 軌道法と都市交通

都市間や幹線鉄道を構成する路線が整備されていた頃、都市内の輸送手段としては馬車鉄道が普及しつつあった。わが国最初の馬車鉄道は、明治15年（1882）に新橋〜日本橋間で開業した東京馬車鉄道で図1、道路をそのまま軌道敷として利用できることや、動力を容易に確保でき、特殊な設備を必要としないという特徴があった。しかし、馬の糞尿による汚染や、歩行者とのトラブルも多く、東京以外の都市ではあまり普及しなかった。

政府では、こうした道路を共用する鉄道に対し、明治23年（1890）に軌道条例を公布した。また同年、上野公園で開催された第3回内国勧業博覧会で藤岡市助らによってアメリカから輸入された電車が公開され図2、新たな交通機関として注目された。しかし、外国での実績も少なく、電気の安全性に対する不信感もあって普及は遅れ、明治28年（1895）にようやく京都電気鉄道が、日本で最初の電気鉄道として開業した。路面電車はその後、川崎、小田原、名古屋、大分、などで敷設され、明治36年（1903）に東京馬車鉄道も電化されて、東京では東京電車鉄道、東京市街鉄道、東京電気鉄道の3社による路面電車が整備された。大阪市は、明治36年（1903）にわが国最初の公営鉄道として、路面電車を開業させた。東京の路面電車も、民営による地域交通の独占などの弊害が目立ち始めたため、市営化が主張され、明治44年（1911）に東京市に買収されて東京市電気局（現在の東京都交通局）となった図3。

また、軌道条例は、大正10年（1921）に公布された軌道法に継承され、道路を管理する内務省と、鉄道を管理する鉄道省の両省が管轄する鉄道として普及した。

## 郊外鉄道の発達と沿線開発

明治時代から昭和初期にかけて、大都市周辺で整備されたいわゆる郊外鉄道は、私設鉄道条例（法）、軌道条例（法）、軽便鉄道法、地方鉄道法を根拠として設立され、それぞれの敷設目的、経営方針などによって、異なる性格を備えるようになった。

特に、蒸気鉄道として開業してのちに電化された路線と、軌道法に基づいて電気鉄道として開業した路線、軽便鉄道法や地方鉄道法によって電気鉄道として開業した路線では、駅間距離や停車場設備、車両の大きさや速度、列車の運

図1　新橋駅前の馬車鉄道

図2　明治23年（1890）の内国勧業博覧会で公開されたわが国最初の電車

i. 小林一三 ……　(1873-1957) 阪急東宝グループ (現・阪急阪神東宝グループ) の創業者。鉄道を起点とした都市開発、流通事業を実践。後出：p.129
ii. 五島慶太 ……　(1882-1959) 東京急行電鉄の創業者。壮大な事業構想を展開した実業家

図3　東京市電の繁栄

図4　都市間電気鉄道の発達 (京浜電気鉄道 (現在の京浜急行電鉄))

行形態などに差異が見られた。たとえば、軌道法で発足した現在の京成電鉄、京浜急行電鉄、京王電鉄などは、1〜数両編成の小型〜中型の電車を頻繁に走らせ、フリークエントサービスを確保するとともに、すぐれた加減速性能を活かして駅間距離を短くするなど、きめ細かいサービスを実施した<sup>図4</sup>。

こうした郊外鉄道は、都市の拡大にともなう通勤・通学輸送の増加とともに需要を伸ばし、アメリカで発達していたインターアーバン (都市間電気鉄道) をモデルとして、車両の大型化や長編成化、高速化、フリクエンシーの向上などによって、経営を拡大した。また明治40年 (1907) に設立された箕面有馬電気鉄道 (のちの阪急電鉄) では、社長に就任した小林一三<sup>i</sup>によって、沿線の住宅開発や娯楽・観光施設の開設、ターミナルデパートの開業などが積極的に展開され、さらに東京横浜電鉄 (のちの東急電鉄) の五島慶太<sup>ii</sup>などに影響を与えて、新たな鉄道のビジネスモデルを構築した。こうした事業展開は、鉄道路線ごとのイメージとして定着し、それぞれの沿線文化を育んで現在に至っている。

### 鉄道事業の再編と統制

郊外に伸びる私鉄は、経営の多角を通じて近代都市の社会基盤の整備に大きく貢献した。また、一部の私鉄は自社の発電所を利用して、沿線の電力供給事業に進出し、沿線の電化にも寄与した<sup>図5</sup>。

その後、鉄道会社の乱立がさまざまな弊害を与えるようになったため、鉄道業界の再編が主張され、鉄道、バス事業の再編を目的とした陸上交通事業調整法が昭和13年 (1938) に成立した。この法律に従って、東京、大阪、富山、香川、福岡の5地域が指定され、私鉄の合併、再編が促進された。これらは、さらに戦後に再編成されて、現在の大手私鉄などの母体となった。

また、電力供給事業も、国家統制によって、昭和14年 (1939) に国策会社の日本発送電に統合され、鉄道事業から分離された (戦後、さらに地域ごとの電力会社に分割)。このほか、昭和16年 (1941) には、戦時体制のもとで改正陸運統制令が公布され、産業用の鉄道を中心に一部の私鉄 (22社) の国有化が実施された。東京の近郊では、南武鉄道、青梅電気鉄道、鶴見臨港鉄道が買収されて、国鉄線に編入された。

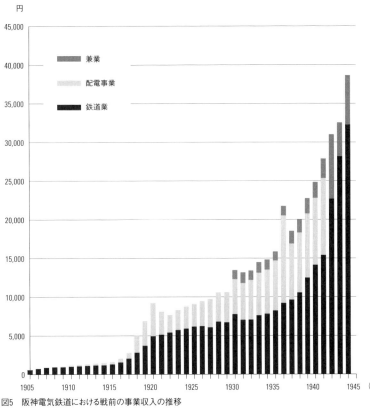

図5　阪神電気鉄道における戦前の事業収入の推移

鉄道——東海道本線
# 都市鉄道の発達——拡大する地下鉄網

都市化と地下鉄建設
トンネル技術の発展
新交通システムの導入

## 高架鉄道と地下鉄道

世界最初の地下鉄は、文久3年（1863）に開業したロンドンの地下鉄で、当時は蒸気動力によるものであったため、半地下方式で煙抜きのために露店の区間を設けた。その後、明治29年（1896）に開業したブタペスト地下鉄で、初めて電気動力が採用され、ほどなくボストン、パリ、ベルリンなどの各都市へと広まり、都市内を高速で移動する手段として、高架鉄道とともに注目を集めた。

わが国では、明治22年（1889）の東京市区改正新設計で、新橋と上野を結ぶ都市鉄道の建設が決定され、全線を立体交差とした高架鉄道により、敷設されることとなった。この高架線は、ベルリンの高架鉄道をモデルとしたもので、明治43年（1910）に煉瓦による連続アーチ式高架橋が完成し[図1]、大正3年（1914）にターミナルとして東京駅が開業した。

わが国最初の地下鉄は、昭和2年（1927）に開通した上野—浅草間の東京地下鉄道（現在の東京メトロ銀座線の一部）で[図2]、その後、昭和8年（1933）に大阪市でも梅田—心斎橋間に初の公営交通事業による地下鉄が開業した[図3]。また、名古屋市内、京都市内、神戸市内など、都市部に乗り入れる私鉄でも地下線による鉄道が建設された。

これらの地下鉄は、基本的に開削工法により建設され、一部で山岳工法が用いられたほか、河底トンネルではケーソ

図1　煉瓦アーチによる高架鉄道（有楽町付近）

ン工法などが用いられた。

また、大正時代末になると、都市鉄道の発展とともに、都市内に鉄道高架橋が建設されるようになったが、耐震性に優れ、内部空間を有効に活用できる構造として、鉄筋コンクリートラーメンによる高架橋が普及した[図4]。

## 地下鉄と都市鉄道の発展

戦前における地下鉄の開業は、東京と大阪のみにとどまり、本格的に普及するのは戦後になってからであった。初期の地下鉄工事は、開削工法を主体として

いたが[図5]、地下空間の利用が進んで、より深部に地下鉄を建設する必要性が生じたことや、軟弱な都市部の地盤を掘削するために、シールド工法が適用され、発達した[図6]。

シールド工法は、天保14年（1843）にイギリスのアイザンバード・キングダム・ブルネルがテムズ川の河底トンネルで初めて用い、海外では主として地下鉄のトンネル工事で用いられていた。日本では、大正10年（1921）に、羽越本線の折渡トンネルで膨張性地質を突破するために用いられたほか、丹那トンネルや関

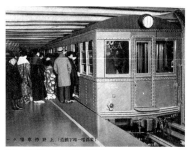

図2　開業した東京地下鉄道

図3　開業した大阪市地下鉄

図4　鉄筋コンクリートラーメン高架橋による高架鉄道（神戸市内高架線）

図5 開削工法による地下鉄の建設（大阪市交通局）

図6 ルーフシールド工法による地下鉄建設（丸ノ内線）

門トンネルの工事でも用いられたが、地下鉄工事では経験がなかった。
戦後は、昭和38年（1963）に延長開業した名古屋市営地下鉄東山線や昭和45年（1970）に開業した近畿日本鉄道難波延長線などでシールド工法が適用され、機械化されたトンネルの施工法として改良を重ね、急速に発展した。
また、日本の都市鉄道では、在来の鉄道と地下鉄との相互乗り入れが活発に行われ、さらに複々線化工事などによる列車種別の多様化などによって利便性が向上した。このほか、橋上駅化による自由通路の新設、駅ビルの建設、駅前広場の整備、駅周辺の再開発事業、住宅地などの開発が積極的に展開されるようになり、都市の発展や都市基盤の整備に鉄道事業が深く関わるようになった。

### 新しい都市鉄道
道路交通の発達によって、道路の一部を使用する路面電車は、渋滞の原因のひとつとなり、また速度も遅く、輸送量も少ないため、都市交通として、しだいにその機能が低下した。このため、東京、大阪、名古屋などの大都市圏では、地下鉄やバスなどへ転換され、ほとんどの路線が廃止された図7。
また、地下鉄は建設費が割高となるため、輸送需要が望めない地域では、より簡易な公共交通機関が要望された。昭和39年（1964）に開業した東京モノレールは、都心と羽田空港を結ぶアクセス手段として利用され、その後、千葉、大阪、北九州などの都市へ普及した。また、軽容量で、ゴムタイヤや案内式軌条を使用し、自動運転化されたいわゆる新交通システムは、昭和56年（1981）に神戸新交通ポートアイランド線が開業して以来、東京、横浜、大阪、広島などの都市に導入された。
一方、欧米ではバリアフリーを目的とした低床式の車両や、高加速高減速を可能とした高性能車両による新しい路面交通としてLRT（Light Rail Transit）が普及し、日本でも堺や広島などで運行が開始された。
鉄道は、環境への負荷が少なく、高齢化社会にも適した公共交通機関として再び見直されるようになり、海外では新たにLRTの路線を敷設するなどの事業が進められつつある。

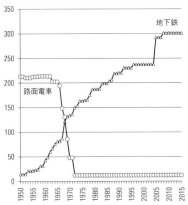
図7 東京都内における路面電車と地下鉄の営業キロの推移（路面電車：東京都交通局、地下鉄：東京都交通局＋東京メトロ）

**参考文献**

・有賀宗吉：十河信二、十河信二伝刊行会、1988
・石井満：日本鉄道創設史話、法政大学出版局、1952
・宇田正、畠山秀樹編：日本鉄道史像の多面的考察、日本経済評論社、2013
・営団地下鉄五十年史、帝都高速度交通営団、1991
・老川慶喜：井上勝、ミネルヴァ書房、2015
・小野田滋：高架鉄道と東京駅、交通新聞社、2012
・京阪神急行電鉄五十年史、京阪神急 行電鉄、1959
・広軌鉄道改築準備委員会調査始末一斑、広軌鉄道改築準備委員会、1911
・島秀雄編：東京駅誕生、鹿島出版会、1990
・新幹線50年史、交通協力会、2015
・世界の高速鉄道、海外鉄道技術協力協会、2013
・高橋団吉：新幹線をつくった男―島秀雄物語―、小学館、2000.
・武知京三：都市近郊鉄道の史的展開、日本経済評論社、1986
・丹那隧道工事誌、鉄道省熱海建設事務所、1936
・地田信也：弾丸列車計画、交通研究協会、2014
・帝都高速度交通営団史、東京地下鉄、2004
・鉄道国有始末一斑、逓信省、1909
・鉄道施設技術発達史編纂委員会編：鉄道施設技術発達史、日本鉄道施設協会、1994
・東京急行電鉄50年史、東京急行電鉄、1973
・東京市街高架鉄道建築概要、鉄道院東京改良事務所、1914
・東京地下鉄道史（乾）（坤）、東京地下鉄道、1934
・東京都交通局100年史、東京都交通局、2012
・日本国有鉄道鉄道技術研究所編：高速鉄道の研究、研友社、1967
・日本国有鉄道百年史（1）～（14）、日本国有鉄道（1969 ～ 1973）
・日本国有鉄道編：東海道新幹線工事誌（土木編）、日本国有鉄道東海道新幹線支社、1965
・日本鉄道請負業史・大正昭和（前期）篇、日本鉄道建設業協会、1978
・日本鉄道史（上）（中）（下）、鉄道省、1921
・林田治男：日本の鉄道草創期、ミネルヴァ書房、2009
・原田勝正：明治鉄道物語、筑摩書房、1983
・阪神電気鉄道百年史、阪神電気鉄道、2005
・横浜港史、横浜港新興協会、1989

# 03.

## 開拓
### 北海道開拓

北辺の未開地
北海道開発の始動
海陸の連絡と技術開発
開拓の持続と拓地殖民
拓殖から総合開発へ

開拓──北海道開拓
# 北辺の未開地

蝦夷から北海道へ
本府の建設
函館札幌間の交通路

## はじめに
北海道は日本が近代化への扉を開けたと同時にフロンティアとして登場し、原始のままの大地に人が生活する場を創り出す技術として、近代土木技術が発達した。

## 蝦夷地の防衛
蝦夷島（えぞがしま、アイヌの島）と呼ばれていた北海道に日本の統治が及んだのは江戸時代に松前藩が置かれてからで、アイヌがもたらす珍しい物産の取引を主産業とし樺太（サハリン）とも交易があった。同時期に北からロシアも進出してきたため、江戸幕府はこれに対抗するため探検調査（間宮林蔵、松浦武四郎[ii]ら）を実施した[図1]。しかしロシアの侵入は増し、さらにアメリカからの捕鯨船も加わる。ついにペリー来航（黒船）に始まる外圧で鎖国が解かれると、安政元年（1855）、函館が外国船の寄港地として開港された。

危機を察して幕府は、蝦夷地を直轄統治にして函館奉行所を開設し、統治にあたらせた。この時に外国からの攻撃に備えて計画された城が「五稜郭」である。船から大砲で狙われないよう奉行所を高台から平地に移し、軍学者 武田斐三郎[iii]が最新の築城法で設計した、わが国最後の築城でありつつ、日本人が西洋式土木技術を用いて初めて建設した記念すべき土木事業である[図2,3]。

その後、時代は明治維新へと突き進み、戊申戦争が勃発、幕府軍は北へ新天地を求めて進軍、最後にはこの城に追い込まれ、降伏することになった。

## 本府札幌の都市計画
明治新政府は明治2年（1869）開拓使を

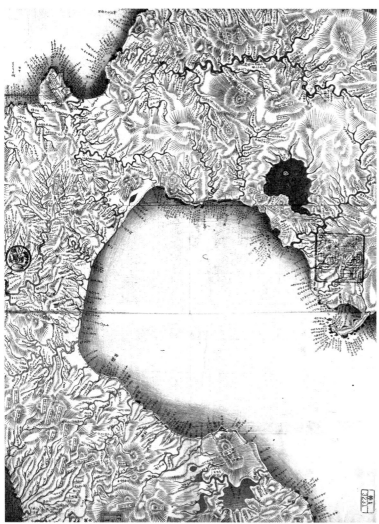

図1　東西蝦夷山川地理取調図／松浦武四郎著。伊能図が海岸線の輪郭を性格に描くのに対して、内陸の様子について川を伝い探検して作成された。アイヌ語地名の基礎資料でもある。

図2　五稜郭／五陵星型の石垣で周囲は3,454mである。

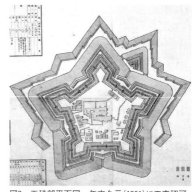

図3　五稜郭平面図　年文久元（1861）に工事認可、元治元年（1864）竣工

i. ケプロン ‥‥‥ Horace Capron（1804-1885）アメリカの軍人。北海道開拓の全般を指導
ii. 松浦武四郎 ‥‥ （1818-1888）蝦夷地を探査し、北海道という名前を考案した探検家
iii. 武田斐三郎 ‥‥ （1827-1880）陸軍軍人。箱館戦争の舞台として知られる洋式城郭「五稜郭」を設計・建設
iv. 岩村通俊 ‥‥‥ （1840-1915）鹿児島県令や初代北海道庁長官などを務めた官僚・政治家
v. 黒田清隆 ‥‥‥ （1840-1900）陸軍軍人。開拓長官として北海道の開拓を指揮

設置し、蝦夷地を北海道と改称、北方の防備と統治を強化するため、中心都市を新規に造ることにした。この本府の立地は江戸の頃より石狩地方が有力とされ、石狩川の氾濫域から外れていて水の恩恵（豊平川）や肥沃な扇状地が得られる現在の札幌の地が選ばれた。

地割りは、幕末期に開墾者が築いた飲用・灌漑用の堀割（大友堀のち創成川）を南北の軸にし、ここに架かった橋（現創成橋）から西方向（円山）へ道を真っ直ぐ延長して直交軸を構成する。そこから60間（約109m）四方の碁盤の目を区切るように、平行する道路を南北・東西に配置していく、というものだった。この基本計画は判官 島義勇が立案し、後任の岩村通俊[iv]が、明治4年（1871）火防線となる「大通」（幅58間（約105m））を策定し、これを境に北が官庁街で南は民地（商業地）とする敷地割りを施した。こうした一からの都市計画の例は、わが国では珍しい。図4

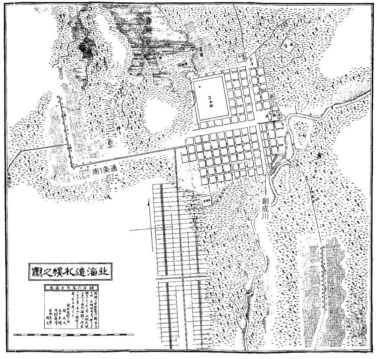

図4　北海道札幌之図／札幌の街区は南北の創成川、東西の南1条通を軸として区画がなされた（1873年）。

## 函館〜札幌の交通

樺太領有の問題は、黒田清隆[v]開拓次官が視察ののち、ロシアに対抗するためまず北海道の開拓を促進して足場を固めるのが先決、このため西洋の進んだ技術を移入する、と方針を定めた。黒田はアメリカに渡航しホーレンス・ケプロン[i]を顧問として招聘するのに成功する。明治4年（1971）、来日したケプロンはすぐさま部下を北海道に派遣し、調査させた。

検討された中でも急を要する札幌と本州をつなぐ交通路については、現在ある石狩川の舟運は冬期結氷して頼れないため、太平洋側の室蘭まで陸路を新しく建設することとした。道路の設計は当時最新の「マカダム路（採石を固めた舗装）」としていた。図5,6

この函館〜札幌を結ぶ「札幌本道」は、明治5年（1872）から約1年半で完成した。図7 それまでの日本の道路が経路に過ぎなかったのを、一定規格の幅員や勾配、路面構造を持つ構造として築造する、洋式馬車道であり、日本では前例のない近代的な道路事業であった。北の"文明開化"の道である。

図5　札幌本道・駒ケ岳眺望

図6　札幌本道・森波止場築造

図7　第6号里程標近傍

開拓──北海道開拓
# 北海道開発の始動

開拓使の殖産興業
石炭と鉄道
木構造による速成技術
札幌農学校

### 石炭採掘と鉄道ルート

開拓使は、北海道の未知なる可能性を探るため、アメリカの技術援助によって調査を開始した。北海道への移住と農地の開墾は厳寒と重労働のため脱落者も多く、遅々として進まない状況において、産業振興で北海道が自活し、次の段階を目指すものであった。こうしてケプロンが連れてきた地質学者ライマンは一早く空知地方に石炭鉱脈を発見し、ここにアメリカ大西部さながらの鉄道建設の幕が切って落とされた。当時の石炭はイギリス産業革命以降、動力エネルギー(蒸気機関)の主役の座にあり、需要は高かった。

採掘した石炭は港まで運んでから船に積み、工場のある本州に送る。積み出し港をどこに置き、どう鉄道とつなぐかが次の課題となった。天然の良港で太平洋側に面する"室蘭"と札幌には近いが急峻な岩場(神居古潭)がルート上にある"小樽"とが検討の俎上にあった。開拓使は札幌農学校にも調査協力を求めたが結局、両者に一長一短があってルートは決定しなかった。

これに解決を与えたのは速成・軽便を特徴とするアメリカ開拓鉄道の技術者であった。鉄道技師クロフォード[ii]は、予算5万円で小樽〜銭函間の馬車道を開削する計画を立て、これを明治12年(1879)に約8ヵ月間で完成させてしまう。この道はすぐに鉄道に変更できるよう計画されていたため、翌年11月に幌内鉄道手宮〜札幌間は開通した(日本で3番目の鉄道)[iii,v]。

### 幌内鉄道の橋梁

幌内鉄道では"鉄橋"ではなく"木橋"が多用された。まだ製鉄所を持たない日本では鉄橋を架ける材料も輸入する以外に道はなかった。速成を掲げた北海道の鉄道建設では鉄橋は後日の課題とし、まずは木橋で開通させていったのである。短いスパンには木材と鉄棒による混合トラス、長いスパンは川の中に木製橋脚を並べて渡すトレッスル橋で対応した[図1]。そして最初に輸入された鉄橋はクロフォードがアメリカで買いつけた橋で、錬鉄製ピン結合トラスの幾春別川橋梁(明治17年(1884))、幌向川橋梁(明治18年(1885))が架設された[図2,3]。

図1 幌内鉄道・入船陸橋の弁慶号試運転

図2 米国からの輸入鉄橋・幾春別川橋梁

図4 手宮木製高架桟橋／巨大な木造構築物

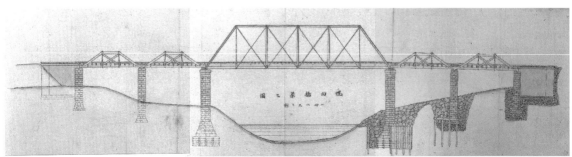
図3 幌内鉄道・幌向川橋梁の設計図面

i. クラーク･･････････････William Smith Clark（1826-1886）アメリカ人教育者。札幌農学校の初代教頭
ii. クロフォード･･････････Joseph U Crawford（1842-1924）アメリカ人技術者。北海道の鉄道敷設の技師長とし活躍
iii. 松本荘一郎･･････････（1848-1903）クロフォードとともに北海道の鉄道敷設に従事。わが国の鉄道の発展に貢献
iv. ホイーラー･･････････William Wheeler（1851-1932）アメリカ人土木技術者。札幌農学校の数学、土木、機械学教師。札幌市時計台の建設計画者
v. 平井晴二郎･･････････（1856-1926）既出：p.025、後出：p.109参照

## 木構造の極致「巨大桟橋」

空知・札幌とつながった小樽港で積み出しが急増したため1911年（明治44）に完成したのが、石炭荷役の効率を高めた木製の高架桟橋である。手宮海岸の崖上から三階建ての高さに匹敵する高所に貨車が導かれ、桟橋上を自走して止まり穴の上でバケットを開けると石炭が落ち、スロープを通って横付けした貨物船に入る仕組みだった。空になった貨車は折り返し、中を通り戻ってくる。枕木と同じ真っ黒なタールで防腐処理された巨大構造物は、昭和19年（1944）に解体されるまで小樽を象徴する風景の一部だった図4。

## 札幌農学校

西洋の進んだ科学技術を学び自らの手で事業を進められる技術者を育成するため、開拓使は開拓の技術や理論を教える学校を設立することにした。黒田次官は米国マサチューセッツ農科大学長であったW.S.クラークⁱを教頭として招聘し、彼の教育方針でカリキュラムを作成、明治9年（1876）「札幌農学校」が開校した。その理念は「全人格的な教育」と「学理と実務の融合」におかれていた。生徒はみな官費生で学費は無料だが卒業後は5年間、開拓使の官吏となる義務があり、屯田兵を指揮できるよう兵学も教授されていた。札幌農学校は"開拓"学校であり、農業以外に土木工学も重点的に教育され土木および数学の教師、W.ホイーラーⁱᵛが2代目教頭になったこともあって広井勇や両角熊雄など日本人土木技術者のパイオニアが生まれた図5〜7。

図5　札幌農学校工学科・農学科卒業式

図6　札幌農学校農場・モデルバーン（ホイーラー設計）

図7　豊平橋（ホイーラー設計）／トラスとアーチの構造を兼ね備えて、木材と棒鋼が巧に配置された木鉄混合橋の設計

### 関連年表

| | |
|---|---|
| 明治2 | 開拓使が設置される。蝦夷地を北海道と改称 |
| 明治4 | 開拓使顧問ホーレンス・ケプロンが来道し、開拓計画を立案開始 |
| 明治5 | 函館札幌間を結ぶ札幌本道が完成、開拓使10年計画 |
| 明治9 | 札幌農学校開校（開拓に必要な学問の一つとしての土木工学が講じられる） |
| 明治12 | クロフォードにより札幌小樽間の道路（のちに鉄道敷になる）が開削される |
| 明治15 | 官営幌内鉄道（手宮ー幌内間）が全通、開拓使が廃止され、函館県・札幌県・根室県が置かれる（三県一局時代） |
| 明治17 | アメリカより輸入した鉄橋、幾春別川橋梁が架橋される |
| 明治19 | 3県を廃止し、内務省直轄の北海道庁が設置される |
| 明治22 | 殖民地区画事業が開始される、函館に近代水道が完成（横浜に次ぐ2番目） |
| 明治24 | 北海道殖民地選定報文が提出される |
| 明治29 | 北海道鉄道敷設法が公布される |
| 明治30 | 小樽築港工事の開始 |
| 明治31 | 石狩川の大洪水。完成直後の官設鉄道や運河網が破壊される |
| 明治38 | 函館本線（小樽ー函館間）開通 |
| 明治40 | 狩勝トンネルが開通。北海道の東西が鉄道で結ばれる |
| 明治41 | 小樽港北防波堤が完成 |
| 明治42 | 石狩川治水調査報文がが提出される |
| 明治43 | 第一期北海道拓殖計画開始、王子製紙による千歳川発電所、送電を開始 |
| 明治44 | 小樽港に強大な石炭桟橋が架設される。 |
| 大正1 | 小樽港第2期工事にて、斜路式ケーソンヤードが完成 |
| 大正7 | 石狩川にて最初の捷水路事業、生振捷水路に着手 |
| 大正11 | 稚内まで鉄道が延伸される |
| 大正12 | 小樽運河完成 |
| 大正13 | 北海道庁正門前の木塊舗装道路が完成（札幌初の舗装） |

開拓──北海道開拓
# 海陸の連絡と技術開発

北海道庁の設置と技術者
港湾事業
鉄道敷設の進展

## 土木技術の自立 ── 日本人の指導者

お雇い外国人による指導を脱し、日本人による近代土木技術の確立を目指した1人に広井勇[i]がいる。札幌農学校の同期生、新渡戸稲造や内村鑑三と同じ札幌バンドの一員であった広井は、自らの信仰を土木による社会発展に見いだしていた。卒業ののち幌内鉄道に入るが開拓使の廃止を期に単身渡米、橋梁会社等を渡り歩いて武者修行する最中に母校で工学科が新設され、その初代教授に呼び戻される。同時に道庁技師の任につき、北海道庁が進める港湾・河川・橋梁等を指導した。

## コンクリートへの挑戦

広井が手がけた函館港と小樽港では、黎明期にあったコンクリート技術が試

図3 英国より輸入・製作した積畳機(タイタンクレーン)

図5 斜路を用いたケーソンの進水(小樽港第2期工事)

みられた。横浜築港におけるコンクリートの損壊は政府内で問題となっていたが、広井はこれを詳しく調査して北海道に戻り実験を始めた。その1つが異なった配合(セメントや砂、砂利の比率)でテストピースを作り、海水・真水・空気の3つの環境にさらして放置した後に強度の違いを計る、耐久試験だった。その結果によって最適の配合を導き出し、中に隙間ができないよう念入りに突き固めをすれば問題はない、として事業を進め、明治41年(1908)に日本で初めての外洋防波堤をコンクリートブロックで竣工させた[図1,2]。耐久試験は広井の死後も事務所で続けられ、世界に例のない実験となった(コンクリート百年耐久試験)。

### 小樽港の技術展開

北防波堤のブロックは、噛み合わせて強度を増すために約70度の角度で互いに持たれ掛かるよう配置する"斜め積み工法"であった[図3,4]。第2期の工事では、水深のある島防波堤部分に"ケーソン工法"がとられた。防波堤の一部となる大きなコンクリート製の箱を海に浮くように中空で作り、作業船で曳航して設置地点で据え付ける優れた工法である。広井のあとを継ぎ2代目所長となった伊藤長右衛門[iii]は製作を斜路上で行い完成後、軍艦の進水式のように海に滑り落とす方式を考案した[図5]。遠く留萌港までケーソンを曳航するなど、その後も港湾技術に革新をもたらしていった。

### 北海道鉄道一千マイル構想

一方の鉄道事業では、明治25年(1892)に北垣国道が北海道庁長官となり、計画の立案に向け帝国大学の職にあった田辺朔郎を呼び寄せた。空知太(現、滝川)まで延びていた鉄道は石狩川沿い

図1 防波堤建設後に整備された小樽運河

図2 小樽港北防波堤

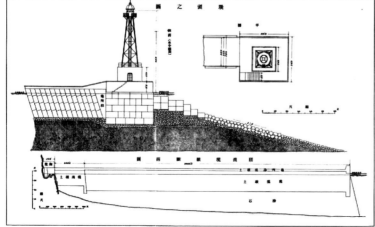
図4 小樽港北防波堤の堤頂部/斜めに積まれたコンクリートブロックの様子が分かる。

i. 田辺朔郎 ……… (1861-1944)琵琶湖疏水や日本初の水力発電所の建設など、日本の近代土木工学の礎を築いた一人。後出：p.097
ii. 広井勇 ………… (1862-1928)札幌農学校第2期生。日本の港湾工学の父。東京帝大教授として多くの技術者を輩出
iii. 伊藤長右衛門 ‥ (1875-1939)広井勇の小樽港建設における後継者。北海道の港湾建設に生涯を捧げた土木技術者
iv. 平尾俊雄 ……… (1892-1958)内務省技官。北海道・稚内北防波堤ドームの基本構想や、網走港帽子岩ケーソンドックを着想し、実現させた
v. 土谷実 ………… (1904-1997)北海道帝国大学土木工学科の第1期生。稚内北防波堤ドームの設計者

を北上するルート上に神居古潭（岩礁、アイヌ語で神の居る場所）があり、これを突破するのにトンネルの技術者が必要だった。そして旭川から先の路線では北は稚内、東は釧路・網走までの壮大な路線計画を要した図6。田辺は原始林に分け入って十勝に抜けるルート「狩勝峠」を発見し、開拓の大動脈となる鉄道幹線網計画を立案、明治29年（1896）北海道鉄道敷設法が公布されると鉄道部長となり事業を推進した。狩勝トンネルは明治40年（1907）に開通して太平洋側の釧路とつながり、稚内へは大正11年（1922）に到達した。

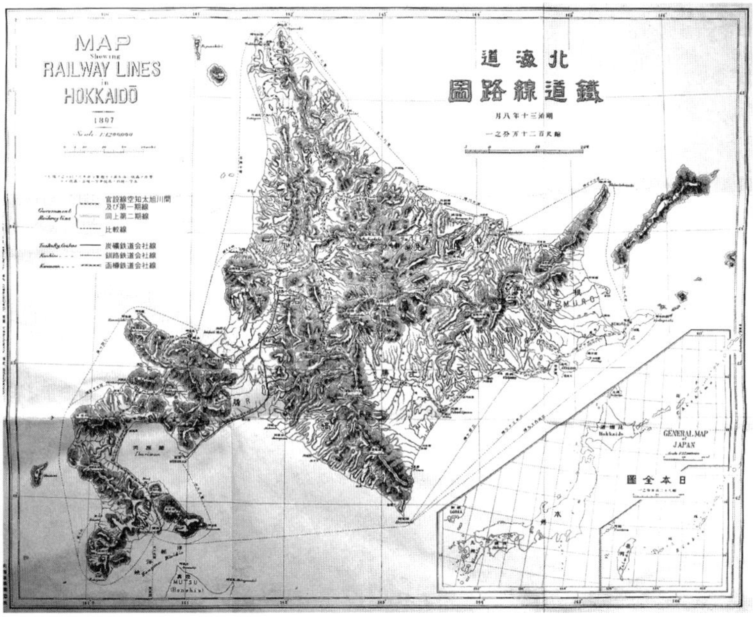

### 稚内ドーム

日露戦争後、南樺太は日本領となって大泊港（現コルサコフ）と小樽や函館等を結ぶ航路が就航した。これが最北端の稚内に鉄道が到達して、稚泊航路（稚内－大泊）となった。稚内港は樺太との交易のため整備されるが北西からの強風で防波堤を超波する波浪があることが分かっていた。このため堤防に丸い屋根をかけて高波を防ぐアイディアを所長（平尾俊雄[iv]）が思いつき、設計をまかされた技士（土谷実[v]）は大学の講義ノートにあった古代ローマ建築の図面から円柱の並ぶ造形を作り出した。こうして世界にも例がない稚内港北防波堤ドームが昭和11年（1936）誕生した。ドームは連絡船の乗客や荷物を桟橋から駅までの間、守る庇であり、終戦で航路が廃止になるまで活躍した図7,8。

図6　北海道鉄道路線図（1899年）

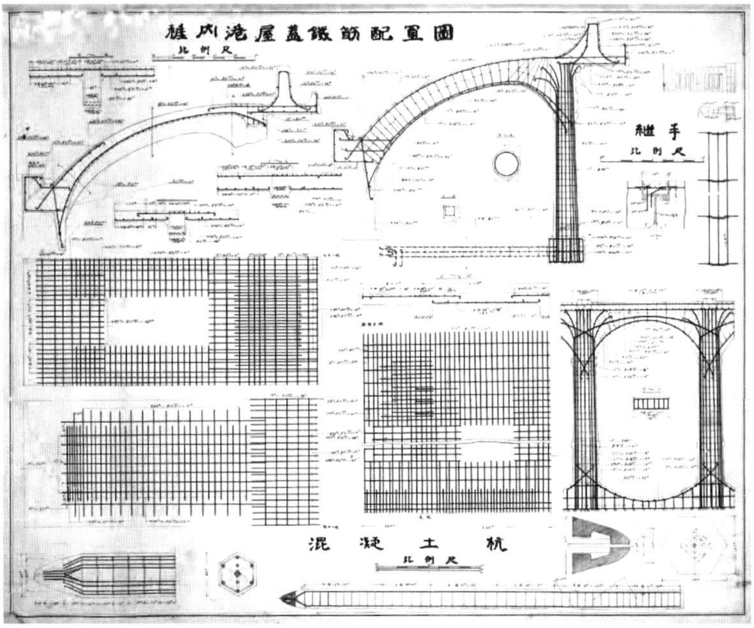

図7　稚内港北防波堤ドーム鉄筋配置図

図8　稚内港北防波堤ドーム

## 開拓──北海道開拓
# 開拓の持続と拓地殖民

土地改良と水害防止
石狩川治水
殖民地の選定および区画

### 原始河川と初期の事業

原始の姿をとどめ道のない北海道は、川をたどって内陸に至り定住していった。幌内鉄道ができてからも石狩川の舟運は開拓地に入った庶民の足であった。しかし一方、蛇のように曲がりくねったその流域は大湿地帯で、氾濫により常にぬかるんだ土地では農耕が成り立たなかった。この両者の改善を図るため排水運河事業が始められた。石狩川に向け運河を掘り、流域の土地の乾燥化と物資輸送に用いた。明治25年（1892）着手、幌向運河や馬追運河、銭函運河、札幌運河が開削された。しかし、明治31年（1898）9月に石狩平野が海と化した未曾有の大洪水が発生、運河も鉄道も壊滅的な被害を受けた。北海道庁は石狩川本体の治水に本腰を入れて取り組むこととし、運河掘削を担当していた岡﨑文吉[iii]に計画立案させた。

### 石狩川の調査と治水計画

明治35年（1902）に1年間の海外視察についた岡﨑は欧米の大河川を調査し報告書をまとめ、その中でローヌ川の捷水路方式ではなくミシシッピー川の蛇行を生かした治水に共感している。こうして明治42年（1909）『石狩川治水調査報文』を提出、通常時は河川が持つ天然の良好な断面や湾曲を維持して船の航路のために利用し、洪水時には水量を流下させる放水路でもって氾濫を抑止する、という2つの河道案であった。図1。岡﨑は自らの治水を「自然主義」と呼んだ。川が何百年かけて流れてきた天然の流路が安定しているのであれば自然のままの姿にしておき、人間は不安定で決壊しそうな箇所を強化してやればよい、とした図2,3。しかしこの放水路案は沖野忠雄内務技監の方針により、1つの河道を用いる捷水路案に変更された（1917年（大正6年）『石狩川治水事業施工報文』）。

### 捷水路による治水の効果

大正7年（1918）石狩川で最初のショートカット事業、生振捷水路が着手された[ii]。延長3.7km、堤防幅約910mという巨大な工事には、北海道で初めての大規模機械施工が行われ、全国から集められた掘削機（エキスカベーター）や土運車、浚渫船などが投入された。その後、石狩川の捷水路事業は昭和44年（1969）まで計29ヵ所で実施され、石狩川の長さは約60kmが短縮されている。石狩川水系での捷水路事業は洪水氾濫を抑止し、流下能力が高まったことで河川水位が約2～3m下がった。そして湿地の地下水位を低下させて良好な耕地をもたらし、空知地方に稲作の隆盛をもたらしている[iv]。一方、岡﨑文吉が思い描いた河川の自然主義は近年、再評価されてきている。

図2　施工後の単床ブロック

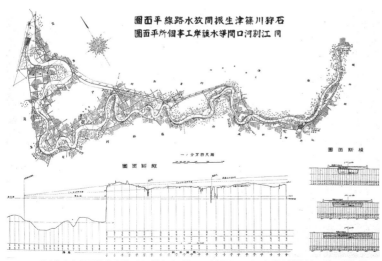

図1　石狩川篠津生振間放水路計画図／蛇行する川のまま洗堀されやすい河岸を補強（太い線の岸部分）し、洪水は別水路（直線区間）にて海（左端）へ流す設計。

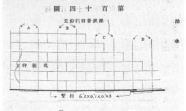

図3　単床ブロックの施工方法／コンクリートブロックを交互に千鳥で配置し、鉄線で縫い合わせるようにして1枚のコンクリート・マットレスを作り、川岸に配置して洗掘から守る。

i. 内田瀞 ……… (1859-1933)札幌農学校第1期生。殖民地選定調査主任として道内各地の土地利用の基礎をつくった。退官後は自らの農場を経営する
ii. 名井九介 ……… (1869-1944)内務省技師。大正7年(1918)に道庁へ勅任技師として赴任し、石狩川生振捷水路事業、都市整備、架橋等を指導した
iii. 岡﨑文吉 ……… (1872-1945)札幌農学校工学科第1期生(広井勇の最初の弟子)。石狩川の洪水水量を計測、治水計画を立案した。河川の自然主義を提唱
iv. 保原元二 ……… (1883-1966)豊平川治水計画を立案、夕張川治水事業を立案、事務所長となり監督し、生涯をその工事に捧げた

図4 原野の測量隊

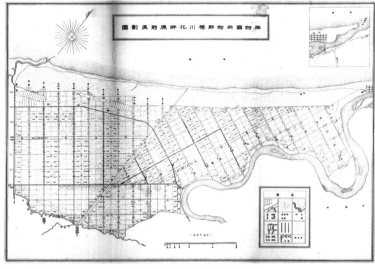

図5 2万5千分1北海道殖民地区画図「石狩国石狩郡樽川花畔原野区画図」

図6 根釧台地の格子状防風林

## 土地の調査と入植の制度化

開拓の当初、開墾希望者が入殖地を選んでいたため、泥炭地等に入って耕作できず離農する者が多く出た。このため明治19年(1886)北海道庁は、技術者を未開発の原野に派遣して調査し、営農の適否や村落の計画を施した上で、希望者に貸し付け、のちに譲渡していくよう改めた。この殖民地選定事業と区画測設事業は、殖民を合理的に進めるものであり、北海道の農村形成に大きな足跡を残した。内田瀞を始めとする道庁殖民課の技師は半ば探検に近い調査を短期間で進め、小高い丘の上等から地形や樹種、川や湖水の位置を確認し土地の善し悪しを定めた。明治22年(1889)までには北海道の主な原野を調査し農耕牧の適地が選定され、続いて区画測設事業が選定された土地に実施された図4。内田らは、1戸が耕作する農地の標準面積を5町歩と定め、殖民区画図を作成した図5。まず土地の傾斜や川筋を考慮して町の方向を決め、中央部に「基線」となる道路予定線を引く。そして基線を中心にして300間(545m)おきに平行に、また直角方向にも300間おきに、道路予定地を入れて道路で囲まれた真四角の区画をつくる(「中区画」)。この区画を6等分し、間口100間(181m)・奥行150間(272m)の長方形の「小区画」(5町歩)をつくった。このように区画測設が行われ道路、保存林(計画的に防風林として残す図6)、市街地、公共用地などの配置が決定されると25,000分の1の殖民地区画図が作成され、これに基づいて移住者への土地の処分が行われた。北海道全体に進められた殖民区画制で広大なグリッド状の区画をもつ北海道の地方の景観が形成されたのである図7。

これら農区とともにほか、地域拠点となる中心都市も計画された。明治20年代に北海道庁は、空知中央部・上川盆地・十勝平野のそれぞれの開発拠点として、空知太(現在の滝川付近)・上川(同旭川)・帯広を計画した。

図7 天に続く道(斜里町)。今では観光名所となっている一直線の道は、殖民区画がルーツである。

開拓──北海道開拓
# 拓殖から総合開発へ

地方中核都市の建設
企業による電力開発
戦後の開発

### 計画都市「帯広」

十勝平原は農耕適地として早くから注目され、中心都市は十勝川と音更川、札内川が合流する物通の利便性より、現地点に求められた。すでに民間で晩成社（依田勉三ら）も入植していた。明治26年（1893）市街地区画割がなされて翌年、貸し付けが始まった。区画割では1辺300間の中区画で仕切ったのち、官公庁や公共用地（学校や病院、公園、神社等）をあらかじめ指定していたが、帯広ではこの公共用地に集中する放射状の街路（斜交道路、火防線ともいう）も計画され、実際に設置された。この結果、格子状街路のもつ均質性と斜交道路のもたらす極の中心性を合わせもつことになり、北海道の他都市とも違う独特の構造となった。計画した技術者が、アメリカ殖民都市（ワシントンをモデルにしたとされる）の手法を持ち込んだとも言われ、現在でも独自性を保っている[図1]。

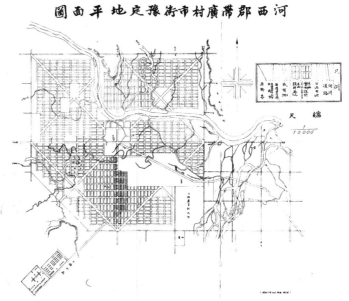

図1 帯広市街計画図

### 地方の鉄道整備

地方部に入った開拓民は都市と結ぶ鉄道の建設を望み、拓殖の進展と共に内陸を結ぶ鉄道網がつくられていく。国有鉄道以外でも民鉄の制度が整うと進出した食品加工や製紙等の企業が原材料を搬送する手段として鉄道建設に乗りだし、地方都市でも市民の物資輸送を担う殖民軌道など北海道独自の路線が相次いでつくられ、道路の整備が行き届かない軟弱な土地の入植を助けた。こうした路線の1つ、士幌線は沿線の森林・鉱物資源を開発するために計画された山岳路線であり、深い渓谷を渡すためコンクリートアーチ橋が、山の美観と工事のコストを考えて架けられた。現在は産業の推移で廃線となったが、自然に映える美しいアーチは今でも見るものを魅了している[図2～4]。

### 民間の総合開発

北海道の豊富な森林資源を求めて進出した王子製紙は、原材料の調達と共に工場の稼働をまかなう電力開発を行った。支笏湖を水源とする千歳川の第一発電所では出力10,000kW（当時最大の水力発電）を発電し、苫小牧工場は明治43年（1910）操業を開始した。昭和3年（1928）には雨竜川の電力開発に着手し、雨竜第一・第二ダムが昭和19年（1944）に完成、このダムによってできた朱鞠内湖は現在でも人造湖ナンバーワンの面積を持つ[図5]。

図2 第三音更川アーチ橋型枠図

図3 第三音更川橋梁施工中

図4 ダム湖に沈むタウシュベツ川橋梁（士幌線）

i. 林千秋 ……… (1891-1983)留萌築港事務所長として活躍。勇払築港論を提唱した
ii. 高橋敏五郎 …… (1906-1986)道庁土木試験室初代室長。戦中期からの寒冷地道路の検討を札幌千歳間改良で実現。のちに名神高速道路試験所長となる
iii. 猪瀬寧雄 ……… (1908-1981)戦後の北海道において橋梁技術の先導役を担った。苫小牧港実現への実験を立案・主導し、のちに白鳥大橋となる構想を描いた

図5　雨竜ダムと朱鞠内湖

図6　札幌千歳間道路・島松沢

図7　苫小牧港の掘削

## 戦後に続く北海道開発

昭和20年（1945）の敗戦で国土は荒廃し、食糧不足と引揚者の激増による雇用確保が全国で深刻な問題となっていた。加えて台湾・満州・朝鮮・樺太等を失ったことで、残された未開発地としての北海道がクローズアップされることになった。しかし第2期拓殖計画も終了（昭和21年度）、内務省の解体（昭和22年）によって拓殖事業は「開拓」が農林省、「土木」が建設省、「港湾」が運輸省に移管されていた。そこで緊急かつ重要な国策としての北海道開発を強力に推進する目的で、昭和25年（1950）「北海道開発法」が制定され、翌年には実施機関の北海道開発局が発足した。

戦時中に予算不足で遅々として進まなかった土木事業はこうして直轄事業を通して強力に推進され、構想が実現していった。なかでも道路は隔絶の感があり、昭和27年（1952）の札幌千歳間道路の工事iiでは1年の工期で約35kmの改良を一気に行い、建設重機の大量投入、アスファルト舗装の全面採用、高速走行に適した道路設計、等の先駆的な技術が試行された図6。このうち最も重要なのは凍上対策工で、凍結する深さまで路盤を砂利等で置き換え、霜柱による破壊をなくした。その後に寒冷地道路のスタンダードとなった。港湾では、勇払築港論として大正時代から検討されていた苫小牧港が、昭和29年（1954）からのラジオアイソトープを用いた漂砂の観測iiiにより実現の目処が立ち、世界で初めての大規模な掘込型港湾として建設された図7。土地改良では篠津地域泥炭地開発に代表される大規模な客土事業等により、良質な農産物を生産できる広大な農地をつくり出した。

過酷な自然環境を条件にして発展してきた北海道の土木技術は、現在でも新たなフロンティアを切り開いていくポテンシャルをもち、発展し続けている図8。

| 北海道開拓の年表 | |
|---|---|
| 昭和2 | 第二期北海道拓殖計画開始、室蘭本線、長万部輪西間開通 |
| 昭和3 | 宗谷本線、旭川稚内間が開通 |
| 昭和4 | 激浪により難工事となった留萌港南防波堤が完成 |
| 昭和7 | 旭橋(旭川市)が完成 |
| 昭和11 | 稚内港北防波堤ドームが完成、夕張川新水路完成 |
| 昭和12 | 土木試験所が道庁土木部試験室として発足 |
| 昭和15 | コンクリートゲルバー橋、十勝大橋(当時世界一の橋面積)完成 |
| 昭和18 | 雨竜発電所完成(日本初の地下式。ダムは日本一の湛水面積) |
| 昭和25 | 北海道開発法施行 |
| 昭和26 | 世界初の掘り込み式港湾、苫小牧港が起工 |
| 昭和27 | 第一期北海道総合開発第一次5ヵ年計画実施 |
| 昭和28 | 国道36号札幌千歳間舗装改良工事(弾丸道路) |
| 昭和29 | ラジオアイソトープによる漂砂追跡調査(苫小牧港)、道内の技術的課題に取り組む産官学の連携組織、北海道土木技術会が発足 |
| 昭和32 | 道内最初の大規模多目的ダム、桂沢ダムが完成 |
| 昭和33 | 第一期北海道総合開発第二次5ヵ年計画実施、青函トンネルの海底ボーリング調査始まる |
| 昭和38 | 第二期北海道総合開発計画実施、苫小牧(西)港、第1船入港 |
| 昭和44 | 国道230号定山渓国道完成 |
| 昭和47 | 冬季オリンピック札幌大会開催 |

図8　定山渓国道・仙峡覆道／除雪した雪を谷底に落としやすくするため、柱のない覆道となった。

**参考文献**

・関口信一郎:シビルエンジニア廣井勇の人と業績、HINAS(北海学園北東アジア研究交流センター)、2015
・高崎哲郎:評伝 山に向かいて目を挙ぐ 工学博士・広井勇の生涯、鹿島出版会、2003
・土木学会土木の日実行委員会土木コレクション小委員会編:土木コレクション HANDS+EYES、土木学会、2014
・土木学会編:新体系土木工学別巻 日本土木史、技報堂出版、1994
・土木学会編:日本の土木遺産——近代化を支えた技術を見に行く、講談社ブルーバックス、2012
・土木学会北海道支部選奨土木遺産選考委員会編:フロンティアに挑む技術——北海道の土木遺産、土木学会、2014
・中村廉次:北海道港湾変遷史、北海道港湾変遷史出版後援会、1960
・日本国有鉄道北海道総局:北海道鉄道百年史(上巻)、日本国有鉄道北海道総局、1976
・北海道開発局編:北海道開発局十五年小史、北海道開発協会、1966
・北海道道路史調査会編:北海道道路史、北海道道路史調査会、1990
・北海道の治水技術研究会編:石狩川治水の曙光、北海道開発局、1990
・幌内鉄道橋梁研究会編:日本最古のアメリカ製鉄道橋——クロフォードが輸入した幌内鉄道の鉄橋、NPO炭鉱の記憶推進事業団、2011

# 04.

# 河川
### 淀川改修

近世から近代初期の大阪湾と淀川
淀川改修計画
淀川の分流と放水路工事
近代治水事業の全面展開
分水堰技術の変遷

河川――淀川改修
# 近世から近代初期の大阪港と淀川

経済の中心地・大阪
大型船の入港と大阪築港
お雇い外国人による計画

### 我が国の河川史における淀川
我が国の近代治水河川改修は、淀川に始まった。

淀川は、流域面積8,250km$^2$の我が国有数の河川であり、流域内に、大津、京都、大阪などの大都市を抱えている。さらに上流に貯水量約275億m$^3$の巨大な湖沼、琵琶湖を有する。琵琶湖からの流出河川は瀬田川のみであり、淀川舟運は近畿圏において、近世まで重要な舟運路であった。

淀川と瀬戸内海の接点に位置するのが、大阪である。近世末期に「天下の台所」とうたわれた経済の中心地は、この淀川河口部に商業地域を集中させていた。明治期に入り西洋大型船が登場すると、水深などの物理的条件が支障となり、近代港湾整備が強く要望されるようになった。近代大阪港築港は、土砂堆積、洪水処理の面から淀川と密接に結びついていた。また、イギリス人ブラントン[ii]に始まり、ドールン[i]やデ・レーケ[iii]らのお雇い外国人技術者が大きな役割を果たした。

明治29年（1896）から始まった淀川改良工事は、我が国初の国直轄の治水事業、かつ、放水路設置を伴う近代分水事業の嚆矢でもあった。それまで水制として使われていた図1のような「牛」に代わり、低水路を安定させるケレップ水制図2が用いられ、また施工には土木施工機械が本格的に導入され、大規模な土工掘削が行われた。

### 近世末期の大阪港の課題
江戸期の物資輸送の基盤整備には河村瑞賢の功績が大きい。瑞賢は寛文12年（1671）、西奥羽、北陸の物資を日本海沿いから下関を経て、瀬戸内海を通り大阪に運ぶ西廻り航路を整備した。さらに、貞享元年（1684）から翌年にかけて淀川河口にて安治川を開削した。こうして伝法川から小舟に乗り替えることなく、大阪市中に直接物資が流入するようになった。

大阪の舟運にとって、最大の難点は淀川から排出される土砂堆積であった。この対策として浚渫が度々行われた。しかし、河口部の土砂堆積域では新田開発が行われ、海からの出入りは次第に遠くなった。

明治元年（1867）には66年ぶりという淀川大出水によりさらに土砂の堆積がはげしくなり、明治開国後、大型の西洋船の入港は難しい状況にあった。

### ブラントンの大阪港整備計画
大阪港整備計画は、西洋技術者による我が国初の河川処理を伴う港湾整備計画であると言われている。この計画において最も肝要であった土木技術は、堆積土砂対策であり、安治川と大阪港湾部を分離している。さらに、ブラントンは大阪港の南北に防波堤（波止場）の設置を計画していた。図3

### ファン・ドールンの大阪港整備計画
明治5年（1872）ドールンは、来日間もない同年7月に大阪を訪れ、以後半年にわたる測量、調査し、計画をつくった。ドールンの計画は、荷揚げ場の位置などは現在のままで、川幅を一定に整理して河川の流水を集め、その掃流力によって港内に土砂を堆積させることなく海まで流そうという計画であった。

ドールンは、本整備計画と併せて根本的な土砂対策が必要だという見解であった。明治6年3月には、木津川水系不動川を視察して、砂防工事の意見を政府に提出した。

### デ・レーケの大阪港整備計画
### 舟運か治水か
エッセル[iv]、デ・レーケらは政府の要請のもと、淀川を測量し、これに基づき舟運路整備計画を作成することとなった。彼らの計画はエッセルより「大阪〜伏見間の河、通船に所要の改修」として明治7年（1874）報告された。デ・レーケは、河口の舟運路整備計画として「大阪末流目論見」を明治7年、大阪築港及び市内通航計画として「阪港目論見」を翌明治8年に報告している図4

エッセルの報告に基づき、同年伏見から天満橋に至る低水工事である「淀川修築工事」が着工された。オランダ人技術者達の見積額は417,200円であったのに対して、政府の判断は約51万円に増額された。一方、大阪築港計画の方は、しばらく実現していなかったが、明治25年（1892）大阪府により本格的な測量調査が行われ、明治30年（1897）には総工事費21,675,000円、うち国庫補助468万円、工期8年以内として大阪市によって施行されるに至った。

### エッセルの報告書「澱川改修大意」
### にみる河口整備
本整備計画では、神崎川の飲み口を閉じ、淀川と分離する。中津川において土砂をできるだけ導き、淀川本川への土

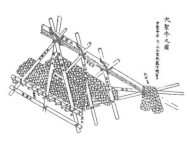

図1　大聖牛之図（近世の水制）

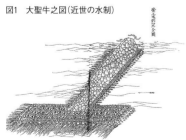

図2　ケレップ水制（オランダ人技師達が導入した水制）

i. ドールン ‥‥‥ Cornelis Johannes van Doorn（1837-1906）明治初頭の河川、港湾に関するお雇い蘭人外国人技師、5年（1872）〜36年滞日、長工師。後出：pp.075, 095
ii. ブラントン ‥‥‥ Richard Henry Brunton（1841-1901）明治政府から英国政府に要請され招かれたお雇い外国人の第1号。後出：p.073
iii. デ・レーケ ‥‥‥ Johannis de Rijke（1842-1913）36年（1903）離日、明治中期までの河川・港湾技術顧問として最長滞在した蘭人工師、特に木曽川治水に関与。後出：pp.075, 095
iv. エッセル ‥‥‥ George Arnold Escher（1843-1939）蘭人工師、デ・レイケと共に6年（1873）来日、11年離日、三国港防波堤が有名
v. 沖野忠雄 ‥‥‥ （1854-1921）淀川改修工事の中心技術者、古市公威と共に近代河川改修の牽引者

i　　　　　　　ii　　　　　　　iii　　　　　　　iv　　　　　　　v

砂流入を防ぐ。淀川と中津川の間には、堰堤を設置する、というもので、明治29年（1896）の沖野忠雄ᵛの計画を基に策定された淀川改修計画に引き継がれた。エッセルらは、大阪市内の洪水対策ではなく、大阪築港や舟運の便から、そのような主張を取った。

## 「大阪末流目論見」からみた
## デ・レーケの考え

吃水15尺（455cm）まで整備すれば、西洋の大型船にも対応でき、大阪港が潤う。それまでの浚渫方式に代わって、デ・レーケが主張した図4のは、港への土砂の遮断であった。そのために、神崎川、中津川からの土砂排出を検討しており、デ・レーケの計画は、エッセルの「澱川改修大意」を具体化したものといえる。

図3　R.H.ブラントンによる大阪築港計画図

| 淀川改修史年表 |  |  |
|---|---|---|
|  | 淀川関係 | 河川・砂防関係 |
| 明治元年 1868年 | 5月　洪水により右岸各地で破堤。枚方水位14尺（4.24m）前島村堤防決潰68間、広瀬村堤防247間決潰、他決潰多数、被害面積500ha 12月23日　木津川付替に着手 | 10月28日　治河使の設置 |
| 明治2年 1869年 |  | 4月8日　大政官に民部官の設置 6月4日　民部官に土木司の設置 6月8日　神祇・大政の2官、民部・大蔵・兵部・刑部・宮内・外務の6省の設置（民部官を民部省と改称、営繕司を廃止して土木司に統一） |
| 明治3年 1870年 | 1月23日　木津川の付替工事完工 | 3月2日　堤防治水仮規則設置 7月10日　民部・大蔵両省分離 10月20日　工部省設置 |
| 明治4年 1871年 | 宇治川左岸槙島村堤防決潰 | 4月2日　治水規則の改正 7月27日　民部省の廃止（土木司は工部省に移管され、8月14日に土木寮と改称） 10月8日　土木寮を大蔵省に移管（営繕寮を廃止して営繕業務を土木寮に移管） |
| 明治5年 1872年 | 7月　淀川西の鼻、山崎の鼻に淀川最初の量水標設置。ファンドールン長工師来日、淀川筋視察 | 9月2日　大蔵省直属の建築局を土木寮へ移管 |
| 明治6年 1873年 | 9月　ゲ・ア・エッセル1等工師、ヨハネス・デ・レーケ4等工師来日、淀川に従事 12月　エッセルら淀川測量を開始 | 8月2日　河港道路修築規則を設定、澱、刀根、信濃川を1等河とする 11月16日　内務省の設置、大阪出張土木寮を設ける（明治7年1月の説もある） |
| 明治7年 1874年 | 5月　淀川修築工事に着手（21年度まで） 10月　粗朶工の試験施工 | 1月9日　土木寮を内務省へ移管 |
| 明治8年 1875年 | 3月　淀川測量目論見書を上奏、5月に許可 | 5月　土木寮分局を大阪に置く |
| 明治9年 1876年 | 木津川寺田堤防決潰 | 6月　河港道路修築規則廃止 |
| 明治10年 1877年 |  | 1月11日　内務省に勧農・駅逓・警視・地理・土木・社寺・会計の7局を設置 |
| 明治11年 1878年 | 7月　神崎川の付替就工 | 10月　羽栗村砂防工場開設。島ヶ原砂防工営所、棚倉砂防工営所同月開設 |
| 明治14年 1881年 | 4月　京都府が琵琶湖疎水予備調査（測量）の開始 淀川水系山地の直轄砂防工事に着手 |  |
| 明治18年 1885年 | 6月17日　台風豪雨による淀川洪水（明治大洪水）。枚方水位4.48m支川天野川堤防決潰、三矢村（現枚方市）堤防決潰伊加賀堤防80間決潰9,900戸、4,490ha浸水 | 12月22日　工部省を廃止 |
| 明治19年 1886年 |  | 2月27日　各省官制により土木局を治水課・道路課・会計課に3分 7月12日　土木監督署官制制定（全国を6分し、東京・仙台・新潟・大阪・徳島・久留米に監督署を置き、府県土木の監督と河川・砂防直轄工事を司掌） |
| 明治21年 1888年 |  | 1月　下田上砂防工営所、中村砂防工営所を開く |
| 明治22年 1889年 | 淀川修築工事完了、淀川修築修繕工事に着手（明治29年度まで） 8月20日　淀川洪水。淀御牧、横島、八幡、大山崎地にて決潰、広瀬水位5.1m |  |
| 明治23年 1890年 | 4月9日　琵琶湖疎水工事の完成 | 8月4日　勅令により土木監督署官制を改定。東京、横浜両市内電話交換開始 依那古砂防工営所開設 |
| 明治25年 1892年 |  | 12月　大阪築港測量事務所の設置 |

図4　デ・レーケによる大阪築港計画図

河川——淀川改修
# 淀川改修計画

築港か治水か
デ・レイケと沖野の対立
高水防御の思想

### 明治20年計画にみるデ・レーケの考え方

本計画は、「大阪築港並ニ淀川洪水通路改修計画」であって、大阪築港のみならず淀川治水計画を一体化したものである。この背景には、明治18年（1885）の淀川大水害がある。神崎川分派点より上流も含む、大阪府全体の治水計画だと言える。

基本的には、中津川のショートカット、淀川下流部と本川の関係は毛馬地点の上流部に樋門を設け、延長約21町（2,290m）の新川で繋ぐというものである。デ・レーケは、築港工事に先立つ淀川改修工事を強く指摘した。

### 明治23年計画にみるデ・レーケの考え方

本計画は、「京都府並びに大阪府の管下における淀川毎年の漲溢に対する除害の新計画」であり、淀川治水計画を発展させたものである。

築港問題より流域の治水の問題が急用になった。大阪築港計画と淀川改修とを分離してもよい築港計画を策定し。具体的には、安治川河口の河口港から、天保山沖の海港へ計画を変更した。この計画が、大阪築港計画となり、明治30年（1907）着工に至る。

### デ・レーケから沖野忠雄へ

明治23年（1890）の計画でデ・レーケは、築港よりも治水が重要だとして淀川治水計画を発展させた。翌年から地元支出による測量が行われ、国からも沖野忠雄に調査・計画が命じられた。明治27年（1894）6月、内務大臣に「淀川高水防御工事計画意見書」を提出した。この後、土木技監古市公威らからなる技術官会議で若干の修正が命じられた。沖野は再度調査し、明治28年8月に「淀川高水防御工事計画に関する追伸」を提出。これが淀川改修計画となって淀川改良工事に着手された。

### 計画対象流量と遊水効果

デ・レーケの治水に対する考えと、沖野の淀川改良工事を比較してみると、いくつかの相違がみられる。

宇治川、桂川、木津川が合流する淀地点より下流部の計画対象流量は、毎秒20万立方尺（毎秒5,565m³）で行われ、この数字は明治23年にデ・レーケによって提示されたものであった。これは、明治22年8月の大出水に基づいた分析であった。

デ・レーケの計画では、巨椋池などの中流部の遊水池は残されることになっていた。沖野の淀川改良計画では、巨椋池などの遊水池と三川とを完全に分類して遊水効果を消去している。その上で三川合流後の計画対象流量を毎秒20万立方尺と、デ・レーケの明治23年の計画と同様のものとした。

これは、沖野の分析によるものであるが、この背景には瀬田川洗堰図1,2設置による琵琶湖の流出量の調整がある。つまり、瀬田川洗堰設置に伴い中流部の遊水効果は肩代わりされた、という見解であった。

### 地域間対立

デ・レーケはこれに反対を表明した。大阪府、京都府下の工事に加え、滋賀県での莫大な工事費を否定した。また、治水に対して砂防工事の効果を高く評価していた。

沖野は、琵琶湖沿岸まで含めて淀川治水を考えていた。この背景には、滋賀県側の激しい治水運動があった。特に、瀬田川の疎通能力向上は、非常に関心事であった。滋賀県では、明治22年8月に琵琶湖治水会が組織され、東海道の瀬田川鉄橋の架設に反対運動が起きた。この誓願を退けたのが、大阪の土木監督署の田辺儀三郎所長、また沖野忠雄であった。明治23年から滋賀県側では瀬田川浚渫工事の陳情が行われ、また「瀬田川改修工事報告書」を策定し、工事施工方向を内務大臣に提出した。これに対して、大阪府では「淀川改修期成同盟」が結成された。

デ・レーケは、強弱のある治水計画を、沖野は琵琶湖から大阪まで一貫した、平等な治水計画を志向した。

図1　瀬田川洗堰

図2　瀬田川洗堰、角落し

図3　毛馬洗堰

図4　淀川改良工事計画図（明治29〜43年）

## 三川合流後下流部の改修計画

沖野の計画は、毛馬地点で淀川本川(大川)を締め切るもので、デ・レーケの考えを引き継ぐものであった。毛馬での締め切りの利点について、沖野は3点あげている。

① 大阪市内が淀川洪水から遮断されること

② 舟運が盛んである安治川に濁水の流入を遮断して水深の維持を図って舟運に利する、市内派川の運河化

③ 河内平野一円の排水を受け持っている寝屋川が淀川と分断され、排水の条件が良くなる

また、大川の最上流部に水量がコントロールできる毛馬洗堰[図3]と舟運のための閘門を計画した、市内へ導入する水量は「毛馬以下の水路において水深五尺(1.52m)を得るに適度な水量」として、毎秒4,000立方尺(毎秒111m³)とした。また、佐太より下流の洪水路は四案が検討されていた。デ・レーケは新堤をつくるよりも旧堤を生かすことを主張していた。基本的にはデ・レーケ案、それを引き継いだ沖野によって毛馬洗堰など高度かつ大型の構造物が導入され、計画の手直し、実施設計が行われた。

デ・レーケと沖野では、治水の計画対象地域の相違があった。沖野は近代施工技術のもとに地域間の対立を解消しようとした。

淀川改良工事[図4]は、工費約1,000万円、工期15年という明治政府成立以来の画期的な大工事では、浚渫機械などの施工機械が大量に導入され、毛馬洗堰、瀬田川洗堰などの大型構造物が設置された。明治43年に完成した。

徐々に、オランダ人技術者の低水路整備から、堤防の築造が先決であるという、高水防御の思想へと転換していく様子が読み取れる。

### 淀川改修史年表(つづき)

|  | | |
|---|---|---|
| 明治27年 1894 | 6月 大阪築港工事設計の成案<br>9月 京都第1疎水竣工、蹴上発電所完成 | 7月3日 勅令により土木監督署の管轄を東京・仙台・新潟・名古屋・大阪・広島・久留米に7分、大阪を第5区土木監督署に変更 |
| 明治29年 1896 | 6月 瀬田川より海口まで直轄工事施工の告示<br>7月21日 出水で島本水位3.90m、三ケ牧、大冠堤防決潰<br>8月30日 台風強雨で宇治川向島庚申塚決潰、太閤塚決潰島本水位5.03m<br>9月7日 前線降雨で淀川大洪水、唐島外島堤、大塚外島塚、三矢堤、広瀬堤決潰、右岸一帯浸水、島本水位5.48m | 4月8日 河川法の公布<br>8月 下田上砂防工場開設 |
| 明治30年 1897 | 淀川修築修繕工事完了、淀川改良工事に着手(明治43年度まで)。大阪港第1期修築工事に着手 | 3月30日 砂防法の公布<br>4月 岩根砂防工場開設 |
| 明治32年 1899 | 11月 桂川工事着手<br>12月 大池樋門着手 | 4月6日 河川法中費用補助に関する勅令の公布 |
| 明治33年 1900 | 4月 瀬田川浚渫工事に着手<br>11月 宇治川付替工事に着手 | |
| 明治34年 1901 | 3月 大池樋門完成<br>5月 大日山切取<br>12月 大池締切堤完成 | |
| 明治35年 1902 | 1月 瀬田川洗堰着工<br>12月 伝法第一閘門、毛馬第一閘門に着手 | |
| 明治36年 1903 | 7月9日 島本水位5.08m、右岸諸支川に決潰続出、宇治川西口で決潰<br>11月 伝法第一閘門完成。新宇治川付替工事完成 | |
| 明治37年 1904 | 1月 瀬田川仮閘門工事に着手<br>11月 瀬田川洗堰に全通水<br>12月 毛馬洗堰に着手 | |
| 明治38年 1905 | 3月 瀬田川洗堰(旧)竣工<br>6月 神崎川樋門・一津屋樋門完成<br>7月 大阪港第1期修築工事完成<br>9月 八幡樋門着手 | 4月1日 土木監督署を廃止し、府県土木は土木局が直接担当、直轄河川工事の施工・調査を実施する土木出張所を東京・新潟・名古屋・大阪に設置 |
| 明治39年 1906 | 3月 瀬田川仮閘門完成<br>4月 八幡樋門完成 | |
| 明治40年 1907 | 淀川下流改修工事に着手(大正11年度まで)<br>8月 毛馬第一閘門完成<br>12月 大日山切取完了 | |
| 明治41年 1908 | 9月 六軒屋第一閘門に着手 | |
| 明治42年 1909 | 2月6日 安治川筋の浚渫に着手<br>3月 瀬田川浚渫工事完成、西島川閘門工事着手。京都第2疎水着工 | 4月 雲井砂防工場開設 |
| 明治43年 1910 | 1月 毛馬洗堰完成<br>2月 六軒屋第一・西島閘門完成 | 10月10日 臨時治水調査会(第1次)官制の公布 |
| 明治44年 1911 | 淀川改良工事完了、淀川維持工事に着手 | 10月2日 第1次治水計画の策定 |
| 明治45年 大正元年 1912 | 3月 京都第二疎水完成<br>8月 長柄起伏堰着工<br>9月23日 暴風雨で水位上昇し、六軒屋閘門敷15cm浸水<br>3月 京都市水道完成 | 伊賀、棚倉砂防工場開設 |
| 大正2年 1913 | 4月 毛馬、六軒屋、伝法、西島各閘門見張所新築<br>10月20日 長柄運河頭部橋梁(眼鏡橋)着手<br>宇治発電所竣工(32,000kw) | 4月9日 運河法の公布 |

河川――淀川改修
# 淀川の分流と放水路工事

近代分水堰の嚆矢
近代分水技術の発展
先駆的な機械施工

## 淀川下流部の河川処理

その要となった事業は、今日の淀川河口から上流9.8kmの毛馬地点までの放水路開削と、旧淀川流路入口で分流量を調節する洗堰建設と、舟運連絡用の閘門の設置であった（琵琶湖流出口の瀬田川洗堰もこれに並ぶ）。

毛馬地点での分派のコントロールには分水技術の近代化が重要であり、旧流路入口には近代分水堰の嚆矢である毛馬洗堰が設置された[図1]。本体の基礎にはコンクリート、上部は煉瓦、要所に石材が用いられた。しかし、分流量を調節するゲートは木材を落し込む角落式であり、開閉方法と時間に課題が残された。この洗堰が遮断する旧来の通船の維持のため毛馬閘門が建設された。この閘門から入り放水路と並行する長柄運河も設置されたが、その後の淀川本川の水位低下により、同運河と灌漑用水確保のための毛馬第二閘門が設置され、既存閘門は毛馬第一とされた。両閘門の操作として、平時は第一閘門を開放、第二閘門を閘門施設として長良運河への流入量が確保された。洪水時には第一閘門も閉められた。

両閘門の構造は煉瓦と石、扉形式は鋼製合掌扉であった。昭和3年（1928）には第一閘門の扉が洪水時の迅速な扉操作のために、引上式鉄製扉に改造された。毛馬地点での河川処理を安定させるには投入する分水施設の模索が続いた。その変遷をみてみよう。

今日の大河川における分水流量の調節には、本川に堰や床固などが設置されることが通例であるが、淀川では毛馬地点での旧河道の方向性が保たれると考えられたためか、当初計画に放水路入口の施設設置はなかった。しかし、洗堰と閘門の施工が進むにつれ、それらがある左岸側に土砂が堆積し始め、旧淀川方面への流量に支障が出始めた。対策として、まず明治43年（1910）に長柄床固沈床が放水路入口を横断して並行に3列設置された[図2,3]。しかし、流量確保に不十分のため、細長い木を堰板として縦に並べる長柄仮堰p.064-図1が大正元年（1912）までに設置、使用された。しかし、洪水時の開放と復旧の遅さのために長柄起伏堰へと改修され、大正3年（1914）に竣工するp.064-図2,4。これでも開放操作は、並べられた木製の堰板（高1.89m×幅1.21m）83枚に命綱を張った船で近付き、5時間を掛けて一枚ずつ長い棒で転倒させるという危険すら伴うものであったp.064-図3。また、同年から流量確保と関連して、毛馬第二閘門の建設も始まり、大正7年（1918）に竣工している。

起伏堰開放の遅延は沿岸や橋脚にも支障を生じさせたため、昭和10年（1935）に長柄可動堰へと変更されたp.065-図5。堰扉は電動式鋼製円筒形ローラーゲート3連（扉高2m）から成った。円筒形ゲートと言えば同じ頃、北上川の飯野川可動堰（昭和7年竣工）p.068-図5で実績のあったローリングゲートがあったが、長柄可動堰では扉の回転による昇開は採用されなかった。毛馬第一閘門の扉も昭和3年（1928）と同38年（1963）に改造され、ストーニーゲートが保存されている。その後、同36年には毛馬洗堰の角落式堰扉が電動式三段式ローラーゲートへ変更、同40年には長柄可動堰嵩上げが竣工するなど、既存施設の操作性と機能の向上は続けられた。

これら旧施設の引退を決定付けたのは昭和46年（1971）の流量改訂による新

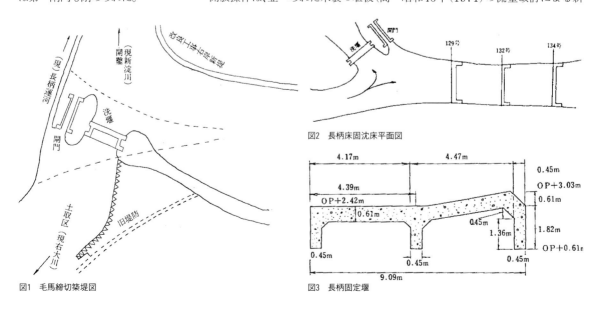

図1　毛馬締切築堤図

図2　長柄床固沈床平面図

図3　長柄固定堰

河道計画であった。これにより毛馬付近の河床掘削、低水路の拡幅と法線の是正など河道形状の変更が必要となり、長柄可動堰は淀川大堰（同58年竣工）に交代、毛馬洗堰は同49年に全閉、64年間で退任となった p.066-図1。

淀川の分水事業以降、終戦までに我が国の大河川における分水事業が集中する。そして、戦後、高度経済成長期までに堰や水門の扉形式の主流はローラーゲートとなり、昭和52年（1977）の河川管理施設等構造令の制定に至る。このように、淀川は我が国における近代分水技術の勃興から黎明期、そして発展の過程を辿ることができる河川である。

## 大型土工機械の導入

淀川改良工事では、我が国で初めて大型の土木機械が投入された。それまでにも掘削、浚渫、土砂運搬などが実施されていたが、大部分は人力に拠るものであった。大量運搬でのトロッコ、排水での蒸気エンジンポンプ程度の利用であった。

放水路の施工には掘削機械、浚渫船などの投入が図られ、多くが海外から輸入された。掘削機とドコービル（土運搬車両）はフランス製、浚渫船、土揚機や土運船はドイツ製、機関車はイギリス製などであった p.068-図6。事業の進捗は、これら機械化施工の成果が大きかったが、近世以来の人力に拠るところも大きかった。築堤工事には淀川沿川の農民が日雇労働者として参加した。工事の内容は男性がトロ押し、女性が築堤での突き固めなど。

投入された土工機械類については大正、昭和初期の工事にも引き継がれた。そして戦後からは主にショベル積み込み、ブルドーザー築立、ダンプトラック運搬による施工方法に変わって行った。

| 淀川改修史年表（つづき） | | |
|---|---|---|
| 大正3年 1914 | 2月16日　毛馬第2閘門着手<br>3月　長柄起伏堰完成（昭和10年7月に可動堰に改築）<br>3月30日　長柄運河頭部橋梁（眼鏡橋）完成。伏見、夷川発電所竣工 | |
| 大正4年 1915 | 閘門、洗堰の開閉及び水叩水中調査等 | |
| 大正5年 1916 | 5月16日　長柄運河護岸着手（第1回）<br>9月　毛馬第二閘門に通船開始<br>11月　六軒屋洗堰サイフォン着工。奈良市水道完成 | |
| 大正6年 1917 | 8月1日　伝法第二閘門着工<br>9月30日　台風豪雨による淀川大浜水<br>10月1日　枚方水位18.4尺(5.58m)<br>右岸大塚堤110間決潰、芥川、山科川、三栖堤防、網所、木津等決潰多数 | 直接施工河川改修工事に対する二分の一の国庫補助制度制定 |
| 大正7年 1918 | 淀川改修増補工事に着手（昭和8年度まで）<br>7月　長柄運河護岸（第2回）着工<br>7月15日　毛馬第二閘門完成<br>9月　巨椋池干拓に着手<br>9月24日　淀川出水、枚方水位5.36m。尼崎市水道完成 | 6月15日　内務省土木局に河港課・道路課を設置。東京に内務省土木出張所設置。長柄起伏堰、毛馬第二閘門及び前後水路維持直接管理 |
| 大正8年 1919 | 3月　六軒屋洗堰サイフォン完成<br>7月　六軒屋第二閘門着工 | 4月11日　内務省に土木試験所の設置<br>神戸に内務省土木出張所を新設。長柄運河頭部扉、直轄管理 |
| 大正9年 1920 | 3月　長柄運河護岸（第1、2回）完成 | |
| 大正10年 1921 | 9月26日　台風強雨で枚方水位5.44m | 1月29日　臨時治水調査会官制（第2次）の公布 |
| 大正11年 1922 | 3月　伝法第二閘門完成 | 伝法第二閘門、六軒屋洗堰「サイフォン」内務省大阪土木出張所で維持、管理に決まる。豊原砂防工場開設 |
| 大正12年 1923 | 淀川下流改修工事終了<br>3月　六軒屋第二閘門完成<br>11月　平戸樋門着工 | |
| 大正13年 1924 | 9月16日　三栖洗堰着工、高瀬川付替 | 12月　河港課を分離強化して河川課、港湾課の設置 |
| 大正14年 1925 | 志津川発電所竣工(32,000kw) | 3月　岩根砂防工場廃止 |
| 大正15年 昭和元年 1926 | 2月9日　三栖閘門着工<br>3月　平戸樋門完成<br>寝屋川市水道 | 内務省土木試験所で治水に関する試験開始 |
| 昭和2年 1927 | 西島閘門護岸修繕など施工<br>大峯発電所竣工(16,000kw) | |
| 昭和3年 1928 | 3月15日　三栖洗堰完工<br>11月4日　毛馬洗堰補修に着手<br>12月26日　毛馬第一閘門補修に着手 | |
| 昭和4年 1929 | 2月10日　三川付替完成、新水路に通水<br>3月31日　三栖閘門完成<br>10月　長柄運河給水樋門着工<br>11月7日　毛馬第一閘門補修完了 | |
| 昭和5年 1930 | 3月31日　毛馬洗堰補修完了<br>4月　木津川改修工事に着手<br>11月　長柄運河給水樋門完成<br>12月19日　高瀬川付替完成。大津市水道完成<br>8月1日　淀川水位 枚方水位4.98m | 宇治川看守場設置、特殊構造物を維持管理。玉境砂防工場開設 |
| 昭和6年 1931 | 淀川維持区域を拡大（観月橋以下） | 内務省横浜・神戸両土木出張所廃止<br>枚方に淀川維持事務所開設<br>名張砂防工場開設 |

河川──淀川改修
# 近代治水事業の全国展開

近代治水思想の導入
河川法の成立
全国治水計画の策定

### オランダ人技術者たちの治水思想

明治初期に活躍したオランダ人技術者たちが、日本の近代治水思想に与えた影響は極めて大きい。例えば、明治8年（1875）淀川水系木津川支流不動川において着手した近代砂防工事に端的に表れている、上流から下流まで一貫してとらえる治山重視の考え方などが上げられる。この思想は、水源涵養林の実践となり、明治30年（1897）の森林法、砂防法制定に繋がった。

河川行政が一本化されなかったことも重要な視点である。治水と利水、利水も各種利水が別々の行政所管となり、砂防もまた農商務省と内務省との権限争いが続いた。

### 河川法の変遷

明治維新以来、明治政府は治水事業に非常な努力を続けた。我が国では、台風・梅雨時の豪雨が毎年のように災害を巻き起こす。特に富国強兵を目指した明治政府にとって、増大する人口に対する自給自足体制の確保は国是であった。米の増産に最大の敵は水害であり、水害防除と水田開発のための河川改修が急務であった。

明治6年（1873）大蔵省達「河港道路修築規則」により、国による事業執行体制が定められ、国が責任をもつ一等河川が決められた。この省達に基づき、国による直轄工事（主に舟運整備を目的とする低水工事）が部分的に行われた。

明治10年代後半から20年代にかけて、全国各地で大水害が頻発した。

明治23年（1890）帝国議会が開設されて以来、議会内では地方出身議員を中心に、国による治水事業推進の強い要望があった。特に、淀川下流からの要望は地元をあげての陳情、誓願、建議が熱心に行われ、淀川の改修期成運動は、河川法制定に対して大きな推進力となったであろう。

政府は、明治29年（1896）河川法を制定した。河川法制定以後、重要河川は次々に内務省直轄に指定され、それら河川に対し築堤、浚渫を主体とする大規模

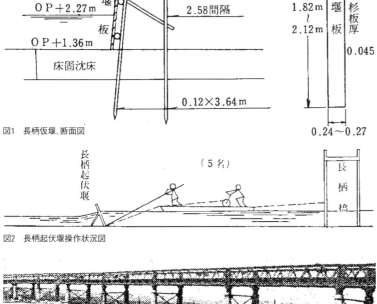

図1　長柄仮堰、断面図

図2　長柄起伏堰操作状況図

図4　長柄起伏堰

図3　ドイツでの堰板設置の例

図5 長柄可動堰

改修が進められた。水田を浸水から守るために、平野部河川には連続堤防が築かれ、河道屈曲部を短絡するショートカット工事や海へ洪水を直接流出させる放水路計画も実施された。

このように、より安全に、より生産性の高い国土を目指す明治の国づくりの一環としての河川改修は、ようやく若干機械化された施行の進歩も武器として、全国の河川で営々と進められた。

## 治水予算投入額の変遷

中央政府による全国を見つめた本格的な河川改修計画は、明治43年（1910）の第一次治水計画で始まる。この計画は、同年の大水害の後に設置された臨時治水調査会で策定された。

第一次治水計画では、国による工事を規定している河川法第八条に基づく直轄河川を65河川として、第一期施行は20河川、第二期施行45河川を選定した。工期は、18ヶ年（明治61年度まで）と定めた。その後、大正10年（1935）に第二次治水計画、昭和8年（1932）に第三次治水計画が樹立している。

| | | |
|---|---|---|
| 淀川改修史年表（つづき） | | |
| 昭和7年 1932 | 5月19日　三栖閘門前後人力浚渫に着手 9月30日　完了 7月2,8日　豪雨により出水、柴島など本川筋をはじめ支川で被害 | 中小河川改良工事国庫補助制度決定 河合砂防工場開設、加茂砂防工場開設 |
| 昭和9年 1934 | 9月21日　室戸台風が近畿地方に来襲、死者2,702名。全壊家屋38,771戸、流失家屋4,277戸の未曾有の大風水害発生。天保山潮位4.50m。淀川河口部、伝法、護岸一部崩壊。長柄橋、大阪府の手で架替。守口市（三郷村）水道完成。枚方市（旧町）水道完成 | |
| 昭和10年 1935 | 8月　長柄可動堰設置、起伏堰廃止となる（図4,5） | 5月　河川堰堤規則公布 |
| 昭和11年 1936 | 12月　三栖・毛馬第一閘門に予備発電所設置 | 6月　土木事業5カ年計画決定 |
| 昭和12年 1937 | 7月16日　下三栖護岸に着手、9月30日完成 | 6月　河水調査協議会の設置 河合、加茂砂防工場を名張砂防工場に統合 |
| 昭和13年 1938 | 7月　阪神大水害、六甲山津波で神戸、芦屋、西宮に大被害、死者546人、流失、埋没家屋約5,000戸、橋梁流失70。枚方水位4.98mこれが修補計画の因となる | |
| 昭和14年 1939 | 淀川修補工事着手。維持工事としては洪水の防禦に備えて従来通り施工 淀川大渇水、12月14日鳥居川水位-1.03m | 木津川砂防工場開設 |
| 昭和15年 1940 | | 淀川維持事務所設置、淀川看守場を廃止。雲井砂防工場4月廃止。猪名川改修事務所を神戸土木出張所管下におく |
| 昭和16年 1941 | 11月　巨椋池干拓工事完成 | 9月6日　土木局・計画局を廃止し、国土局・防空局の設置 |
| 昭和17年 1942 | 阪神上水道第1期工事完成 | |
| 昭和18年 1943 | 4月　猪名川改修事務所を工事事務所 12月　戦時中の冬季電力増強のため、琵琶湖水位一に改称、60cmを限度として、冬季放流を開始 7月1日　各工事事務所名統一変更さる 11日　内務省近畿土木出張所に変更 7月　瀬田川洗堰監視所開設。瀬田川砂防工事事務所、木津川砂防工事事務所を開設 | |
| 昭和19年 1944 | 7月11日　毛馬第1閘門に制水扉設置、長柄運河頭部廃止。西島関門補修工事施行 10月8日　淀川出水で枚方水位5.67m | |
| 昭和20年 1945 | | 11月　戦災復興院設置 |
| 昭和22年 1947 | | 内務省の解体 12月　建設院設置（戦災復興院廃止） |
| 昭和23年 1948 | | 1月1日　建設院近畿地方建設局に変更 7月10日　建設省近畿地方建設局に変更 |
| 昭和24年 1949 | 7月29日　ヘスター台風（4906号）洪水、枚方水位5.63m | 6月1日　建設省に河川審議会・道路審議会を設置 6月4日　水防法の公布 淀川の洪水予報実施、連絡協議会発足 |
| 昭和25年 1950 | 9月3日　ジェーン台風、大阪湾に高潮、死者、行方不明508人 | 5月26日　国土総合開発法公布 |
| 昭和26年 1951 | 2月　大阪府営水道第1次建設完成 7月　梅雨のため亀岡市平和池決壊、篠村地区に大被害 11月30日　伝法川廃川……原文のまま | 3月　公共土木施設災害復旧事業費国庫負担法公布 4月　河川総合開発事業はじまる |
| 昭和27年 1952 | 7月11日　梅雨豪雨、鳥居川水位85cm、泉南東島取池決壊 | 3月　米田正文「淀川計画洪水論」発表 |

河川——淀川改修
# 分水堰技術の変遷

技術的限界の克服
大河川と分水堰
技術の発展

## 近世技術の限界

明治29年(1896)の淀川改良工事に始まった我が国の大規模な近代分水事業は、その後、信濃川や吉野川、荒川、利根川、北上川などでも実施された。これらは、すべて堰や水門など分水施設の建設を伴うものであった。

分水は治水策の1つであるが、その最も重要な点は、分流地点での分水量をいかにコントロールするかということにある。近代以前にも分水事業は行われていたが、近代以前の土木構造物は結合力の弱い石や木など自然界に存在する材料を組み合わせて作らざるを得なかった。このため、大河川の洪水に耐えて分流をコントロールする構造物を作るには限界があった。

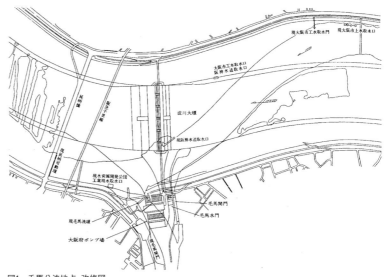

図1 毛馬分流地点、改修図

## 近代技術の導入

近代分水堰の嚆矢である淀川の瀬田川洗堰p.060-図1や毛馬洗堰p.060-図3のゲートは角落式であった。角落式とは、堰に設けられた溝に木の角材を堰板として挿入し、必要な堰上高さになるまで積み上げるものである。淀川ではその後、盾堰や円筒形のゲートを上下させるロー

表1 明治、大正、昭和初頭における近代分水堰と水門の築造年代とゲート形式（注：ゲートのデータは建設当初のもの。改築内容は含んでいない）

| 河川名 | 堰・水門名 | 完工 | 起工 | ゲート形式 | 堰全延長(m) |
|---|---|---|---|---|---|
| 淀川 | 瀬田川洗堰 | 明治37年(1904)7月完工 | 明治34年(1901)12月着工 | 角落式 | 172.71 |
| | 毛馬洗堰 | 明治43年(1910)1月完工 | 明治34年(1901)12月起工 | 角落式 | 52.72 |
| | 長柄床固沈床 | 明治43年(1910)2月築造 | 明治42年(1909)4月着工 | 本体沈床、上面張石による床固(3ヶ所) | 241.79、119.99、47、27 |
| | 長柄仮堰 | 明治44年(1911)2月設置 | 明治44年(1911)1月着工 | 堰板設置による固定堰 | 123.62 |
| | 長柄固定堰 | 大正2年(1913)12月竣工 | 明治44年(1911)10月着工 | コンクリート・石張工固定堰(起伏堰に併設) | 581.76 |
| | 長柄起伏堰 | 大正3年(1914)3月竣工 | 大正元年(1912)8月着工 | 盾堰(パスコー堰)式 | 109.08 |
| 信濃川 | 大河津固定堰 | 大正11年(1922)5月竣功 | 大正5年(1916)2月着工 | コンクリート越流式 | 540 |
| | 大河津自在堰 | 大正11年(1922)8月竣功 | 大正7年(1918)着工 | ベア・トラップ・ゲート式 | 180 |
| | 大河津洗堰 | 大正14年(1925)3月竣工 | 明治45年(1912)5月着工 | 鋼製門扉+角落式 | 154.4 |
| 吉野川 | 第十樋門 | 大正12年(1923)6月竣工 | 大正8年(1919)2月着工 | 巻上式鉄製ローラーゲート | ー |
| 荒川 | 岩淵水門 | 大正13年(1924)3月竣工 | 大正5年(1916)5月着工 | 鋼製ローラー・ゲート扉 | 62.76 |
| 利根川 | 関宿水閘門 | 昭和2年(1927)3月竣工 | 大正7年(1918)11月着工 | ストーニー式ローラーゲート(カーテンウォール式) | ー |
| 寝屋川 | 堂島川可動堰 | 昭和4年(1929)竣工 | | テンター・ゲート+スイング・ゲート式 | 不明 |
| 信濃川 | 大河津可動堰 | 昭和6年(1931) | 昭和2年(1927)12月 | ストーニー・ゲート式(カウンター・ウェイト付) | 180 |
| 釧路川 | 岩保木水門 | 昭和6年(1931)設置 | 昭和2年(1927) | 不明 | ー |
| 北上川 | 飯野川可動堰 | 昭和7年(1932)12月 | 大正14年(1925)8月着工 | 鉄製及び鉄製覆コンクリートのローリング・ゲート式 | 408.9 |
| | 鴇波洗堰 | 昭和7年(1932)完成 | 大正5年(1916)2月着工 | オリフィス式+越流式 | 37 |
| | 脇谷洗堰 | 昭和7年(1932)完成 | 大正14年(1925)7月着工 | テンターゲート付オリフィス式+越流式 | 23.6 |
| | 脇谷水門 | 昭和7年(1932)完成 | 昭和3年(1928)12月着工 | 鉄製引上式扉 | ー |
| 淀川 | 長柄可動堰 | 昭和10年(1935)8月竣功 | 昭和9年(1934)11月着工 | 鋼製円筒形ローラーゲート(シリンドリカル・ローラーゲート) | 112.86 |
| 利根川 | 江戸川水閘門 | 昭和18年(1943)3月 | 昭和11年(1936)6月 | 固定ローラー付全熔接引揚鋼扉 | ー |

図2 関宿水門門

ラーゲートなどの設置が行われた。
信濃川の大河津分水では、最初に設置されたベアトラップ式の自在堰が昭和2年(1927)に陥没したため、同6年に可動堰が設置された。これはカウンターウェイト付きのストーニーゲートである。利根川の関宿水閘門 図2 でもストーニーゲートが採用された。
この他、吉野川の第十樋門や荒川の岩淵水門などではローラーゲートが採用されている。また、大河川ではないが可動堰の変遷で重要な堂島川可動堰(淀川支川・寝屋川)では、テンターゲートとスイングゲートが採用された。
このように明治から第2次世界大戦終了時までの分水施設はゲート選定の揺籃期にあり、その選択は試行錯誤的段階であった 表1。このため、種々のゲートが登場したといえる。その後、第2次世界大戦後から高度成長時代までにゲート形式はローラーゲートが主流となった。
近代分水堰のゲート形式選択の可能性を知るためにも、大正末から昭和初頭にかけて我が国で把握されていたゲート形式を 表2 にまとめた。表にある岡部と宮本は、いずれも大河津分水事業で建設された分水堰の設計者であり、岡部は自在堰を、宮本は転倒した自在堰に代わる可動堰を設計した p.068-図4。
表2は両者が、当時、把握できた西欧のゲート形式をまとめたものを動力形態で分類し、さらに日本の河川での採用状況について整理したものである。同表

## 淀川改修史年表(つづき)

| 昭和28年 1953 | 木津川補修工事に着手(現在)<br>8月15日 東近畿水害、信楽山地に山津浪、大正池決壊のため京都府井手町 死者420名<br>9月25日 台風13号、枚方水位6.97m、向島堤をはじめ小畑川、桧尾川、芥川等決壊、鳥居川水位102cm、湖岸4,500ha浸水 | 3月 琵琶湖利水工事事務所閉鎖<br>4月 建設省河川局利水課を廃し開発課設置<br>8月 内閣に治山治水対策協議会設置<br>10月 治山治水基本対策要綱決定 |
|---|---|---|
| 昭和29年 1954 | | 12月 淀川水系治水基本計画の策定、ダムによる治水方式の導入 |
| 昭和30年 1955 | | 4月 瀬田川洗堰監視所を管理所に変更<br>9月 淀川、水防警報及び洪水予報実施河川となる |
| 昭和31年 1956 | 9月27 5615号台風 枚方水位5.49m<br>11月 阪神上水道1次拡張完成 | 5月 海岸法公布<br>6月 工業用水法公布 |
| 昭和32年 1957 | 2月 天ケ瀬ダム基本計画決定<br>3月 寝屋川市水道第1期拡張完成<br>10月 瀬田川洗堰改築工事に着手 | 3月31日 特定多目的ダム法の公布<br>6月15日 水道法の公布 |
| 昭和33年 1958 | 3月 大阪府営水道2拡完成<br>4月16日 六軒屋洗堰「サイフォン」地盤沈下のため公用を廃止<br>12月 西島水門着工<br>8月27日 5817号台風、枚方水位5.07m。淀川水質汚濁防止連絡協議会設立 | 4月24日 改正下水道法公布<br>6月 各地建に河川部を置く<br>12月 河川法改正<br>河川における砂利採取規制。公共用水域水質保全法、工場排水等規制法公布 |
| 昭和34年 1959 | 7月 宇治川上流部直轄河川となる<br>8月14日 5907号台風、枚方水位6.50m<br>9月27日 伊勢湾台風(5915号)、枚方水位6.69m、木津川上流に大被害<br>11月 毛馬洗堰高水門扉着工 | 4月1日 治山治水対策関係閣僚懇談会 |
| 昭和35年 1960 | 3月 大阪市水道6拡完成<br>2月 西島水門完成<br>11月 一津屋樋門着工。彦根市水道通水開始<br>8月29日 6016号台風、枚方水位4.70m | 3月31日 治山治水緊急措置法の公布<br>12月27日 治水事業10カ年計画の閣議決定 |
| 昭和36年 1961 | 3月 大阪府営水道3拡完成<br>8月 一津屋樋門完成<br>9月15 第2室戸台風来襲、天保山最高潮位4.12m<br>10月 毛馬洗堰高水門扉完成<br>10月28 洪水、枚方水位6.95m | 9月 琵琶湖工事事務所開く<br>11月 水資源公団法、災害対策基本法の公布 |
| 昭和37年 1962 | 3月 緊急高潮対策工事に着手(昭和39年度まで)<br>天ケ瀬ダムコンクリート打設開始<br>4月3日 西島閘門、地盤沈下のため公用廃止<br>11月 伝法水門着工<br>12月 長柄可動堰計画決定 | 4月 閣議、淀川・利根川水系を水資源開発水系に指定<br>5月 水資源開発公団発足<br>10月 高山ダム建設所開設 |
| 昭和38年 1963 | 10月 新瀬田川洗堰完成(図3)<br>11月 伝法水門完成 | 1月 経済企画庁、淀川、木曽川水域の水質基準を設定 |
| 昭和39年 1964 | 3月 淀川水系改修基本計画更の変画、大阪市水道7拡完成<br>4月30日 長柄可動堰竣工<br>10月21日 六軒家第一、第二閘門公用廃止<br>10月26日 天ケ瀬ダム竣工 | 7月10日 新河川法の公布 |
| 昭和40年 1965 | 1月 八幡排水機場着工<br>3月 大阪府営水道4拡完成<br>4月 淀川、1級水系に指定<br>6月 寝屋川流域下水道事業に着手<br>9月7日 台風24号、枚方水位6.76m、大谷川、巨椋池、山科川に内水災害、浸水面積1,130ha、人家786戸 | 8月 第一次下水道事業五カ年計画、治水事業五カ年計画閣議決定 |
| 昭和41年 1966 | 3月 八幡排水機場、阪神上水道2拡完成<br>7月 室生ダム基本計画決定<br>10月 高山ダムコンクリート打設開始 | 8月 国土建設の長期構想発表 |

図3 新瀬田川洗堰

図4 大河津分水可動堰

図5 飯野川河動堰

を見ると、西欧では種々のゲート形式が存在していたが、我が国で採用されたものは限定されたことが分かる。第2次大戦前までの我が国は、分水堰技術の黎明期であったとはいえ、西欧で発達したゲート形式はある程度把握されていた。しかし、日本の河川の自然条件に照らして選択かつ応用された結果、このような結果になったものと考えられる。

そして戦後はローラーゲートに集約されていき、表で掲げたその他の形式が採用されることはほとんどなくなった。

**大河津分水**

関東平野に次いで我が国第二位の広さを持つ新潟平野の歴史は、放水路や分水技術の歴史と言える。この放水路の中でも最大のものが、大河津分水である。明治40年(1907)に工事の実施が決定され、同42年着工されたこの分水に至るまで、江戸時代中期からの熱心な地域の運動があった。また、この分水事業は、新潟港の維持との兼ね合いという地域間の問題も抱えていた。例えば、ブラントンやリンド[i]など新潟港関係者は反対した。

近世に整備された阿賀野川の松ヶ崎放水路では、新第三期の丘陵を切り開くものであったが、信濃川の大河津分水工事の現場は、地すべりが生じやすい地層であった。

明治10～12年にかけて、エッセル、ムルデル[ii]が訪れ、同分水事業の調査・計画を行った。明治14年(1881)には信濃川治水会社が創設された。同15年古市公威が現地調査を行い、同19年から古市の計画をもとに堤防改築工事が実施された。明治29年7月信濃川で大洪水、内務省が大河津分水路実現を目指した計

① 29tディーゼルショベルと20t機関車

② 短梯120m3掘削機

③ 喞筒式浚渫作業

④ ショベル及びバケット掘削機による土砂積込

⑤ 掘削機

⑥ 浚渫船

図6 イギリスやドイツから輸入された当時最新の大型土木機械による作業

i. リンド‥‥‥‥‥ Isaac Anne Lindo（1848-1941）ドールンと来日した蘭人工師、8年（1875）離日、利根川水準原点設置が有名
ii. ムルデル‥‥‥‥ Anthonie Thomas Lubertus Rouwenhorst Mulder（1848-1901）蘭人工師、12年（1879）～19年滞日、利根運河建設、三角西港築港が有名。後出：pp.075, 121

画を策定、明治34年（1901）に計画が完成した。明治40年、大河津分水を含む信濃川改良工事の施工が決定。新潟港の関係者も賛成した。

大河津分水は、大正11年（1922）に通水したが、昭和2年（1927）堰の一部が陥没し、水位調節機能を失った。平常時の水が全て分水路に流れ、早速応急工事、補修工事が行われ昭和6年（1931）に完成した。当時、新潟出張所長であった青山士が次の言葉を記念碑に刻んでいる。
「萬象ニ天意ヲ覚ル者ハ幸ナリ。人類ノ為メ、國ノ為メ」

### 淀川改修史年表（つづき）

| | | |
|---|---|---|
| 昭和42年 1967 | 4月　桂川改修工事（44年度から淀川修補工事に合併）に着手<br>10月正蓮寺利水事業に着手 | 2月　第二次下水道整備五カ年計画閣議了解<br>6月21日　下水道法の一部改正（下水道行政の一元化）、下水道整備緊急措置法公布<br>8月　公害対策基本法公布 |
| 昭和43年 1968 | 建設に着手 | |
| 昭和44年 1969 | 淀川修補工事、淀川改修工事と改称。淀川河道整備工事に着手（現在）<br>3月　高山ダム完成。本湛水開始、大阪水道8拡完成<br>5月室生ダム実施方針決定 | 7月　淀川ダム統合管理事務所発足<br>4月　神崎川水質汚濁対策連絡協議会を設立。木津川上流工事事務所開設 |
| 昭和45年 1970 | 3月　青蓮寺ダム完成。寝屋川導水路・寝屋川ポンプ場完成<br>12月　久御山ポンプ場建設に着手 | 5月30日　砂利採取法公布 |
| 昭和46年 1971 | 3月　淀川水系工事実施基本計画改訂、枚方の基本高水17,000m³/s、計画高水流量12,000m³/s | |
| 昭和47年 1972 | 3月　正蓮寺川利水事業完成<br>4月　国営淀川河川公園事業に着手、淀川大堰建設及び毛馬水門、閘門改築に着手<br>9月27日　7220号台風、枚方水位4.62m | 3月15日　山陽新幹線開通 |
| 昭和48年 1973 | 7月　久御山排水機場一部運転開始（完成目標50年度） | 11月14日　東洋一のつり橋関門橋完成 |
| 昭和49年 1974 | 淀川工事着手100年（明治7年から起算）<br>4月　室生ダム完成<br>10月　毛馬新水門供用開始 | |

表2　大正末期から戦前までの可動堰形式

| 分類 | 堰形式 | 岡部三郎論文 大正15年8月 | 宮本武之輔『治水工学』昭和11年7月 | ゲート形式が実際に採用された堰、水門 |
|---|---|---|---|---|
| 第一類 | 橋堰 | ○ | ○ | |
| | 揚扉堰（slide gate） | ○ | ○ | 第十樋門、脇谷水門 |
| | 輥子扉堰（fixed roller gate） | ○ | ○ | 岩淵水門、関宿水閘門、江戸川水閘門、福地水門 |
| | ストーニー式扉堰 | ○ | ○ | 大河津可動堰（図4） |
| | テンター式扉堰 | ○ | ○ | 堂島川可動堰、脇谷洗堰、福地水門 |
| | 轉開堰（ローリングゲート） | ○ | ○ | 飯野川可動堰（図5） |
| | 角落堰 | ○ | ○ | 瀬田川洗堰、毛馬洗堰、大河津洗堰 |
| | 盾堰 | ○ | ○ | 長柄起伏堰 |
| | ニードル堰 | ○ | ○ | |
| | 合掌構堰（Aフレーム堰） | ○ | × | |
| | 蝶形扉堰（butterfly weir、形状不明） | ○ | × | |
| 第二類 | 扇ドラム扉堰 | ○ | × | |
| | ベヤトラップ堰 | ○ | ○ | 大河津自在堰 |
| | ドラム堰 | ○ | ○ | |
| 第三類 | Buchler's automatic gate | ○ | × | |
| | hinged weir | ○ | × | 釜谷水門、月浜第1・2水門 |
| | 簾堰 | × | ○ | |

注：3分類は岡部論文によるもの。○は掲載、×は未掲載を示す
第一類：人力、汽力又は電力等の外力を加へて運転するもの
第二類：自然水位差を利用し自力にて開閉するもの
第三類：自重のみでなく最大水圧力も平衡するカウンター・ウェートを有する半自動的なもの

⑦　プリストマン式浚渫船

⑧　ポンプ船

**参考文献**

・大阪市、大阪開港100年記念祭委員会共編：大阪開港100年祭行事誌、大阪市、1968
・知野泰明、大熊孝：新潟平野における治水技術の変遷に関する研究、土木学会論文集 No.440/IV-16、pp.135-144、1992
・知野泰明：北上川分水施設の建設史と遺産的価値に関する研究──鴇波洗堰,脇谷洗堰を中心に、土木史研究 第20号、pp.301-311、2005
・村松貞次郎：お雇い外国人と日本の土木技術、土木学会誌 61巻 13号、pp.9-16、1976
・村松貞次郎、高橋裕編：日本の技術100年 第6巻 建築・土木、筑摩書房、1989
・淀川百年史編集委員会編：淀川百年史、建設省近畿地方建設局、1974

# 05.

# 港湾
### 横浜築港

横浜開港前後
横浜第一次築港
横浜港での近代埠頭の完成
日本における近代港湾の誕生
近代から現代の港湾整備へ

港湾──横浜築港
# 横浜開港前後

横浜が開港場となった理由
近代都市計画の発祥
開港直後の貿易

### 横浜築港の意義

横浜築港の歴史は、近代港湾の歩みでもある。その歴史は、内務省や大蔵省等の整備主体の目まぐるしい変遷、近代埠頭という計画思想の実現、コンクリートなどに関わる技術的課題の克服など、後の神戸港や小樽港などを始めとする我が国の近代港湾整備に大きな影響を与えることとなった。

### 開港前後

江戸時代初期の横浜村は、現在の山手の側から北西に伸びる砂州上にあった。砂州と現在の大岡川、中村川に挟まれた内側は浅い内海であったが、寛文7年(1667)の吉田新田等の新田開発によって埋め立てられていた。嘉永6年(1853)、ペリー率いる黒船が来航し、翌嘉永7年(1854)には日米和親条約、安政5年(1858)には日米修好通商条約を締結する。この結果、下田、箱館の他、神奈川、長崎、新潟、兵庫の開港と江戸、大坂の開市が決まる(その後、オランダ、ロシア、イギリス、フランスとも修好通商条約を締結する)。当初、アメリカ総領事ハリスの草案には、神奈川の名は見られなかったが、外国奉行岩瀬忠震の江戸振興のためという進言により、神奈川開港となったと言われている。ところが、大老井伊直弼は、神奈川は、東海道に面した宿場であり、外国人が居留する際の混乱が危惧されることからその開港に反対した。そのため、東海道から離れ、十分な水深が得られる横浜を開港場とすることになった。ハリス等は、条約に違反するとして反対したが、幕府は、横浜は神奈川の一部であると主張し、開港場の建設を進めた。その後、居留地への国内外の商人の移住が続き、横浜開港が既成事実化することになった。

### 居留地整備と都市計画

幕府は開港期限の安政6年(1859)6月

図1　御開港横浜之全図・増補再刻、慶応元年(1865)に加筆(図面下側が北)／幕府は、大岡川に吉田橋を架け、関所を設け、その内側を居留地とした(このため「関内」という呼び名ができた)。海岸の中央部分(現:県庁)に運上所(税関)を設置し、東側を外国人居留地、西側を日本人街とした。神奈川奉行所は、開港場が見渡せる丘陵上(戸部、現:県立図書館)に置いた。

図2　横浜海岸通之図、明治3年(1870)／波止場(突堤)は、長さ60間(110m)、幅10間(18m)の石積みであった。波止場の間には多数のはしけが見える。

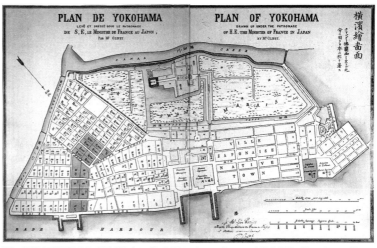

図3　PLAN DE YOKOHAMA、慶応元年(1866)／イギリス人による初めての本格的地図。斜めの街区は、横浜新田による埋立地で現在、中華街となっている。図の中央上部は、港崎遊郭のための埋立地であり、後、我が国初の洋式公園(現:横浜球場)となる。

i. 原善三郎 ……(1827-1899)横浜の貿易商。横浜商法会議所設立、初代会長。第2国立銀行初代頭取。
ii. ブラントン …… Richard Henry Brunton(1841-1901)スコットランド出身のイギリス人技術者。日本の灯台の父と称され各地の西洋式灯台を建設。既出：p.059参照

に間に合わせるべく、横浜村の住民を山手の麓（現在の元町）に立ち退かせ、外国人居留地を建設した図1。海岸の中央には東西波止場が作られ、東波止場は外国貿易、西波止場は内国貿易にあてられた。当時は沖に船舶が停泊し、そこからはしけと呼ばれる小舟で、人や荷物を陸地まで運んでいた図1,2。波止場は、その後、幾たびかの改修を受けるが、その位置と水域規模は変わっていないため、横浜港発祥の地を現在に伝える貴重な空間となっている。

その後、幕府と諸外国が締結した地所規則により、下水道、日本大通り（外国人居留地と日本人街の間の120フィートの広幅員街路）、海岸通り（バンド）、公園等が、明治以降、政府の手によって作られる。下水道や日本大通りは、イギリス人ブラントン[ii]によって設計されている。このような横浜の街づくりは、銀座煉瓦街と並んで、近代都市計画の発祥ともいえる図3。

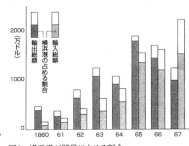
図4 横浜港が貿易に占める割合

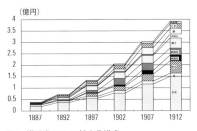
図5 横浜港における輸出品構成

### 開港後の貿易

我が国の貿易額は、開港翌年の万延元年（1860）には、637万ドルであったが、慶応3年（1867）には、3,379万ドルと5倍強になっている。特に、ヨーロッパで蚕病の流行により、相場が高騰したこともあり、生糸の輸出増が著しいものとなった。甲州、上州、信州等の蚕糸業地帯を後背地として、横浜の輸出は、生糸がその中心を占めることとなった図4,5。一方、金銀比価の国内外の差に伴い、国内からの金貨の流出を招いた。外国貿易の急速な発展に伴い、横浜では、原善三郎[i]、茂木惣兵衛、若尾幾造、大谷嘉兵衛らの貿易商が成長していった。原善三郎は、明治13年（1880）、横浜商法会議所（後の商工会議所）を設立し、横浜築港に対し、民間から主導的な役割を果たすことになる。

| 近代横浜築港史 | | |
|---|---|---|
| 1667 | 吉田新田埋立 | |
| 1853 | 黒船来航 | |
| 1854 | 日米和親条約締結 | |
| 1858 | 日米修好通商条約締結。安政の大獄 | |
| 1859 | 横浜開港 | |
| 1862 | 生麦事件 | |
| 1866 | 横浜大火、第3回地所規則締結 | |
| 1870 | 鉄道敷設のため野毛浦から神奈川の海岸まで埋立開始 | |
| 1871 | 廃藩置県 | |
| 1872 | 新橋・横浜間鉄道開通 | |
| 1874 | 内務省がファン・ドールンに横浜港築港計画策定を依頼。大隈重信「横浜港大波止場新築之建議ニ付伺」提出 | |
| 1875 | 工部省がブラントンに横浜港築港計画策定を依頼 | |
| 1880 | 横浜正金銀行開業。横浜商法会議所（1895年横浜商工会議所に改組）設立 | |
| 1881 | 横浜商法会議所「横浜港波止場建設築の建議」決定。内務省がムルデルに東京港築港計画策定を依頼 | |
| 1886 | 内務省、デ・レーケに横浜築港計画を依頼。神奈川県、パーマーに横浜港築港計画を依頼 | |
| 1888 | 大隈外相「横浜港改築ノ件」請議、伊藤首相に提出。内務省がデ・レーケに横浜港実地調査・計画を依頼 | |
| 1889 | 大日本帝国憲法発布。閣議において、横浜港計画、パーマー案採用。神奈川県に横浜築港掛設置。横浜港第一期築造工事着手 | |
| 1892 | 内務省、臨時横浜築港局官制 | |
| 1893 | 大桟橋築造工事開始。内務省顧問土木技師パーマー死亡。横浜港水堤用コンクリート亀裂に関する調査委員会設置 | |
| 1894 | 大桟橋竣工。日清戦争（〜28年4月） | |
| 1896 | 横浜港第一期築造工事竣工 | |
| 1898 | 横浜商業会議所「横浜港の港湾修備に関する建議並びに請願」提出。横浜税関長、税関拡張工事を申請。大蔵省が古市公威に「横浜税関拡張計画」を依頼 | |
| 1899 | 「臨時税関工事部官制」発布。横浜税関第一期海面埋立工事着工 | |
| 1901 | 横浜商業会議所、横浜港波止場設備に関し、建議書提出。古市公威、第一期海面埋立の計画変更意見書提出 | |
| 1904 | 日露戦争（〜38年9月） | |
| 1905 | 横浜港「横浜港改良ノ件ニ付禀請」。横浜税関第一期海面埋立工事竣工 | |
| 1906 | 横浜税関第二期海面埋立工事および陸上設備工事着工 | |
| 1908 | 横浜鉄道、東神奈川-八王子間開通 | |
| 1911 | 新港埠頭、赤煉瓦倉庫2号棟竣工 | |
| 1913 | 浅野総一郎、川崎港埋立に着手。4月「運河法」公布 | |
| 1914 | 第一次世界大戦（〜7年11月） | |
| 1917 | 横浜税関第二期海面埋立工事および陸上設備工事竣工 | |
| 1920 | 臨時港湾調査会、横浜港修築計画決定 | |
| 1921 | 横浜港第三期拡張工事開始 | |
| 1923 | 関東大震災。横浜港震災復旧工事着工 | |
| 1924 | 「東京港修築並京浜運河開削ノ件」 | |
| 1925 | 横浜港震災復旧工事竣工 | |
| 1927 | 浅野埋立竣工（末広町、安善町等） | |
| 1929 | 世界恐慌 | |
| 1930 | 山下公園開園 | |
| 1931 | 満州事変 | |
| 1932 | 五・十五事件。臨時港湾調査会、「横浜港修築ニ関スル件」可決 | |
| 1934 | 高島埠頭等内国貿易設備工事竣工 | |
| 1935 | 瑞穂埠頭及び外国貿易設備工事竣工 | |
| 1936 | 二・二六事件。横浜市、臨海工業地帯造成工事竣工（恵比寿・宝町・大黒町） | |
| 1939 | 第二次世界大戦 | |

港湾──横浜築港
# 横浜第一次築港

パーマー案決定までの経緯
防波堤と桟橋の整備
技術上の課題

横浜築港は何期にも分かれ、その呼称も諸説ある。本項「第1次築港」では表中の「最初の修築工事」を、次項「近代埠頭の完成」では「第1期海面埋立工事」「第2期海面埋立・陸上設備工事」(以上が新港埠頭の整備)「震災復旧工事」「第3期拡張工事」を扱う。

## 第1次築港

開港後も、外国船は沖に停泊し、荷物や人は、そこから、はしけによって陸地に運ばれていた。貿易が盛んになるにつれ、本格的な港湾の必要性が認識されるようになった。このためイギリス人H.S.パーマー[ii]の計画案により、最初の修築工事(第1次築港)が行われる。その後、横浜港は、我が国の経済発展とともに、幾たびかの増改築を経て、近代埠頭の形を整え、現在の姿に近づいてゆくのである表1。

## パーマー案までの経緯

明治7年(1874)、内務省は、オランダ人雇工師ファン・ドールン[i]に、また、翌8年(1875)、神奈川県は工部省灯台寮技師ブラントンp.073-ii(イギリス人)に計画策定を依頼したが、いずれも財政難で実現できなかった図1。ファン・ドールンの計画図は不明であるが、本牧あるいは中村川から鶴見川方向に、ブラントンの計画同様、防波堤兼埠頭1本を伸ばすものであったと考えられている。なお、これらの計画は、いずれも、海底の地質等の調査を行ったものではなかった。

一方、東京港にも、建設の動きがあり、明治14年(1881)に東京市区取調委員会は、ムルデル[iv]の品海築港案を建議した。これは、神奈川、横浜の強い反対運動と財政難のため、実現をみなかった。明治19年(1885)、内務省は、オランダ人雇工師デ・レーケ[iii]に命じ、横浜港におけるドック適地を選定させた。一方、明治19年(1887)、神奈川県は、イギリス人H.S.パーマーに計画を策定させ、翌20年(1888)、内務省に建議した。このため、内務省は、ムルデルと古市公威に、両者の案を審査させた。その結果、現在の横浜駅方面を港とするデ・レーケ案を優れているとし、さらに、東京築港の可能性があるので、横浜築港は不可とした。

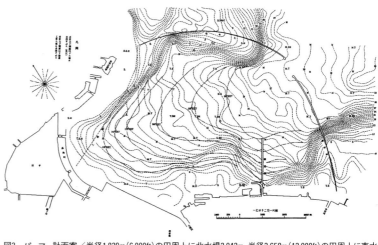

図2 パーマー計画案／半径1,829m(6,000ft)の円周上に北水堤2,042m、半径3,658m(12,000ft)の円周上に東水堤1,640m、合計3,682mの防波堤を設置し、4,958,700平方m(150万坪)の水面を囲繞することによって静穏な泊地を確保している。中央に、直接、外国船が着岸できる幅19m、延長738mの鉄桟橋(現在の大桟橋)を設けている。

図1 ブラントン案／1本の防波堤を設置し、その両側に係船機能を持たせている。

図3 北水堤断面図／構造は、コンクリート・ブロック積みである。

i. ドールン‥‥‥‥ Johannes van Doorn(1837-1906) オランダ人。既出：p.059、後出：p.095参照
ii. パーマー‥‥‥‥ H.S.Palmar(1838-1893) イギリス人工兵中尉。横浜上水道、横浜築港設計。後出：p.109
iii. デ・レーケ‥‥‥ Johannis de Rijke(1842-1913) オランダ人。既出：p.059参照
iv. ムルデル‥‥‥ L.R Mulder(1848-1901) オランダ人。既出：p.069、後出：p.121参照
v. 石黒五十二‥‥(1855-19229)東大土木卒(第1期)。横浜築港監督。宇治川電気技師長。三池築港指導。第4代土木学会会長

表1 横浜港修築事業の経費と費用負担額区分*

| 区別 | 起工年月 | 竣工年月 | 施行主体 | 主な施設 | 事業費(千円) |
|---|---|---|---|---|---|
| 最初の修築工事 | 1889年9月 | 1896年5月 | 神奈川県(内務省) | 東水堤5,300呎、北水堤6,700呎、鉄桟橋2,400呎 | 2,347 |
| 第1期海面埋立工事 | 1899年5月 | 1905年12月 | 大蔵省 | 埋立48,150坪、水深20～32呎、岸壁延長517間、物揚場157間、護岸520間、万国橋等 | 2,304 |
| 港内浚渫工事 | 1897年 | 1920年 | 大蔵省 | 港内浚渫、水深24～35呎、面積634,000坪 | 4,086 |
| 防波堤補修工事 | 1904年2月 | 1911年3月 | 大蔵省 | 防波堤補修、東水堤954.6m、北水堤212.7m | 970 |
| 第2期海面埋立陸上設備工事 | 1906年4月 | 1917年11月 | 大蔵省 | 埋立215,000坪、岸壁614間、上屋及び倉庫16棟、延べ面積19,361坪、道路、橋梁、荷役機械、鉄桟橋長さ等 | 8,172 |
| 震災復旧工事 | 1923年10月 | 1925年9月 | 内務省 | 防波堤、岸壁、護岸、橋梁、大桟橋367m幅約42mに改修等 | 9,255 |
| 震災復旧陸上設備 | 1924年6月 | 1931年3月 | 大蔵省 | 上屋、倉庫、道路、鉄道復旧、物揚場 | 6,622 |
| 第3期拡張工事修築工事 | 1921年4月 | 1945年 | 内務省 |  | 31,733 |
| 外国貿易設備 | 1921年4月 | 1935年3月 | (内務省) | 外防波堤2,273m、係船浮標、ケーソンドッグ、大桟橋延長 | |
| 内国貿易設備 | 1921年10月 | 1933年3月 | (横浜市) | 瑞穂町埠頭、埋立95,216坪、岸壁延長1,259m、物揚場、その他 | |
| 外国貿易陸上設備 | 1933年4月 | 1935年3月 | (大蔵省) | 山内・高島埠頭、埋立33,925坪、桟橋2基、横桟橋1基、物揚場その他 | |
| 山下公園 | 1925年6月 | 1930年2月 | (横浜市) | 瑞穂町埠頭、上屋3棟3,731坪、道路等 | |

しかし、明治16年(1883)に、アメリカから返還された馬関戦争の賠償金(利子込み130万円)の使い方として、外相大隈重信は、横浜築港計画を強く主張した。さらに、条約改正等の外交上の理由もあってか、明治22年(1889)、パーマー案が採用された図2。なお、デ・レーケ案は、計画図が不明であるが、ドックとして神奈川(宿)方面が適当であるとし、2本の防波堤で湾を囲繞するものであったという。

**工事主体**
明治22年(1889)9月の着工に先立ち、同年8月、内務省は、神奈川県庁内に、横浜築港係を設置し、パーマーに全工事の監督を嘱託した(26年(1893)2月、パーマー病没後は、内務省技師石黒五十二vが後任となる)。局長神奈川県知事、工事課長・桟橋主管三田善太郎、東堤主管土田鉄夫、北水堤主管石橋絢彦(後、山崎鉉次郎)という布陣であった。防波堤は、関東大震災で壊滅後、復旧されたが、現在も同位置に横浜港の内防波堤として残って、その機能を果たしている図3～5。

**技術**
セメントは、当初を除き、国産のものが使われた。明治25年(1892)6月、北水堤のコンクリート・ブロックに亀裂が見つかった。このため、施工を中断し、調査委員会を設置した図6。これを教訓として、広井勇は、小樽港において、コンクリートの長期(100年間)試験を行っている。

図5 北水堤の赤灯台／現在も残っている。

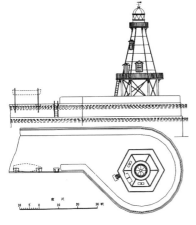

図4 北水堤堤頭部立面図、平面図

図6 調査委員会で行われた破壊検査／調査は、8ヶ月に渡って行われ、セメントやつき固め不足等の原因を解明し、施工方法を変更することとなった。このような積み重ねで港湾建設技術の知見が蓄積されていった。

港湾──横浜築港
# 横浜港での近代埠頭の完成

近代埠頭という設計思想
震災復興と横浜港
東京築港との関係

### 近代埠頭の完成

日清戦争後、外国貿易が増加の一途を辿ったため、港湾施設についても一層の拡充が求められた。横浜港では、最初の築港が完了したとはいえ、未だ、はしけによる荷役が主であった。このため、多数の船が接岸でき、背後に荷役施設を配置する近代的埠頭である新港埠頭が整備されることとなった。

### 横浜税関拡張工事の計画

大蔵省は、税関地先の海面埋立計画の設計を内務省を退職したばかりの古市公威に嘱託した。古市は、明治31年（1898）、横浜税関拡張工事計画書を提出した。ボーリング調査により海底地盤の状況が分かったため、その後、当初の凸字形から凹字形へ埋立形状を変更する計画を提出している[図1～3]。

### 横浜税関拡張工事

工事は、明治32年（1899）に設置された大蔵省臨時税関工事部によって実施された。第1期埋立工事は、明治38年（1905）12月に竣工したが、日露戦争の影響等から一部の埋立地が出来ただけで上屋、荷役機械等の陸上施設がなかった。このため、明治38年（1905）9月に、横浜市は市が1/3を負担し、残りを国が出すという「横浜港改良の建議」を提出した。後に、神戸港の港湾工事においても、同様の方式が取られた。これを

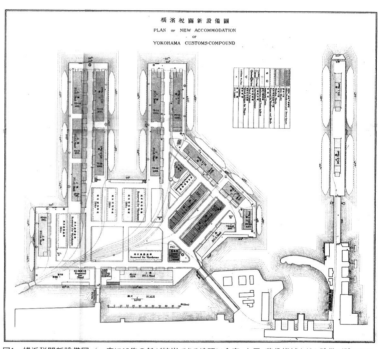

図1 横浜税関新設備図／一度に13隻の船が接岸できる埠頭に倉庫、上屋、荷役機械などの設備が設けられ、鉄道が引き込まれている。

受け、明治39年（1906）4月から第2期海面埋立工事が行われ、大正6年（1917）11月竣工した。

### 第3期拡張工事

第一次世界大戦の経済動向により、一層の改良工事が必要となり、大正9年（1920）、臨時港湾調査会は、横浜港修築計画を決定し、第3期拡張工事が翌10年（1921）4月、起工された。これは、航路、泊地の浚渫、外貿施設としての瑞穂埠頭、内貿施設としての高島埠頭の建設及び陸上設備の整備を行うものであった。震災により一時中断するが、大正14年（1925）、内務省横浜土木出張所によって再開され、昭和7年（1918）、竣工した。これによって、近代港湾としての姿が完成することとなる[図4]。

図2 突堤及び岸壁断面図／新港埠頭の断面のシステム（船舶−荷役機械−倉庫−鉄道の関係）がよく分かる。

図3 大正期の新港埠頭／荷役機械の背後に見えるのが赤煉瓦倉庫。関東大震災で、一部、倒壊したが、修復され、現在も親しまれている。

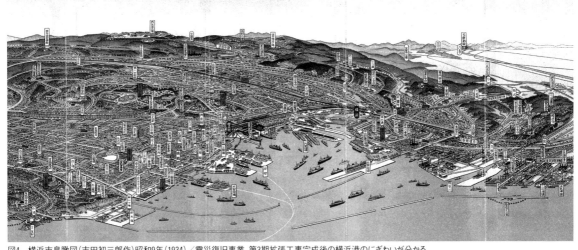

図4　横浜市鳥瞰図(吉田初三郎作)昭和9年(1934)／震災復旧事業、第3期拡張工事完成後の横浜港のにぎわいが分かる。

## 関東大震災と震災復興事業

大正12年(1923)9月1日の関東大震災において横浜港は壊滅的な被害を被った図5。復興事業は、全額国庫負担によることになり、10月21日、内務省横浜土木出張所によって、水域施設が整備されることが決定し、大正14年(1925)9月に竣工した。一方、陸上施設の復旧については、大蔵省臨時建設局横浜出張所が新設され、大正13年(1924)6月、着工、昭和5年(1930)度、竣工した。震災復興事業に要した事業費は、1,588万円であり、それ以前の横浜港修築に要した1,800万円に匹敵するものであった。このとき出た瓦礫を埋めて作られたのが、我が国初の親水公園であり、現在も都市と港を結ぶ魅力的な公園として親しまれている山下公園である。

なお、横浜港が壊滅的な打撃を受けた際、神戸港で生糸の貿易を開始したこともあり、貿易額は、神戸港が上回るようになった図6。

## 東京港築港と京浜運河

浅野総一郎は、欧米の巨大工場が臨海部に集中していることを知り、安田善治郎らとともに、鶴見埋立組合を設立し、大正2年(1913)、埋立工事に着手した。一方、大正になると、本格的な東京築港要求が出されるようになるが、横浜市、横浜貿易関係者は反対し、対案として、横浜港の拡張及び京浜運河開削を主張した。昭和6年(1931)、満州事変が勃発し、重化学工業の発展が国策となると、工業港の造成を目的とし、運河開削事業を行うこととなった。その後、我が国の港湾は、交通の結節点としての機能だけでなく、海外から原材料を輸入、加工、輸出するという加工貿易の基地としての機能をも果たし、日本経済の発展を支えていくことになる。

図5　残存した一号岸壁／大震災によって被災した岸壁。北水堤、東水堤、鉄桟橋は、いずれも水没し、新港埠頭の岸壁も殆ど海中に倒壊した。

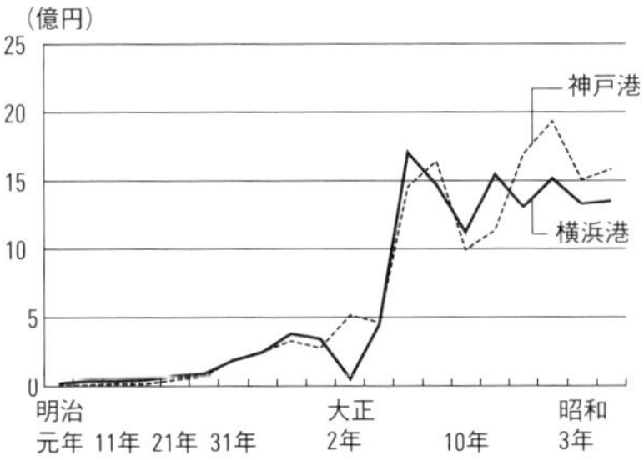

図6　横浜・神戸両港の外貿比較

港湾──横浜築港
# 日本における近代港湾の誕生

御雇い外国人による港湾整備
近代港湾の計画思想
港湾技術の進展

## 明治初期の港湾整備

江戸時代には、米どころである東北地方と大坂と江戸を結ぶ西回り航路、東回り航路が整備された。この時代の港は、主として、地形的に囲繞された天然の良港や河川舟運との結節点である河口が選ばれ、利用された。

明治になると、まず、開港5港で、はしけのための波止場の整備等、小規模な修築が居留地の外国人技師の主導で行われた。その後、東北地方、九州南西地方の振興という目的もあり、鳴瀬川河口の野蒜港（ファン・ドールン設計。明治11年（1878）着工）、三角港（ムルデル設計。明治17年（1884）着工）などの港湾整備が行われた。また、地元の要請・主導で、九頭竜川河口の三国港（エッセル、デ・レーケ設計。明治9年（1876））の修築が行われた。このうち、例えば、野蒜港や三角港では、港湾整備だけでなく背後の市街地計画を含むなど、今日的に見ても画期的な部分もみられる。しかし、我が国の自然条件に適合した港湾技術でなかったこと、河川舟運から鉄道へと交通手段が変化していったこと等により発展せず、近代港湾への流れとは断絶してしまった。

## 近代港湾初期の計画思想

近代港湾の流れは、明治20年代の横浜築港をもって始まるといってよい図1。近世において、また、開港後暫くの間、大型船は沖に停泊し、人や物は、はしけと呼ばれる小舟で陸に運ばれていた。このため、近代初期の港湾の計画思想は、まず、防波堤により広大な静穏水域（泊地）を確保し、中央に桟橋を設置することで、船舶の安全な着岸と荷役の効率化を可能にしようとするものであった。横浜港第一次築港（明治22年（1889）着工）、や広井勇による小樽港（明治30年（1897）着工図2）などがそうである。一方、これに対し、名古屋港（明治29年（1896）着工図3）、デ・レーケによる大阪

図1　明治時代の主要港湾／日本港湾史等より作図

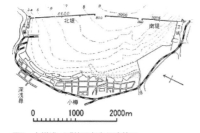

図2　小樽港／明治30年（1897）着工

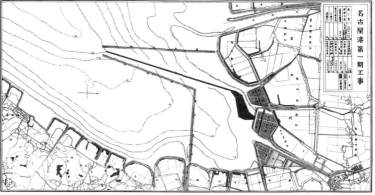

図3　名古屋港／明治29年（1896）着工

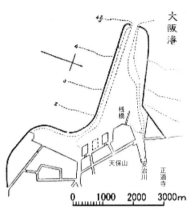
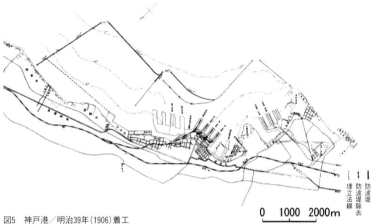

図4　大阪港／明治30年(1897)着工　　図5　神戸港／明治39年(1906)着工

港(明治30年(1897)着工図4)などの河口港では、導流堤を用い、航路の水深を確保する計画が立案された。

その後、さらに、明治30年代に入ると、古市公威による横浜港新港埠頭(明治32年(1899)着工)、沖野忠雄他による神戸港(明治39年(1906)着工図5)のように、多数の船が係船できる櫛型の埠頭に荷役施設等を持ち、鉄道と連結する近代埠頭が誕生するのである。

### 港湾技術(工法)の進展

明治9年(1876)、神戸港に鉄製スクリューパイルによる桟橋が築造される。横浜第1次築港における鉄桟橋も同形式である。その後、横浜港、大阪、小樽などでコンクリート・ブロックの防波堤、岸壁が主となる。一方、明治40年(1909)には、神戸港新港埠頭の岸壁工事において初めてケーソンが用いられ、港湾の岸壁、防波堤整備の主要な施工法となった。

| 近現代港湾史年表 | | |
|---|---|---|
| 1853 | 黒船来航 | |
| 1854 | 日米和親条約締結。下田、箱館、長崎を開港 | |
| 1858 | 日米修好通商条約締結。安政の大獄 | |
| 1859 | 神奈川(横浜)、長崎、箱館開港 | |
| 1867 | 大政奉還。兵庫開港、大阪開市 | |
| 1868 | 明治改元。東京開市、新潟開港 | |
| 1870 | 工部省設置 | |
| 1871 | 廃藩置県。「道路橋梁河川港湾等通行銭徴収ノ件」(太政官布告) | |
| 1873 | 「河港道路修築規則」(大蔵省達)。内務省設置 | |
| 1878 | 三国港着工(18年竣工)。野蒜港着工(17年放棄) | |
| 1881 | 内務省がムルデルに東京港築港計画策定を依頼 | |
| 1884 | 三角港着工(20年竣工) | |
| 1889 | 大日本帝国憲法発布。横浜港第一期築造工事着工(29年5月竣工) | |
| 1890 | 貞山堀(宮城県)工事完成 | |
| 1892 | 内務省、臨時横浜築港局官制。土木会官制 | |
| 1894 | 日清戦争(～28年4月) | |
| 1896 | 名古屋港第一期工事着工(40年竣工) | |
| 1897 | 国庫ヨリ補助スル公共団体ノ事業ニ関スル件(法律)制定。大阪港工事着工(大正14年竣工) | |
| 1898 | 広井勇:築港、波圧式(広井式)、石橋絢彦:築港要論 | |
| 1900 | 港湾調査会設置(36年3月廃止) | |
| 1902 | 神戸港石造ドライドック完成 | |
| 1904 | 日露戦争(～38年9月) | |
| 1906 | 神戸港第1期修築工事着工(大正10年竣工)。横浜税関第二期海面埋立工事および陸上設備工事着工 | |
| 1907 | 神戸港新港突堤着工(日本初のケーソン工法)。港湾調査会「重要港湾ノ選定及ビ施設ノ件」。名古屋港開港 | |
| 1908 | 小樽港防波堤完成 | |
| 1913 | 浅野総一郎、川崎港埋立に着手。「運河法」公布 | |
| 1914 | 第一次世界大戦(～7年11月) | |
| 1918 | 「港湾経営ヲ内務省ニ於テ統一施行スルノ件」閣議決定 | |
| 1919 | 内務省土木局港湾課設置 | |
| 1921 | 「公有水面埋立法」公布。横浜港第三期拡張工事着工。神戸港第2期修築工事竣工 | |
| 1923 | 関東大震災 | |
| 1924 | 物部・岡部式(地震時土圧) | |
| 1925 | 臨時港湾調査会発足(～昭和8年8月) | |
| 1927 | 臨時港湾調査会「重要港湾選定ノ件」可決。広井勇:日本築港史 | |
| 1928 | 東京湾大築港計画決定 | |
| 1929 | 大阪港で鋼矢板岸壁施工。世界恐慌 | |
| 1931 | 満州事変 | |
| 1932 | 五・十五事件 | |
| 1933 | 内務大臣の諮問機関として土木会議官制制定 | |
| 1935 | 「指定港湾改良助成方針」可決(土木会議) | |
| 1936 | 二・二六事件 | |
| 1939 | 第二次世界大戦 | |
| 1940 | 「臨海工業地帯造成方針」議決 | |
| 1941 | 東京港開港。太平洋戦争(～20年8月) | |
| 1943 | 運輸通信省設置 | |
| 1944 | 運輸省設置 | |
| 1945 | ポツダム宣言 | |
| 1946 | 日本国憲法公布 | |
| 1950 | 港湾法公布 | |
| 1961 | 港湾整備緊急措置法公布 | |
| 1967 | 外貿埠頭公団法公布 | |
| 1973 | 港湾法一部改正(港湾環境整備施設の追加等)。合田の波圧式(合田式) | |
| 1985 | 運輸省「21世紀への港湾」発表 | |
| 1986 | ポートルネッサンス事業開始 | |
| 2005 | スーパー中枢港湾の指定 | |

港湾——横浜築港
# 近代から現代の港湾整備へ

近代における港湾制度
近代における港湾の整備主体と事業
戦後の港湾整備の流れ


## 近代における港湾制度

明治4年(1871)、政府は太政官布告第648号「道路橋梁河川港湾等通行銭徴収ノ件」を発布した。これは私企業が水路などの交通施設を建設した際に、利用者から料金を徴収することを認めたものである。この制度は、そもそも港湾施設の経営事業は、国の特許を要するものであり、港湾が国の営造物として、地方長官の管理に属することの根拠を示したものと見なされてきた。その後、道路、河川、運河については、基本法である道路法、河川法、運河法が制定されたが、港湾に関しては、昭和25年(1950)まで港湾法が制定されなかったため、この制度が、基本法としての役割を果たすこととなった。明治6年(1873)には、大蔵省達番外「河港道路修築規則」が制定され、港湾等を重要度に応じて等級付けし、それらの修築主体、工事費の助成負担の方針が明示された。この規則は、港湾等の整備を国土計画的な思想の上に立って行おうとする画期的なものであったが、国の財政力が不十分であったことなどにより、実効を挙げることなく明治9年(1875)に廃止された。明治40年(1907)に設置された港湾調査会は、同年10月「重要港湾ノ選定及ビ施設ノ方針」を決議し、我が国の外国貿易上重要な港湾として第一種重要港湾(国直轄施工)と第二種重要港湾(地方管理。国庫補助)を設定した。これが港湾法制定まで、我が国港湾建設の基本的方針となる**表1**。

## 近代における港湾の整備主体

港湾整備は、当初、内務省[明治6年(1873)内務省土木寮(明治10年(1877))土木局に改称]主導で行われる。明治19年(1886)、地方の港湾の建設と監督のため、土木監督署が設けられ、全国を6区(東京、仙台、新潟、大

表1 明治時代における港湾関係の法制

| 年 | 法制名 | | 概要 |
|---|---|---|---|
| 明治4年 (1871) | 太政官布告 第648号 | 道路橋梁河川港湾等 通行銭徴収ノ件 | 私人が修築した施設についても料金を徴収できる。(大正3年11月内務省訓令第3号で、港湾に関し、この布告により使用料徴収する場合には、内務大臣の許可が必要になる) |
| 明治6年 (1873) | 大蔵省達番外 | 河港道路修築規則 | 港を以下の等級に分類する。<br>・一等港:全国の得失に係る港湾(横浜、神戸、長崎、新潟、函館港等):地方が計画書・計画図提出、国施行。工事費用は国6割、地方4割。<br>・二等港:他府県の利害に関しない港:地方施行。費用の一部は国から補助。<br>・三等港:市街郡村の利害に関する港:地方施行。地方負担。<br>(明治9年太政官達第59号河港等級廃止で、等級は廃止になる。実際の費用は、個別に審議された。) |
| 明治9年 (1876) | 太政官達第59号 | 河港等級廃止 | 大蔵省達中河港等級の儀は廃止とする。ただし、工事及び費用の儀は従前の通りとする。 |
| 明治11年 (1878) | 太政官無号達 | 土木費負担所属区分方ノ件 | 一般の利害に関すべきものは地方(府県)税で支弁し、その町村区限り又は数町村共同の利害に係るものはその町村又は区内限りの協議費で支弁するものとする。 |
| 明治13年 (1880) | 太政官布告第48号 | 土木費官費廃止ノ件 | 府県土木(すなわち、河港、道路、堤防、橋梁建築修繕)費中官費下渡金は来たる14年度から廃止する。 |
| 明治25年 (1892) | 勅令第52号 | 土木会官制 | 内務大臣の監督下に治水、修路、築港に関する重要事項について、大臣の諮問に応じ意見を開陳する諮問機関として土木会が設けられた。 |
| 明治30年 (1897) | 法律第37号 | 国庫ヨリ補助スル公共団体ノ事業ニ関スル件 | 主務大臣は必要があると認めるときは、府県郡区市町村その他の公共団体であって国庫からその費用を補助するものの全部又は一部を直接施行することができる。 |
| 明治31年 (1898) | 勅令第139号 | 開港港則 | 之は外国との通商を許された特定の港に就て其の境界を定め、船舶の出入停泊等に対する取締を行ふための規程であるが、之が適用された港は、横浜、神戸、長崎、関門、大阪の5港である |
| 明治34年 (1901) | 法律第3号 | 北海道地方費法 | 土木費は原則として地方で負担すべき旨を規定 |
| 明治40年 (1907) | 勅令第243号 | 港湾調査会官制 | 港湾に関する制度、計画、設備その他重要な事項を調査審議する |
| 明治40年 (1907) | 港湾調査会議決 | 重要港湾ノ選定及ビ施設ノ方針 | わが国の内外貿易上等から重要な港湾を定め(これを第1種重要港湾と第2種重要港湾に区分する)、第1種重要港湾においては国直轄施行とし、地方公共団体にその費用の一部を負担せしめるものとし、第2種重要港湾は地方の経営に委せ、その修築工事に対し国庫補助を行うとするものであり、重要港湾以外の港湾は地方の独力経営に委ね、なお、将来の推移に応じて重要港湾の取捨選択をなす。(第1種重要港湾選定 明治40年10月、横浜港、神戸港、関門海峡(門司港、下関港及び小倉港を含む)及び敦賀港、第2種重要港湾選定、明治40年10月、東京港、大阪港、鹿児島港、長崎港、堺港、新潟港、船川港(土崎港を含む)及び青森港、その後、塩釜港、四日市港、名古屋港等が続いて選定される) |

阪、徳島、久留米、後に名古屋が追加)に分割した。横浜築港においては、明治22年(1889)、神奈川県庁内に横浜築港掛を設け、明治25年(1892)、臨時横浜築港局を設置し、内務大臣の所管とし、知事をもって局長とした。明治38年(1905)には、地方の土木監督は、内務省土木局自らがあたり、土木出張所をおいた。このように内務省による直轄方式が制度化された。なお、外貿港湾は、大蔵省税関所管であったが、技術者の分散、機械の不経済ということで、大正7年(1918)内務省土木局管轄となった。昭和18年(1943)には、運輸逓信省の所管となる。従って、この時期までの主要な港湾整備に携わる者は、港湾だけでなく河川、道路等幅広い分野の経験を持っていたということになる。例えば、石黒五十二は、横浜、三池築港の他、宇治川発電所建設に、沖野忠雄は、大阪築港の他、淀川改修に関わっている。

## 近代における港湾事業

明治期においては、鉄道重視で、港湾への投資は、公共事業の中で、1.2%であった。また、その分担も既述のように制度的な裏付けを欠いていた。横浜修築の費用も下関事件の賠償金の返還金を用いたものであった。明治28年(1895)の日清戦争後、国からの補助、直轄制度がある程度、確立すると、明治30年代になって、ようやく、小樽、神戸、大阪、新潟、名古屋、若松など各地で港の修築事業が始められる。横浜においては、新港埠頭の海面埋立工事が始まった時期である。さらに、日露戦争(明治38年(1905))を経て、明治40年(1907)の「重要港湾選定の件」によって、港湾修築事業が本格的に行われるようになる。このころには、公共事業の中でのシェアが、5%を占めるようになる。昭和6年(1931)の満州事変以降、大陸との旅客・物資の交流、軍需の増大に応じ、さらに事業費が急激に伸び、終戦まで至る。

## 戦後の港湾整備

昭和25年(1950)、港湾法が制定される。地方公共団体(港務局)が港湾を管理するという制度であり、河川や道路と異なり、国有(営)港湾はない。

戦後、重化学工業を中心とする諸産業、貿易の復興も顕著となるにつれ、港では、船込みが生じ、船が滞船するようになる。このような状況を解決するため、昭和36年(1961)、港湾整備緊急措置法が作られ、港湾整備五箇年計画が始まる。その後、港湾を核として臨海工業地帯が形成され、太平洋ベルト地帯、新産

業都市、工業整備特別地域の整備などが日本の戦後の発展に寄与してゆくことになる。

昭和40年代後半になると、環境問題が課題となり、昭和48年(1973)、港湾法改正により、港湾緑地が位置づけられる。

一方、船舶が大型化し、コンテナ船などが就航するようになると、従来の港の外側にコンテナ埠頭が展開してゆくことになった[図1,2]。それに伴い、都市に接した旧港部分が陳腐化してきたため、ウォーターフロント開発が行われ、都市と港の結びつきが図られるようになった[図3]。

| 類　型<br>(主力となる就航年代) | 船幅(m) | 船　長　(m) | 積載能力<br>(TEU) | 必要岸壁水深<br>(m) |
|---|---|---|---|---|
| アンダーパナマックス<br>(1966〜1980) | 17〜31 | 110〜210 | 〜1,700 | 〜12 |
| パナマックス<br>(1980〜1990) | 32 | 210〜270 | 1,900〜3,400 | 12〜14 |
| パナマックスマックス<br>(1980年代後半〜) | 32 | 289〜294 | 3,000〜4,300 | 14〜15 |
| オーバーパナマックス[注]<br>(1995〜) | 32〜 | 262〜 | 4,100〜 | 15〜 |

図1　コンテナ船の大型化の変遷

図2　コンテナ埠頭／旧港の外側にコンテナ埠頭が展開する。

図3　ウォーターフロント開発／都市に近い旧港の再開発が行われた。横浜のみなとみらいも港湾再開発によるものである。

## 参考文献

- 岩壁義光編：横浜絵地図、有隣堂、1989
- 運輸港湾局：日本港湾修築史、1951
- 運輸省第二湾建設局京浜港工事事務所：横浜港修築史、1983
- 大蔵大臣官房臨時建築課編：横浜税関新設備報告、1917
- 奥田助七郎：名古屋築港誌、名古屋港管理組合、1953
- 港湾投資評価研究会編：みなとの役割と社会経済評価、東洋経済新報社、2001
- 沢本守幸：公共投資100年の歩み、大成出版社、1981
- 竹内良夫：港をつくる、新潮社、1989
- 土木学会編：土木技術の発展と社会資本に関する研究、総合研究開発機構、1985
- 内務省横浜土木出張所：横浜港震害復旧工事報告、1929
- 日本港湾協会：新版日本港湾史、2007
- 日本港湾協会：日本港湾史、1978
- 広井勇：再訂 築港、丸善、1913
- 松浦茂樹：明治の国土開発史、鹿島出版会、1992
- 港の偉人研究会：みなとの偉人たち、ウェイツ、2008
- 横田洋一編：横浜浮世絵、有隣堂、1989
- 横浜市企画調整局編：港町・横浜の都市形成史、1981
- 横浜市編：横浜市史、横浜市、1958
- 横浜市役所編：横浜市史稿 地理編、横浜市役所、1932
- 横浜商業会議所編：横濱開港五十年史、名著出版、1973
- 横浜振興協会、横浜港史刊行委員会編：横浜港史 総論編 各論編 資料編、1989
- 横浜税関百二十年史編纂委員会編：横浜税関百二十年史、横浜税関、1981
- 臨時税関工事部：横浜税関海面埋立工事報告、1906
- 臨時横浜築港局：横浜築港誌、1896

# 06.

# 都市計画
### 東京市区改正事業

近世城下町・江戸から近代都市・東京へ
市区改正計画策定の経緯
市区改正計画の実現
東京の新たな都市問題への対応

都市計画──東京市区改正事業
# 近世城下町・江戸から近代都市・東京へ

江戸から東京へ
文明開化の装置をつくる
都市の洋風化

**江戸から東京へ**
「江戸」から「東京」へ。封建領主徳川家の城下町江戸を、中央集権国家・近代日本の首都東京にモデルチェンジすること、それが明治期都市計画最重要の課題であった。
江戸の特徴は、武家地・寺社地・町地の3区分による身分制ゾーニングである。城を核にして、東側の低地には町人が高密度に市街地を形成していた。一方西側の山の手一帯には武家地がひろがり、江戸市域の約7割面積を占めていた図1。
封建体制の崩壊により江戸在住の大名は郷国に帰り、市中のほとんどの武家地が主のいない空き家と化した。この広大な旧武家地をいかに機能転換するかが、明治初〜中期の東京都市計画のテーマとなる。

加えて、江戸の最大の弱点は、頻繁に起こる火事であった。延焼防止帯として機能する街路や運河沿いには、不燃建築として土蔵造の家屋が建てられたが、一般庶民の町家は、焼けてもすぐに建て直せるような粗末な家屋であった。この事情は明治になってもにわかには変わらない。火事ですぐに焼けてしまう粗末な市街をいかに不燃化するかが、東京の近代化を推進する大きな動機であったと言ってよい。

**文明開化の装置をつくる／都市の洋風化**
明治期を通じて政府が課題としたのは、安政6年（1859）に米英仏など5ヵ国と締結した不平等条約の改正である。明治政府は、文明開化への積極的取り組みを対外的にアピールすることによって、条約改正のための有利な材料にしようと考えたが、東京はその格好の舞台となった。
典型例は明治16年（1883）に開館した鹿鳴館であるが、明治10年（1877）に完成した銀座煉瓦街図2と、明治19年（1886）から翌年にかけて立案された日比谷官庁集中計画も、文明開化のデモンストレーションとしての色彩が濃厚な都市改造プロジェクトである。

・**銀座煉瓦街**
明治5年（1872）の大火により、銀座は灰燼に帰した。この焼け跡全体を不燃都市にするとともに、ヨーロッパ並みの市街地形成を目指したのが、銀座煉瓦街建設である図3。
大火と同じ明治5年には横浜・新橋間の鉄道が開通しており、海外から横浜港を経て鉄道で新橋に到着した外国人たちはみな、銀座通りを経由して官庁や築地の居留地や日本橋へと歩を進めることになる。銀座は、文明開化のデモンストレーションの場として、このうえない立地条件を備えていたのである。
銀座煉瓦街は、街路の等級化、歩車分離、街路樹、街路照明の設置など、日本における近代街路のモデルとなった。また、街路網と建築群が一体のものとして統一的にデザインされた、近代日本都市デザイン史上希な例である。設計は大蔵省のお雇い外国人技師、T.J.ウォート

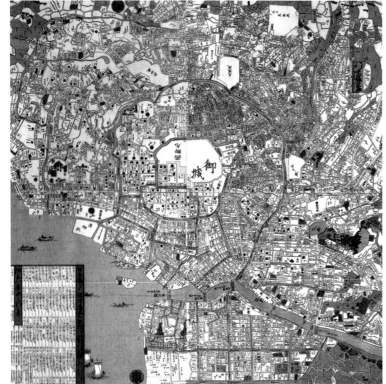

図1　宝永御江戸絵図（1853）

図2　完成した銀座煉瓦街

ルスである。

・官庁集中計画

発足当初は奈良朝を範とする太政官制を敷いた明治新政府であったが、いずれは、内閣と議会を置く立憲制への移行を目指していた。その移行にあわせて、文明開化のデモンストレーションを兼ねた壮麗な官庁街の建設をもくろんだのが、外務卿井上馨である。

明治19年(1886)、井上は官庁街建設を目的とする臨時建築局を設置してみずから総裁の座に座り、ドイツから建築家W.ベックマンを招いて計画の作成を依頼した図4。

ベックマンの案は、バロック都市デザインの壮麗壮大なプランであったが、ベックマンのあとに招かれた同じドイツの技術者ホープレヒトによって大幅に縮小され、さらに不平等条約の改正に失敗した井上の失脚により臨時建築局は廃止、計画は内務省に手渡され、さらに縮小が加えられる。結局、司法省と裁判所、そして計画縮小の副産物として現在の日比谷公園が実現するにとどまる。

図3　銀座煉瓦街の計画

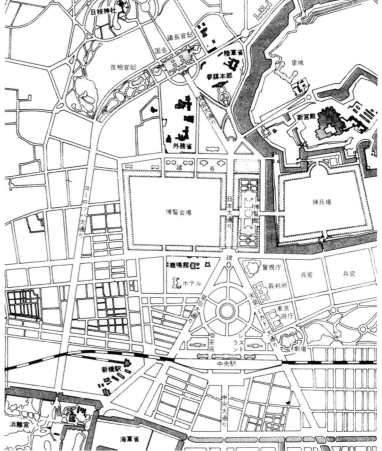

図4　ベックマンによる官庁集中計画

都市計画――東京市区改正事業
# 市区改正計画策定の経緯

## 都市問題への対応
## 東京の都市インフラの近代化
## 計画のビジョン

### 近代東京の都市問題――防火・衛生・交通

時代が江戸から明治になり、西洋文明を基礎とする新しい都市活動が浸透し始めても、東京の都市構造そのものは旧来の江戸のままであった。その矛盾は、大火の頻発、伝染病の流行、交通事情の悪化として顕在化した。

火事は毎年のように東京の各所を焼き尽くし、とくに明治13年(1880)前後には、10,000戸以上が焼失する大規模火災が次々に発生した。コレラ、天然痘、チフスの流行は1880年頃から激しくなり、明治19年(1886)にはピークに達した。さらに、乗合馬車の普及や馬車鉄道(明治15年開業)の路線展開により、狭隘で未舗装の街路の交通事情は深刻の度を増していたのである図1。

これらの都市問題の解決の必要に端を発し、以後大正期の前半にかけて、東京の都市インフラの近代化と市街地改良が計画的に進められる。これを、東京市区改正と呼ぶ。

### ・「東京中央市区画定之問題」と東京築港論

明治13年(1880)、東京府知事松田道之は「東京中央市区画定之問題」と題する文書を公表する。これは、当面改良を施す範囲を皇居と隅田川にはさまれた「中央市区」のエリアに限定して、集中的にインフラの計画と整備を行うとともに家屋の不燃化を進めようとするものであった。

この計画にやや先んじて「東京論」を発表していた府会議員の田口卯吉は、松田の計画に対してむしろ東京築港の必要性を主張し、世論もそれに同調した。以後、東京の市区改正が議論される過程で、東京築港の可否の問題は主要な位置を占めることになる。

### 東京市区改正のスタート
・市区改正芳川案

松田の後任として府知事に就任した芳川顕正(内務小輔兼任)は、明治17年(1884)に「東京市区改正意見書」をまとめ、内務卿山県有朋[i]に上申する。東京市区改正の公式なスタートである。

芳川の計画は、対象地域を中心市街地に限定せず、山の手を含めた東京市区全体に及んでいる。その内容は、計画人口と計画市域の設定、一部地域における用途の設定、道路計画、鉄道計画、運河計画、橋梁計画からなる。築港計画は含まれていない。計画の中心は既存の道路の拡幅による道路網の再構築であり、公園、広場等の施設計画に対する言及はない。計画立案は、内務省土木技師の原口要[iii]である。

・市区改正審査会案

芳川案を基に東京市区改正の具体案を議論するため、明治17年(1884)12月、内務省に市区改正審査会が設けられる。ここで、道路、運河、鉄道など交通インフラの整備を主とする芳川案に、大幅な修正が加えられる。

議論の焦点のひとつは、パリのごとき壮麗な施設と美観を誇る帝都を目指すべきか、あるいは築港を中心とした国際商業都市を目指すべきか、であった(後者を主張したのは渋沢栄一[ii])。その結果できあがった審査会案には、施設計画の充実と、商都化の意志の表れが顕著である。

芳川案に比べて、隅田川河口の築港が追加され、道路計画は格段に充実している。運河計画は縮小されたが、鉄道計画は維持されている。

公園、市場、劇場等の施設計画もふんだんに盛り込まれている。目を引くのは、商法会議所、および株式・米穀を扱う共同取引所が含まれていることで、築港とともに商都化のコンセプトの反映である。

審査会案は明治18年(1885)10月に成立する。インフラ整備に加えて総合的な施設計画と将来ビジョンを含む点で、芳川案より格段にスケールの大きい都市計画であった図2。

図1 明治初期の日本橋

i. 山縣有朋 ……… (1838-1922)長州藩士、陸軍軍人、政治家。内閣総理大臣(第3・9代)を歴任した軍閥の祖
ii. 渋沢栄一 ……… (1840-1931)日本資本主義の父と称される官僚、実業家。理化学研究所の創設者
iii. 原口要 ……… (1851-1927)東京市区改正計画の計画原案作成責任者。鉄道局技師として東京の鉄道山手線・中央線の建設を指導。日本最初の工学博士。既出:p.025

## 旧設計と新設計

明治21年(1888)8月、東京市区改正条例が公布される。日本で最初の近代都市計画に関する法制度の誕生である。この条例に基づいて内務省に東京市区改正委員会が設けられる。この委員会で審査会案は大幅に手を入れられて、翌明治22年(1889)5月、東京市区改正計画(旧設計)として告示される図3。審査会案の目玉であった築港は削除され、商法会議所、共同取引所が外されるなど、商都のコンセプトは薄くなっている。道路計画や公園計画も全体に縮小されている(なお、明治23年に上水道計画が、明治41年(1908)に下水道計画が、それぞれ追加される)。

しかし東京市区改正は、ちょうど日清・日露戦争の時期と重なったことも手伝って慢性的な予算難であり、なかなか進捗しなかった。当時、馬車鉄道に替わって市内の公共交通機関として発達めざましかったのが市街鉄道(路面電車)である。そこで、電車事業者が電鉄納付金として費用を負担し、市街鉄道の路線となる幹線道路に限定して整備を進めるという意図のもと、旧設計を手直しして明治36年(1903)に告示されたのが、東京市区改正(新設計)であるp.088-図1。短期間で実現可能であることが優先され、道路、運河、公園等の施設計画は大幅縮小となったが、計画内容は大正7年(1918)にほぼ実現する。

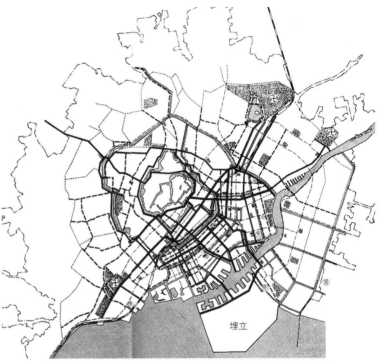

図2　市区改正審査会案(1885)

図3　市区改正旧設計(1889)

都市計画——東京市区改正事業
# 市区改正計画の実現

実現前の計画変更
近代都市のかたち
東京から全国の大都市へ

### 都市施設の設計
・街路・橋梁・公園・鉄道・市街地形成

東京の市区改正事業は、条例公布から竣工まで30年にも及んだが、最初の10年は主に上水道事業、次の10年は主に市街鉄道の整備に伴う道路改良、最後の期間が主に下水道整備、という特徴を有している。インフラや施設の整備という点では、上水道を除けば当初の計画に比して達成度が充分とは言いがたいが、それでも現代につながるいくつかの成果を指摘できる。

まずは、日比谷通りや日本橋大通り[図2]などの街路整備である。市区改正によって、狭隘で泥濘の状態にあるのが通常であった市内の街路がいくらか改善され、あわせて橋梁も架け替えられた（代表例は日本橋[図3]）。

鉄道は、新橋・永楽町（丸の内）間の市街高架線が開通し[図4]、あわせて東京駅が開業した（なお、当初の計画通り東京・上野間が開通するのは、関東大震災後、大正14年である）。先述した通り、市街鉄道網が拡大発展するのも、市区改正事業によってである。

日比谷公園は、もともと官庁集中計画が縮小されていく過程で構想されたが、その後市区改正の計画に位置づけられ現在の形で実現した。東京帝大の林学博士本多静六が、ドイツのベルトラム造園設計図集を参照してデザインしたもので、日本初の本格的近代公園である[図5,6]。

丸の内一帯の武家地跡は、民間に払い下げて業務地とする計画であった。この地を一括で買い上げて日本初の近代オフィス街を建設したのが三菱である。赤煉瓦の建物が並ぶ景観は、いつしか一丁ロンドン[図7]と呼ばれるようになる。現在の丸の内オフィス街の起源である。

### 市区改正の他都市への準用

東京以外の都市でも、都市改良の必要

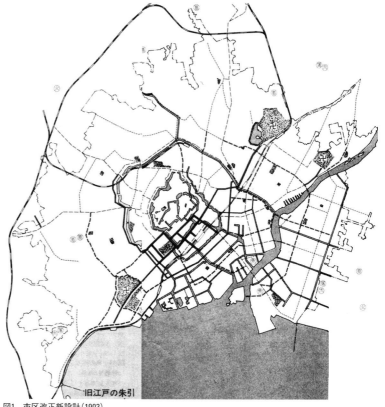

図1　市区改正新設計（1903）

図4　新永間市街高架線（1910）

i. 本多静六 ...... (1866-1952) 日本の「公園の父」と称される造園家。日本最初の林学博士

図2　日本橋大通り

図3　日本橋 (1911)

図6　日比谷公園 (1903)

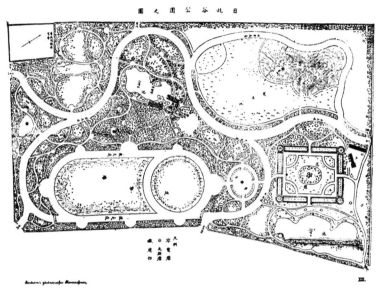

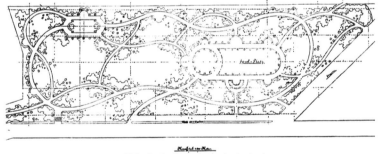

図5　日比谷公園設計図(上)とベルトラム造園設計図集のなかの一葉

図7　丸の内一丁ロンドン (1911)

は早くから認識されていた。たとえば大阪では、江戸以来の狭隘な道路の拡幅や工場立地の規制などの必要から、明治19年(1886)に大阪府区部会が「市区改正ノ計画ヲ請フノ建議」を提出し、また明治32年(1899)には市域拡張に伴う都市計画を建築家山口半六がとりまとめるが、いずれも事業化には至らなかった。

また京都では、明治の末頃から第二琵琶湖疏水、上水道、道路拡幅(市電敷設含む)のいわゆる三大事業により都市改良を進めていたが、これらは法的根拠に裏付けられた事業とはいえなかった。

大正7年(1918)、東京市区改正条例の準用に関する法律が定められ、京都、大阪、名古屋、横浜、神戸の五都市がその対象都市となった。東京に限定した都市改良制度である市区改正条例を、他都市に適用することが可能になったのである。ここにようやく、一定の制度に基づいて全国に都市改良を施すシステムが成立したといえる。

# 都市計画――東京市区改正事業
# 東京の新たな都市問題への対応

市区改正条例から都市計画法へ
大都市化への対応
戦時体制下の都市計画

## 都市への人口集中とスプロールへの対応
・(旧)都市計画法の成立

市区改正は、封建都市江戸の近代化と、防火、衛生、交通問題への対応を目的とし、かつ対象を東京に限定した計画であった。その市区改正が完成をみた大正期には、都市問題はすでに新たな局面を迎えていた。

当時の日本は日清・日露の両戦争を経て東アジアに利権を獲得し、帝国主義的資本主義の国際競争に本格参戦した時期で、近代的重工業の発展が急速に進んだ。それに伴い、農村部から都市部に就労層が流入し、都市部の人口は急激な増加をみる。この都市への人口集中により、市街地の高密化とともに、郊外の無秩序な市街化の進行すなわちスプロールが、新たな都市問題として顕在化する図1。このような状況下において、将来予測される市街地の拡大に対して計画的に対応するとともに、郊外を含めたより広域的な都市計画の必要が生じたのである。

以上の背景をもとに生まれたのが、大正8年(1919)に公布された都市計画法と、市街地建築物法である。全国の都市への適用可能性を前提としている点、および都市計画の概念と機能、財源、都市計画行政組織、近代都市計画の技術(地域地区制、土地区画整理、建築線)などが体系的に制度化されている点で、市区改正条例とは一線を画しており、ここにようやく日本の都市計画法制度が整ったと言ってよい。

## 地方計画へ(衛星都市・グリーンベルト)
・東京緑地計画

20世紀初頭は、工業の発展に伴う都市の膨張をいかに抑制するかが、日本のみならず欧米諸国の都市計画家にとっての主要な関心事であった。

大正13年(1924)、アムステルダムで開催された国際都市計画会議において、

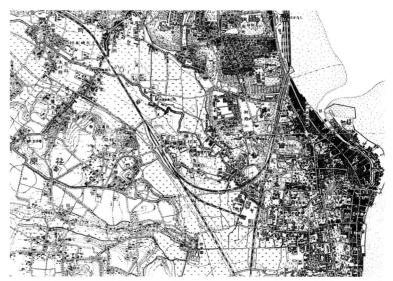

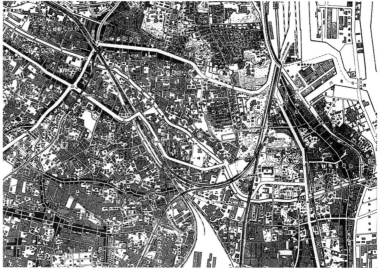

図1 東京郊外の市街化進展の様子(品川付近。上1909年、下1937年)

母都市をグリーンベルトで取り囲んでその膨張を抑制するとともに、周辺に衛星都市を配置して機能を適切に分散する、という大都市圏の考え方が示される。都市とその周辺を一体で扱う地方計画が必要、という認識が高まるのである。大正末から昭和戦前期の日本における都市計画思潮は、この理念に強い影響を受けることになる図2。昭和8年(1933)から同14年にかけて、東京緑地計画協議会の手で検討された東京緑地計画図3は、東京市街地を環状緑地で取り囲むとともに、中心市街を中心とする半径50〜100kmにも及ぶ範囲を計画対象としている。さらに、昭和15年(1940)に都市計画東京地方委員会によって発表された大東京地方計画の模式図図4は、アムステルダムで議論された大都市圏の

i. 石川栄耀……(1893-1955)地域の生活圏の考え方を提唱し、都市計画の発展に貢献。都市における盛り場研究の第一人者で新宿歌舞伎町の生みの親(命名者)

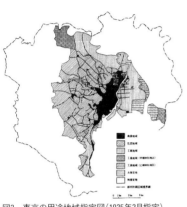

図2 東京の用途地域指定図(1925年2月指定)　図3 東京緑地計画(1939)　図5 東京防空空地及び空地帯計画(1943)

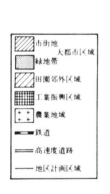

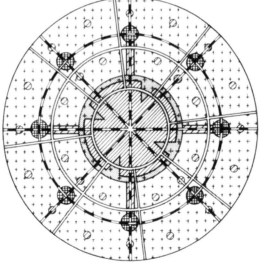

図4 関東地方大東京地区計画の模式図(1940)

理念を、忠実に表現している。
しかし日本が戦時体制に入るとともに、防空が都市計画の目的に加えられ、東京緑地計画も軍事的意味合いが強まってゆく。環状緑地は防空空地として位置づけられ、また市街地内の小公園の配置(当初は近隣住区理論に基づいて計画された)は、高射砲陣地の配置の合理性から論理づけられてゆく。そして昭和18年(1943)、東京緑地計画は、東京防空空地及び空地帯計画に姿を変えることになる図5。

敗戦後石川栄耀iによって、大都市圏の理念を引き継いでさらに発展させた壮大な東京戦災復興計画が立案されるが、GHQの経済安定政策(ドッジ・ライン)の影響等により、ほとんど実現しなかった。むしろ当時の日本の都市計画家たちの夢が実現したのは、植民地満州の諸都市においてであった。

| 関連年表 | |
|---|---|
| 1868 | 王政復古の大号令 |
| 1869 | 東京遷都 |
| 1871 | 廃藩置県 |
| 1872 | 銀座大火、煉瓦街計画着手<br>新橋横浜間鉄道開通 |
| 1873 | 銀座煉瓦街一期完成 |
| 1876 | 京都大阪間鉄道開通 |
| 1877 | 銀座煉瓦街二期完成 |
| 1884 | 芳川「市区改正之儀」 |
| 1885 | 市区改正審査会案 |
| 1886 | 日比谷官庁集中計画<br>大阪府下部会「市区改正ノ計画ヲ請フノ建議」 |
| 1888 | 東京市区改正条例公布 |
| 1889 | 東京市区改正設計(旧設計) |
| 1894 | 日清戦争 |
| 1897 | 大阪市域拡張 |
| 1898 | ハワード「明日の田園都市」 |
| 1903 | 東京市区改正新設計 |
| 1904 | 日露戦争 |
| 1906 | 東京市、臨時市区改正局設置 |
| 1907 | 戦後恐慌<br>京都、三大事業着手 |
| 1910 | 韓国併合 |
| 1914 | 東京中央停車場竣工 |
| 1918 | 東京市区改正条例の準用に関する法律<br>内務省に官房都市計画課設置 |
| 1919 | 五大都市市区改正委員任命<br>都市計画法公布<br>市街地建築物法公布 |
| 1921 | 後藤新平「東京市政要綱」 |
| 1922 | 東京市政調査会設立 |
| 1923 | 関東大震災(9/1) |
| 1939 | 東京緑地計画 |
| 1941 | 日本、対米英宣戦布告 |
| 1945 | 日本、無条件降伏 |

**参考文献**

・石田頼房：日本近現代都市計画の展開、自治体研究社、2004
・石田頼房編：未完の東京計画、筑摩書房、1992
・越沢明：東京都市計画物語、日本経済評論社、1991
・藤森照信：明治の東京計画、岩波書店、1982
・山下和正：地図で読む江戸時代、柏書房、1998

# 07.

# 都市の再生

### 琵琶湖疏水

琵琶湖疏水、建設の背景
琵琶湖疏水、建設と土木技術
第二琵琶湖疏水と都市の拡大
歴史都市・京都の近代化過程
近代疏水・運河と総合開発

# 都市の再生──琵琶湖疏水
# 琵琶湖疏水、建設の背景

京都の衰退と近代化への期待
琵琶湖からの通水構想の系譜
水を活かした総合開発計画

### 明治維新と京都

大政奉還、王政復古の大号令により、名実ともに新しい日本の首都となることを希望していた京都市民は、慶応3（1868）東京を首都とする旨の詔勅に大いに落胆にした。天皇東遷による京都の落胆ぶりは、明治3年（1870）には33万人余りあった人口が、明治7年には22万人に激減していることからも推察される。

この京都の意気高揚のため、明治8年（1875）7月第二代京都府知事に就任した槇村正直による「殖産興業」が始動した。この京都の近代化施策の延長上に、明治14年（1881）1月第三代知事に就任した北垣国道[1]は、隣県滋賀の琵琶湖から疏水を開削することを計画図1した。日本の近代初期を象徴する都市再生において、社会基盤施設整備に対する期待は大きかったと言える。

### 琵琶湖疏水以前の諸計画

京都盆地は、東西北側を山々に囲まれ、南側はかつて巨椋池が存在した地形を有し、北東から南西にかけて緩やかに傾斜している。古くは中古の時代から京都では琵琶湖からの引水が構想されてきた図2。史料が現存する最古の琵琶湖～京都間の通水計画は、高瀬川舟運との関係が深い角倉家によって慶長9年（1614）に計画されたものである。これ以後、実現された琵琶湖疏水以前12個の通水計画の概要を表1に示した。図2,3は、そのルートを示したものである。
実現性に乏しかった琵琶湖疏水計画が現実味を帯びるのは、社会的要請の高まりもあるが、土木工学の発展に伴って技術的に建設可能となったことによる。琵琶湖疏水以前の諸計画においてルート選定の論点になったのは技術的課題のみならず、舟運路として河岸の設置位置や経由先など都市への接続方法であった。

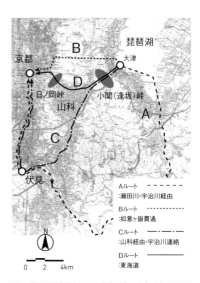

図1 琵琶湖疏水以前の諸計画（ルート）／東側隣県の滋賀県との間には山科盆地が挟まっており、琵琶湖疏水から京都への送水に関しては、大津～山科間の小関（逢坂）峠、山科～京都間の日ノ岡峠の克服が必要であった。また、山科からは京都を通さず、直接伏見から淀川へと接続する方法もあった。

表1 琵琶湖疏水以前の諸計画

| 計画 | 年 | 計画概要 | ルート | 通水ルート・技術的課題 |
|---|---|---|---|---|
| 1 | 1614 | 幕府儒官林道春、角倉与一に瀬田川・宇治川利用の通水計画を相談、徳川家康に言上 | A | ・既存の自然河川（瀬田川、宇治川）を利用した大迂回路<br>・通水による湖面低下で新田開発を意図 |
| 2 | 1800 | 寛政末年頃、絵図師矢野維直通水設計図を作成 | B | ・如意ヶ嶽貫通4500mの最長トンネル<br>・資料は絵図面のみ |
| 3 | 1841 | 京都壬生境内西往寺前町の百姓彦助、京都奉行所に通水計画を訴願 | C・D | ・幹線（山科経由、白川、鴨川を利用し七条に至る）と支線（安祥寺川を利用）を計画。絵図面あり（図7.1.2）<br>・陸運業者や大津宿場の失業対策、山科地区の灌漑も考慮 |
| 4 | 1862 | 九州豊後国岡藩城主中川修理大夫久昭、疏水開削を朝廷に建議（11.28） | ― | ・比叡山の岩間谷間を掘割するとしてルートの明示なし<br>・京都への舟運路が大阪口のみであると指摘 |
| 5 | 1863 | 近江大津町七組年寄の連印による請願書（計画） | D | ・大津～四宮間ルートには2案（藤尾経由・吾妻川経由）<br>・輸送手段の早期開拓奨励の御触書に応えるものとされる |
| 6 | 明治維新前後 | 年次不詳、大津百艘株仲間による通船計画とされている（『大津市史』による） | D | ・三井寺観音堂まで伏樋で導水、現ルートに近似<br>・後年の計画-7の計画の基礎となったとされる |
| 7 | 1872 | 京都下京区吉本源之助・菊木重左衛門ら、「新川通船之義ニ付願」を京都府に出願（5.27） | D | ・願書「新川通船之義ニ付願」、収支見積書「通船運賃遣払凡積リ勘定」、工事見積書「江州尾花川ヨリ京都鴨川迄新規通船堀割普請仕様帳」が京都府に提出<br>・民間活力導入による計画とされる |
| 8 | 1873 | 大津第一米商社渡辺伊助他6名、山科回り六地蔵経由の疏水計画を滋賀県に出願 | C | ・山科大宅村までは陸運利用、既存河川（中川筋）を拡幅し通船、六地蔵を経由し宇治川へ（高瀬川舟運を念頭に）<br>・京都府に願書が回され、滋賀県との意見の相違により却下 |
| 9 | 1873頃 | ファン・ドールンによる疏水設計建言（この頃と推定されている） | C／D | ・2案（現況ルートに近い山科稜線案<br>・観修寺経由の鉄道＝旧東海道線付設案）のルート提示<br>・明治15年、農商務省南技師の水利意見書と共に提出された |
| 10 | 1874 | 大津湖上汽船会社、吉住与治兵衛ら4名「従江湖西岸迄水路掘削願」を滋賀県に出願（8.18） | | ・外資導入（独：キニッフル商会）による疏水計画<br>・後に、計画-11と連名の計画となり測量も実施されたが消滅 |
| 11 | 1876 | 中村与十郎・宇野仲治郎「川路測量ノ義ニ付願書」を滋賀県に出願（1.13） | D | ・鴨川への放水路2案（白川、鴨川二条北方）あり<br>・先願人の計画-10と話し合いにより再請願されたが消滅 |
| 12 | 1884 | 京都の医師谷暘卿、「奉移湖水于白川村建議」を京都府に提出（2.20） | B | ・大断面（幅64m、高さ27m）最長トンネル（5,200km）内に蒸気船を通船させる計画<br>・トンネル出口は計画-2より低所（白川村）へ |

i. 槇村正直 ……… (1834-1896) 山本覚馬、明石博高らの指導者とともに、人々の啓蒙や教育に重点が置かれた、町衆たちの近代化政策「京都策」を実施した
ii. 北垣国道 ……… (1836-1916) 約11年6ヶ月の在任中、京都の三大事業を推進した。北海道庁長官に就任後は、開拓の根本に鉄道政策を据えた
iii. 南一郎平 ……… (1836-1919) 大分県広瀬水路(井手)の建設に携わる。1876年内務省に迎えられ、安積(猪苗代湖)疏水工事で、高いトンネル技術力を示した
iv. ドールン ……… (1837-1906) 明治5年(1872) 2月、大蔵省土木寮長工師(技師長)として、主に河川改修及びその水源砂防のため招聘された。既出：pp.059, 075
v. デ・レーケ ……… (1842-1913) 明治6年(1873) 9月、31歳の時に、大蔵省土木寮工師(技師)として招聘され、当初大阪築港、淀川改修、同砂防工事などに当たり、後年全国の水利土木に計画に従事した。既出：pp.059, 075
vi. 島田道生 ……… (1849-1925) 1877年から鹿児島県、熊本県に勤めた後、高知県在勤の1881年、琵琶湖疏水の測量に携わり、1883年京都府専任となった

図2 『天保十二年の疏水計畫圖繪』／1841年(天保12)の計画とされる琵琶湖通水計画の古図(琵琶湖疏水沿革誌より)。本計画図によると、小関峠には100間、日ノ岡峠には50間の隧道が計画されていた。舟運路としては既存河川を利用し伏見に通じる案も提示された。

### 近代初頭における舟運路への期待

島国である日本では、近代まで大量貨物輸送機関として、河海における舟運が主役であった。安土・桃山時代末期の角倉了以による高瀬舟の開発や、河村瑞賢の近海航路の開発などが、その基盤となっている。

この舟運に対して、明治に入ると産業革命の申し子とも言える鉄道が、日本へも技術移転された。鉄道は、車両や線路などの直接的技術以外にも、トンネルや橋梁などの施設、緻密な計算によって成立しうる運行計画や路線設計等のシステムなど、幅広く工学技術一般に大きな発展をもたらした。

舟運の受け皿となる河川は、明治6年(1873)に内務省が設置されて以来戦後廃止されるまで、ほぼ一貫してこの管轄にあった。大久保利通の強力な事業推進のもと、ファン・ドールン[iv]やデ・レーケ[v]らお雇い外国人技師たちの指導により、オランダから低水工事の技術を導入し、明治29年(1896)には河川法、砂防法、森林法が相次いで制定された。舟運は、このような国内情勢下で、鉄道と主要輸送機関としての座をかけ、着実に近代化されていった。

### 琵琶湖疏水計画の主目的

明治14年(1881)京都府知事北垣国道[ii]の命を受け、安積疏水の主任技師であった農商務省南一郎平[iii]が翌年予備調査として、滋賀県三井寺山近傍を踏査したうえでルートを選定し「琵琶湖水利意見書」及び「水利目論見書」を提出した。予備調査において測量を行ったのは、農商務省の島田道生[vi]であった。意見書では、琵琶湖疏水の建設目的として、舟運を主軸とした多くの効用を挙げ、総合開発のための多目的な運河像が描かれた。舟運に関しては将来敦賀〜琵琶湖〜京都という内陸舟運網の重要な位置を占めると述べている。通水量の決定に際し、鴨川の水量増を考慮しており、500個(毎秒約14m$^3$)程度が適当、それ以下では利便が少ないとした。

この意見書をもとに計画を立て、明治16年(1883) 3月、北垣は農商務省に出向き、同年4月京都府と農商務省合同による琵琶湖疏水設計書が完成した。

北垣は、この琵琶湖から京都への疏水設計に、明治16年(1883)工部大学校の卒業論文において「琵琶湖疏水工事」を手がけた田辺朔郎を抜擢し、京都府御用掛に採用した。計画当初、琵琶湖疏水も灌漑用水や飲用水の提供つまり農業振興事業として農商務省所管であったが、その後新設の内務省土木局が掌握する事業となり、工事費は当初予定の2倍の125万円となった。

同年11月、京都府は政府の許可を得るために地元有力者を会し勧業諮問会、上下京連合区会を開催した。両会では諮問案、起工趣意書、工事計画見積、疏水線路計画付図[図3]が提出され、共に賛同を得た後、起工伺が提出された。

琵琶湖疏水計画は、通水による農業振興か、舟運を主軸とした都市再生か、の間で揺れ動いたが、次第に舟運路としての整備に傾いていった。

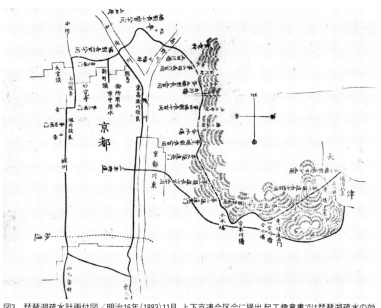

図3 琵琶湖疏水計画付図／明治16年(1883) 11月、上下京連合区会に提出。起工趣意書では琵琶湖疏水の効用として、以下の7つが挙げられた。1.製造機械、2.運輸、3.田畑の灌漑、4.精米水車、5.防火、6.井泉、7.衛生。本計画図において注目すべきは、高野川・鴨川と交差する大きな迂回路である。迂回の理由は勧業諮問会、上下京連合区会の質疑応答においても幾度も説明され、①勾配が緩くなり舟航の便が良いこと、②迂回区間に閘門の設置が必要なくなること、③灌漑用水の確保、を挙げている。また北垣は、米国ホリヨークを例に、本計画でも舟運路と水車水路の併用を支持した。水車に関しては若王子、鹿ヶ谷付近の水路沿線への設置を考えており、水車の残余水を白川に落とす計画であった。

都市の再生──琵琶湖疏水
# 琵琶湖疏水、建設と土木技術

ネットワークの形成
水力発電施設の建設
都市計画技術

### 運河開削のための総合技術

開削段階において、琵琶湖疏水のルート設定に大きな影響を及ぼしたのは、トンネル開削と高低差を克服するためのロック(閘門)やインクライン(傾斜鉄道)など運河・鉄道技術であった。これらの技術革新によって、琵琶湖疏水のルートは図1に示した通り変遷した。

小関、日ノ岡と2つの峠の克服には、現実のものとなった長大トンネル技術が適用される。長等山(小関峠)を貫通する第1トンネルが、2,436mと当時日本最長であり、日本初の竪坑を採用した工法を用いて掘り抜いた。

蹴上~南禅寺舟溜間の約15mの高低差克服には、当初6連の閘門が計画されていたが、後に採用される水力発電の電力利用により、日本初のインクラインが採用され、通船の時間短縮に大いに貢献している。

日本人のみの施工図2、京都府による煉瓦の自営自給など、ダイナマイトとセメント以外はほぼ自給自足と、建設面や材料にも技術革新があった。後に田辺朔郎は、「隧道(とんねる)」を著し、北海道へ渡り数々の鉄道トンネルを建設した他、京都帝国大学には、第三講座(鉄道工学)教授として迎えられている。このように琵琶湖疏水建設に適用された技術は、その後鉄道技術の礎ともなった、都市開発のための総合技術であったことが分かる。

### 水力発電技術の採用

明治21年(1888)米国コロラド州アスペンにて世界最初の水力発電が成功したことを受け、琵琶湖疏水の水力配置手法を水車方式にするか水力発電方式にするか議論が起こり、この優劣をつけるため、同年10月、田辺朔郎らによる米国視察調査が行われた*1。田辺らはデプロー兄弟が水力発電に成功したアスペンを訪れ、水車動力に比べ安い単価の動力が自由かつ広域的に供給できることから、水力発電を採用する決断を下した、と言われる。田辺らの視察結果を受け、明治22年(1889)8月、水力配置方法を水力発電方式図3にすることが市参事会で決定された。

水力発電用水路は急勾配もしくは落差

図2 疏水工事写真／日本人のみの施工であった

を必要とし、連続する緩勾配を要する舟運用水路とは、逆の性質を要求する。水力発電を利用したインクラインによる舟運存続という状況は、計画当初の舟運の位置づけが低下し、水力発電への期待が高まったことを示している。

また、水力発電の採用によって、配水や物資輸送など直接的な運河の効用のみならず、電力や水道という媒介を経て、都市空間や都市生活そのものに大きな影響を及ぼす総合開発の主軸となったことが指摘できる。

### 都市計画技術

都市の近代化に関わる土木技術の1つ

図1 琵琶湖疏水ルートの変遷

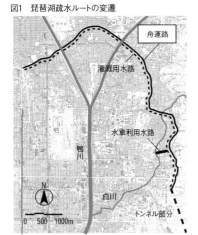

京都府諮問案(明治16年(1883)11月)／勧業諮問会及び上下京連合区会付議による起工伺案・琵琶湖~京都間の水路は、舟運路も灌漑用水路も共通、・京都~伏見間の水路は、堀川接続、高瀬川接続の2系統あり

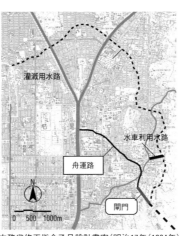

内務省修正指令乙号設計書案(明治17年(1884年)6月)／前年5月京都府提出の起工伺いに対する内務省土木局独自修正、・水路勾配、トンネル位置、水路断面、市内の水路選定など克明、・市内の舟運路を灌漑用水と分け3、4段の閘門で高低差を解消

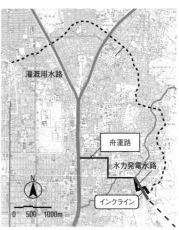

竣工時(明治23年(1890)4月)／琵琶湖疏水竣工時のルート、・複数の閘門に代え、国内初のインクラインを採用、・水力発電の採用により鹿ヶ谷の水車利用の工場計画が解消

i. 田辺朔郎 …… (1861-1944)1883年、工部大学校土木科卒業と同時に、京都府御用掛を命ぜられ、琵琶湖疏水線路実測および工事計画に着手。著書に『水力』、『とんねる』、などがあり、1892年「琵琶湖疏水事業」の功績により英国土木工学会からテルフォード・メダルを授与された。1890年帝国大学工科大学教授、1896年北海道鉄道部長となり、全道を踏査して現在の鉄道網の基礎をつくる。1900年、京都帝国大学理工科大学教授となり、1917年工学会・啓明会工業史編纂委員長となり『明治工業史 全10巻』の刊行に尽力し、さらに編集委員長として『明治以前日本土木史』(1936年)を世に出した。既出：p.051

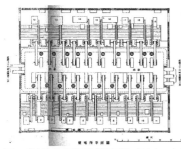

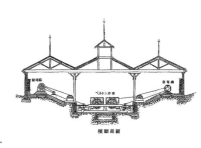

図3 蹴上発電所平面図・横断面図／日本初の水力発電所となる蹴上発電所は、疏水竣工のほぼ2ヶ月前、明治23年(1890)1月31日に着工された。最終2,000馬力(1,500kW)の発電を目標とした長期拡張計画の一環であった。疏水竣工の翌年、明治24年6月に200馬力分の工事(当面の600馬力分の工事中)が完了し、動力需要者への送電を開始した。田邊は、この当時世界有数のアスペン水力発電所が850馬力に増力する試みの中、蹴上発電所は最終目標を2,000馬力に置いていたこと、アスペンで見学した技術をそのまま導入せず、速度調節機を工夫して設置したこと、などを挙げ、琵琶湖疏水における水力発電の成功を評価していた。

図5 鴨川運河諸計画／①鴨川新運河案、②高瀬川連絡案、③堀川連絡案(幹線・分線)、④鴨川改修案。明治23年(1990)市会にて鴨川新運河案可決を受け、同年2月14日、北垣知事は山県内務大臣宛に起工伺「琵琶湖疏水線路之儀ニ付伺」と工事計画書「琵琶湖疏水々路京都鴨川筋夷川以南伏見間施工経畫書」を提出した。この工事計画書によると、計画ルートは「鴨川夷川より鴨川の河原の一部を水路に利用し七条通まで南下。その後田畑を掘削もしくは埋立を行い伏見街道と高瀬川の間を南下伏見堀詰に至る。ここからは旧伏見城外濠を用い淀川に達する。水路総延長は4,840間(約8,799m)」というものであった。結果的には①と④の折衷案と考えられる。

として、都市計画技術が挙げられる。明治初期においては、未開発の近郊農業地域であった三条通り以北の鴨東地域の開発に、琵琶湖疏水建設を契機とした都市計画技術が果たした役割は大きい。

図4は、明治22年(1889)京都府議会に諮問された岡崎地区の道路拡築計画図であるが、「工商業共運河ノ利用ヲナス尤適當ノ場所、随テ往来頻繁ノ見込ニ付」鴨東運河に沿って幅十間(約18m)の「壹等道路」が配された他、京都市街と同様に格子状に二等、三等の街路が計画された。沿線の土地利用に対する言及も見られ、明治21年(1888)、北垣知事は「岡崎地区は将来、都市計画によって整備する計画があるので、水路を斜

図4 インクラインの絵葉書／日ノ岡峠の第三トンネルを越え京都に入った琵琶湖疏水は、日ノ岡船溜と南禅寺船溜の間(全長587m、高低差約35mの斜面)で荷船を上下させる必要があり、当初の閘門に代えて採用されたのが、我が国初の試みインクラインであった。

線に通すのは好ましくない」として水路計画を見直した。

## 運河技術の都市への適用

明治23年(1890)4月9日琵琶湖疏水の大津市三保ヶ崎〜京都市鴨川合流点間が竣工した。夷川の中之島で開催された竣工式には、明治天皇も舟から登場し、大津〜京都間の主要舟運路としての認識は高まった。水力発電、閘門、舟溜、インクライン図4など、一連の土木技術は人々の目に近代工業都市の創造を予感させた。

琵琶湖疏水工事(大津〜鴨川間及び疏水分線)の費用は総額で125万円余りを要し、その財源には産業基立金、国・府補助金、市公債などのほか、特別に全市民に課税された目的税も充当された。

舟運路として大津〜京都間を結んだ琵琶湖疏水であったが、内国水運路の幹線となるためには、京都から伏見、大阪へと続く淀川舟運路との接続が重要となる。この舟運路は、当初高瀬川舟運への接続が支持されていたが、内務省による大幅な設計変更を受け、明治21年(1888)から翌年にかけて、四案図5が検討された。

琵琶湖疏水は、日本で唯一運河法(大正二年四月九日制定)の定めるところの

水路であり、現在も京都市疏水運河条例により運用されている。この運用の中では、疏水周辺の橋梁や護岸、水路幅などについて、船の運航できる余裕を確保することが規定されている。

*1 米国保育水力配置法取調：1888年、田辺朔郎は京都商工会議所初代会頭高木文平(後に、京都電気鉄道を起業)らとともに、アメリカのポトマック運河、モリス運河、リン市の電気鉄道の視察調査を行った。マサチューセッツ州ホリヨークを鹿ヶ谷の水車場建設の参考に、またニュージャージー州のモリス運河を蹴上のインクラインの参考に見学し、ホリヨークの視察においては、水車方式は立地条件の違いや諸経費の高騰が予想されると否定的なものであったとされる。

都市の再生――琵琶湖疏水
# 第二琵琶湖疏水と都市の拡大

電力を活かした先端的なインフラ
明治の三大事業
大京都の建設

### 第二琵琶湖疏水建設の背景

明治30年（1897）京都市会の臨時土木事業調査に始まり、新市制の初代市長となった内貴甚三郎らが、明治32年「道路の拡築」と「下水道建設」の市民生活の水準向上を主軸として、教育施設、風致保護、道路、鉄道、水路等多岐に渡る第3期の「京都策」を構想した。

明治41年（1908）着工される第二琵琶湖疏水（以下、第二疏水）の開削目的として、市は上水道、下水改良、社寺防火用水[図1]、産業電力増強、その他の5項目を掲げた。

### 琵琶湖疏水と上水道

第二疏水竣工の翌年、1913（大正2）京都市水道事業が起工され、3年後の2月には京都市水道使用条例が制定、5月には早くも蹴上浄水場から給水が開始された。琵琶湖疏水は、このように上水道、防火用水の取水源としても重要な都市機能を果たしており、上水道源としては現役である。

### 都市生活の電化

琵琶湖疏水竣工の翌年、明治24年6月に動力需要者への送電を開始したが、当初見込まれた電力需要よりも少なく最終目標の1割に過ぎない電力しか供給せず、試験的要素が強かった。

図2に示したのが、開設当初からの京都

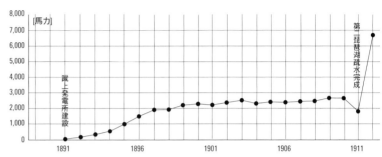

図2 京都市使用電力量の推移

市使用電力量の推移である。当初低調であった民間の電力需要も、市民の電力に関する知識向上に支えられ増大し、特に日清戦争後に飛躍的な拡大を見せた。明治28年（1895）になると、京都電気鉄道会社のような大口需要が出始め、前年度には16件に過ぎなかった市内の受電企業が急増し、使用電力が2,000馬力近くまで膨れ上がった。このように、京都電燈による発電所増設にも関わらず慢性的な電力不足であったことが、第二琵琶湖疏水建設を決定する直接的原因となった。

### 電気軌道網整備と都市域の拡大

京都は、我が国初の電気軌道営業が開始された都市である。京都電気軌道（京電）は、琵琶湖疏水による電力を用い、明治28年（1895）京都駅と第4回内国勧業博覧会会場であった岡崎とを結ぶ木屋町線、京都駅と伏見とを結ぶ伏見線を開通させた。明治末期には市内交通をほぼ独占し、全盛期を迎えた。

この京電に対抗して、京都市営電気軌道（市電）が、三大事業の一環として、明治45年（1912）烏丸線、千本大宮線、丸太町線、四条線の計7.7kmが開業した。その後、街路拡築計画路線（南北線4本、東西線5本）のうち、御池線と大和大路線を除く7路線全てに市電が開通し、京電は市電に吸収された[図3]。

このように京都市による電気軌道敷設

は、琵琶湖疏水、第二疏水による電力を有効に活用し、かつ都市計画との連動により都市域の拡大や市街地形成に寄与した。また、市民の足として戦後まで、都市の賑わいを支えたことも重要である。

電気事業の伸展により、都市生活は一変した。さらに、この延長線上に、大正、昭和期に起こる都市ネットワークの形成が挙げられる。関西では多くの私鉄が起業し、京都市内だけでなく、大阪や奈良、滋賀などと都市間の結びつき、移動や物流が重視され始めた[図4]。このように旅客や物流の主流は、琵琶湖疏水が

図1 御所水道／京都の上水道としては、本願寺水道（明治30年（1897）竣工）、御所水道（明治45年竣工）という2つの管路型防火用水路がある。これらの水源を琵琶湖疏水が担っていたことは、文化都市京都における水辺の歴史として興味深い。

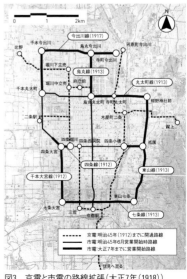

図3 京電と市電の路線拡張（大正7年（1918））

担った舟運から鉄道へと移行し、都市の近代化のみならず、都市と郊外、都市と都市など、都市ネットワークの近代化が計られた。

## 都市計画と社会基盤整備

明治45年(1912)明治三大事業竣工式が、第二代京都市長西郷菊次郎の下挙行される。事業総工費1,740万円、外債を発行して資金調達され、近代京都の基盤を形成した。

京都市において都市計画が法的根拠を持つようになったのは、大正7年(1918)4月より大阪府とともに「東京市区改正条例及び附属命令」の準用を受けたことによる。翌大正8年4月には都市計画法、市街地建築物法などが公布された。これらの法規により、市区改正委員会（後の都市計画京都地方委員会）が組織された。大正8年12月には京都市初の都市計画事業として、道路、橋梁などの改良を含んだ「京都市区改正街路計画図5」が認可された。

京都市の人口は、市政に移行した明治22年(1889)では約28万人、40万人を越えたのが明治40年、明治末期から昭和初期にかけて急増し、50〜70万人へと達した。大正7年(1918)京都市は、隣接する16町村を合併し、市域は大きく拡大図6した。

大正11年(1922)8月には都市計画区域が設定され、「公園都市」なる京都の将来構想が示された。これに従い、昭和3年(1928)11月「御大典」に湧く京都の社会基盤施設は、ほぼ現代と同規格に一新された。

昭和6年(1931)京都市は伏見市をはじめとする1市26町村の大合併により市域は4.8倍に拡大し、翌年には人口も百万人を超え、「大京都」として都市的発展を見た。

このように、琵琶湖疏水建設に端を発した京都における社会基盤整備は、舟運から水力発電、第二疏水を加えて水道事業、電力供給、さらには電気軌道、鉄道、街路整備とその姿を変えつつも、急速に近代化する都市機能を支え続けた。

図4 京都における近代鉄道網の形成／京都に都市間鉄道として乗り入れたのは、官設の東海道線、奈良線の他に、京都〜大津間の京津電気軌道（現京阪電気鉄道京津線）、京都〜大阪間の京阪電気鉄道（現京阪電気鉄道京阪線）、新京阪電鉄（現阪急電鉄）、京都〜奈良間の奈良電気鉄道（現近畿日本鉄道京都線）、の4線となる。

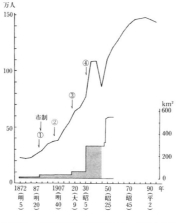

図5 京都市区改正街路計画／本計画において1〜15号線までの街路が決定された。京都市中心部の幹線街路網は、明治の三大事業の道路拡幅とこの市区改正街路によって骨格が形成されたといえる。

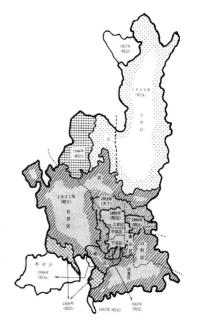

①1888年 愛宕郡南禅寺村・岡崎村など7カ村、紀伊郡今熊野村・清閑寺村
②1902年 葛野郡大内村の一部
③1918年 愛宕郡鞍馬口村など7カ村、葛野郡衣笠村・朱雀村など5カ村、紀伊郡上鳥羽村の一部など4カ町村
④1931年 愛宕郡上賀茂村など5カ村、宇治郡山科村・醍醐村、紀伊郡吉祥院村など9カ町村、葛野郡嵯峨町など10カ町村、伏見市

図6 京都市域の拡大と人口の推移

都市の再生――琵琶湖疏水
# 歴史都市・京都の近代化過程

近代インフラによる物流と観光
歴史的風致の問題
歴史都市と防災

## 舟運による水辺の認知

近世以前、京都は三方を山で囲まれ、南に拡がる巨椋池が卓越した水辺の都市であった。この水辺の社会基盤施設の座を高瀬川舟運から禅譲されたのが、琵琶湖疏水であった。

明治23年(1890)4月9日琵琶湖疏水竣工前夜には、祇園祭の山車や鉾も登場し、大文字の送り火も点灯されたという。月末には早くも遊船業を願い出る者が現れ、同年5月南禅寺舟溜～夷川舟溜間、及び第2トンネル西口～蹴上船溜間の水面に100隻近い遊船が浮かんだ。さらに夏期に向かい納涼客を見越して、沿岸市有地の借用を希望する者が相次ぎ、琵琶湖疏水沿岸には茶店や飲食店が軒を連ね、瞬く間に「西の嵐山」に対し「東の疏水運河」、遊船の新名所として脚光を浴びた図1。

琵琶湖疏水舟運の旅客は、非日常の観光目的から一般の交通機関への転換、そして明治43年(1910)京阪電気鉄道が開通し客を奪われるまで、琵琶湖疏水の直接的効用として、人々に認識されていたであろう。一方、物流の方は旅客よりは長らえたが、昭和10年(1935)鴨川大洪水により大きな被害を受け姿を消した。

図2　第四回内国勧業博覧会の様子／疏水縁に浮かぶ遊覧船は盛況を極め、七条ステンショからは、多くの人々が岡崎の博覧会場まで、水力発電によって動いた京電に乗って赴いた。

## 水辺と都市デザイン

琵琶湖疏水が開削された岡崎地区では、明治28年(1985)4月1日からの4ヵ月間第四回内国勧業博覧会図2が実施され、同年10月には平安遷都千百年紀年祭が挙行された。これらの催しは、琵琶湖疏水舟運や水力発電による京都の総合開発を全国に知らしめることになった。

岡崎の地は、近世には聖護院大根で有名な近郊農業地域であった。明治中期「鴨東開発論」を土台に、同地の風景を一変させたのは、琵琶湖疏水であった。博覧会場には、当時人々にもてはやされた欧風の噴水が配され、疏水沿川では「ヴェニスを思はせる」と形容された近代的な欧風公園づくりが行われた。街路や水路を用いて整然と区画された岡崎地区の空間構成図3は現在も変わらず、文化施設集積地区として今もなお多くの人々を集め賑わっている。

これとは対象的に、琵琶湖疏水から引水していた南禅寺界隈の庭園群や円山公園などでは小川治兵衛の手により伝統的な遣水の手法が水辺のデザインに適用されたことは、別種の趣があり興味深い。

## 京都の風致問題

琵琶湖疏水建設に当たっては、福沢諭吉などをはじめとする文化人や、予想以上

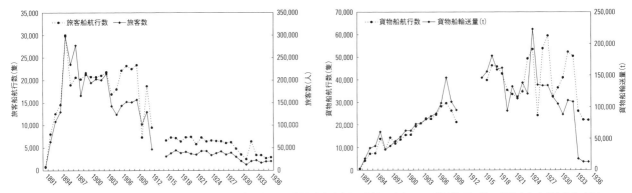

図1　琵琶湖疏水舟運における旅客・物流の推移／明治24年(1891)5月21日「京都市有疏水運河条例」の公布により、遊船業の取り決めが行われたが、競争倍率が高く大盛況であった。また遊船業に次いで、同年7月には大津の業者が、大津～蹴上間1日3往復(下り4銭、上り5銭)の渡航業を開業するやたちまち競争が始まり、疏水下り、貸し切り遊船、ボート遊び等、疏水の人気は年々高まりを見せ、開通4年目の明治27年(1894)には、年間通船数14,522隻、乗客数129,881人と開業当初の70倍近くを示し、琵琶湖疏水は絶大な人気を得るに至った。

に建設費がかかることを不服とした一部市民などから建設反対が唱えられた。福沢らは南禅寺界隈の伝統的な社寺境内への近代的構造物の築造に反対したと言われ、市民は未知の建築素材である煉瓦に対する不安や、隣国の水を飲用することへの嫌悪など、様々な反対意見を述べた。

田邊朔郎は、回顧録の中で本件を想定内のものとし、水力発電による都市生活の変貌を予想している。琵琶湖疏水計画において、水力配置手法が水車動力から水力発電に変更されたことにより、風光明媚な東山山麓の鹿ヶ谷に計画されていた工場地域設置が回避されたと言われている。建設後100年を経た今や、琵琶湖疏水は京都の風致を守る役割さえ担っていると言える。

## アメニティと防災の両立

近世以前の都市文化を継承する社会基盤整備の例証として、祇園白川界隈の事例が挙げられる。明治20年（1887）の設計変更により、琵琶湖疏水は自然河川である白川と交差することになった。祇園界隈を流れる白川の水は、全て琵琶湖疏水によって供給されたものである。

近世以来、祇園界隈では隅々にまで白川の水が張り巡らされ、火防や生活用水として巧みに利用されていた。琵琶湖疏水挿入後もこの界隈の佇まいは存続され、白川から引水し屋敷内で遣り水として使用する事例も見られた。遣り水の存在は、白川の水量が安定供給されていた証明となろう。

後年、第二疏水開削に伴う水量増加対策においても白川放水路・鴨川運河拡幅案が採用された理由には、大和大路祇園界隈の伝統的街並みに対する配慮があったことが指摘されている。さらに昭和10年（1935）に起きた「鴨川大洪水」では、鴨川左岸鴨東運河以南の白川流域における被害が比較的少なかった[図4]ことからも、琵琶湖疏水による祇園白川の流量調節は、景観面でも防災面でも近世以来の祇園白川界隈の風情を保ったと言える。

## 京都の観光と郊外

昭和6年（1931）「大京都の都市計画に就て」の中で、京都市土木局長高田景は「市中林野あり「京に田舎あり」の形態こそ近代都市の理想」として、大京都市の誕生によって拡大した都市域、特に周辺部を広大な風致地区に指定し、自然・景観を保護することを宣言した。

遊覧施設計画についても『観光都市』として公園、遊覧施設などを設け、近代的な観光行動が延伸しつつあった鉄道や電気軌道により、京都の郊外部において実践されることが期待されていた。

図3　岡崎地区の街路計画図

図4　昭和10年（1935）京都大洪水被害状況図／昭和10年に起きた鴨川大水害は、市内の橋梁群に壊滅的な被害（流失74橋、一部破損12橋）をもたらした。琵琶湖疏水関連では、鴨川運河において被害が大きかった。この復興計画においては多くの永久橋が検討されたが、結果的にわずかな橋梁に限られた。

都市の再生──琵琶湖疏水
# 近代疏水・運河と総合開発

**近代疏水の嚆矢・安積疏水**
**運河計画と都市計画**
**臨海部の開発と運河**

## 疏水による地域開発

琵琶湖疏水にも大きな影響を及ぼした安積疏水[表1,i,ii]が、明治12年（1879）10月に着工、明治15年10月1日に通水式を迎えた。猪苗代湖から引水し、安積原野拓殖を主たる目的として、その他通船や陸運の整備も意図した計画であったが、農業振興を基盤とした「地域」開発事業であったと指摘されている。

これに対して、琵琶湖疏水がごく初期の段階から、灌漑用水以外の水力利用や舟運を上位目的とした、複数の効用を掲げていたことが、純然たる都市再生としての疏水建設の特徴といえる。つまり近郊での農業振興を含み、都市の工業振興の役割を担ったのが、琵琶湖疏水であった。

給水、灌漑、舟運、発電、その他の要素も含め、京都という都市に対して琵琶湖疏水が担った役割が、近代日本における都市の近代化、総合開発の一つのモデルと言える。

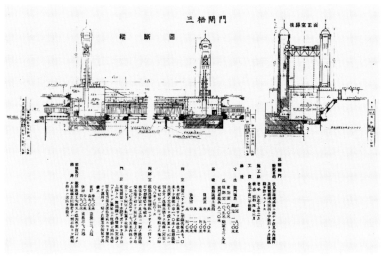

図1　三栖閘門図面

## 伏見と運河

琵琶湖疏水以降の多くの運河計画は、都市計画との連動により、単なる土地の新規造成だけではなく、都市計画的土地利用の誘導や、都市空間整備のため都市計画事業の一つとして取り組まれることになる。

その一例として、京都〜伏見間に戦前に計画された「京伏運河」なる高機能運河計画を取り上げる。

伏見は京都の外港として、古くから京都〜大阪間、東海道の交通拠点として発展した宿場町であった。明治大正期の淀川下流改修計画では、伏見港に三栖閘門や放水路が建設されている[図1]。

昭和10年（1925）に起きた鴨川大洪水の復興計画では「千年の治水」という言葉が繰り返し用いられた。これは、鴨川大改修計画をはじめ、単に個別の治水対策ではなく、工業地帯の設定、産業・交通網の整備と振興、都市構造の計画的再編成、などの観点から取り組まねばならないとする「大京都振興計画」に結びついた。この一貫として京伏運河が位置づけられていた。

これは琵琶湖疏水より大規模な物流を主体とする運河を、京都駅以南の平坦地に、伏見さらには淀川舟運との連携を図り計画したもので、図2に琵琶湖疏水との比較図面が示されている。

## 臨海部の運河

琵琶湖疏水以降、小樽運河や京浜運河、

表1　安積疏水と琵琶湖疏水の比較表

|  | 安積疏水 | 琵琶湖疏水 |
|---|---|---|
| 建設許可 | 明治12年（1879）5月、政府が安積野原野開墾事業、安積疏水工事の開始を許可 | 明治18年（1885）1月、政府が琵琶湖疏水起工の特許を指令 |
| 着工 | 明治12年（1879）10月 | 明治18年（1885）6月 |
| 竣工 | 明治15年（1882）10月 | 明治23年（1890）4月 |
| 取水源 | 猪苗代湖（福島県） | 琵琶湖（滋賀県） |
| 事業費 | 64,514円24銭1厘 | 当初60万円<br>約125万円（明治17年内務省修正後） |
| 事業主体 | 内務省 | 京都府 |
| 事業目的 | 明治10年（1877）9月<br>①猪苗代湖沿岸に巨多の水田／②安積、岩瀬二郡の従来の水田への灌漑／③安積、岩瀬二郡の原野への新たな入植／④阿武隈川に合流、通船し野蒜港へ達す／⑤新潟港に至る馬車道の整備 | 明治16年（1883）12月<br>①製造機械／②運輸／③田畑の灌漑／④精米水車／⑤防火／⑥井泉／⑦衛生 |
| 主たる設計者 | 南一郎平（内務省勧農局技師） | 田邊朔郎（京都府技師） |
| その他 | 羽根田延光、伊藤直記、大江保（福島県技師） |  |
| 現地調査 | 山田寅吉（内務省技師） | 島田道生（京都府技師） |
| 総延長 | 130km（幹線水路52km、支線水路78km） | 分線を含む総延長10,620間（19,307m） |
| 流量 |  | 23.65m³/秒 |
| 主な構造物 | 十六橋水門　明治13年（1880）11月完成 | インクライン（傾斜鉄道）明治23年（1890）4月完成 |
| 発電 | 明治32年（1899）6月、郡山絹糸紡績会社発電のため沼上発電所運転開始 | 明治24年（1891）6月、送電開始 |
| トンネル | 最長325間（約590m）を含む35カ所のトンネル、沼上トンネル | 最長2,436m（第1トンネル）を含む6カ所のトンネル |

i. 奈良原繁 ……(1834-1918)安積疏水事業の統括者。明治維新以降、鹿児島県、内務省、工部省の要職を務め、官を辞した後も、貴族院議員ほかの要職に就く
ii. 山田寅吉 ……(1853-1927)15歳にてイギリス、後、フランスに留学。帰国後、内務省に入省、猪苗代湖疏水(安積疏水)工事設計主任ほかを勤め、後、東京馬車鉄道会社技師長、内務省技師と転じて要職につくも、86年に官を辞し、民間の請負事業に従事

川崎運河など、主に埋め立てによって建設された臨海部の運河が建設された。東京都港区田町付近より品川区、大田区、川崎市を経て横浜市鶴見区大黒埠頭まで続く運河の総称である京浜運河では、臨海部の埋立のみならず、芝浦などの隅田川河口部や、荒川河口部なども次々と埋め立てられた。また、六郷川河畔に火力発電所を建設し、自給自足で電車を走らせていた京浜電気鉄道(現京浜急行)は、余剰電力の供給も行っていた。この沿線開発、電気鉄道利用促進を目的に、大正8年(1919)から同11年にかけて川崎運河を開削し、大規模な工場用地、宅地造成を行った。京浜運河は初期には舟運にも利用されたが余り利用されず、昭和16年頃から徐々に埋め立てられた。

このように臨海部では、埋め立てや土地利用の改変を伴い、工業振興と新たな都市空間の創出という役割を運河が担っていた。これらの運河は、舟運機能は有していたものの、都市の総合開発というよりは、都市の一部もしくは郊外部の工業地域開発に特化した機能を有しており、言わば埋め立て地の残余部分であった。これらの多くは、舟運の衰退とともに埋め立てられた。

## 都市計画事業としての運河

さらに時代が下ると、他の都市でも都市計画事業の一環としての運河建設が見られるようになる。

### ・中川運河(名古屋市)図3

かつて名古屋築城の際に石の輸送路として機能したとされる中川と呼ばれる川があり、悪水の排出路となっていた。これを利用し、大正期に入って名古屋港へ鉄道貨物を運ぶ輸送路とするために、名古屋市都市計画事業の一環として建設された。大正15年(1926)に起工、昭和5年(1930)に竣工している。並行して流れる堀川との連絡を図るために、松重閘門が築造された。

### ・富岩運河(富山市)図4

江戸時代、富山港は船舶で賑わい岩瀬地区は古くから商業で栄えた。しかし岩瀬は、富山城のある富山市中心部から遠く、明治期に入ると資材の運搬のため、両者を結ぶ輸送路が求められた。昭和3年(1928)、当時内務省の技師であった赤司貫一が立案した計画をもとに、富山市都市計画事業が決定する。赤司の計画は、運河開削、区画整理、街路・

図3 大名古屋新区制地図(1938年)／1930年に竣工した中川運河の配置がよく理解できる。伊勢湾と名古屋駅をまっすぐに結び、東側を並行して流れる堀川とは、松重閘門を介して通じている。

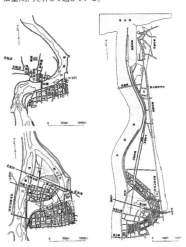

図4 富岩運河建設による富山都市計画事業の進展／東岩瀬港から富山駅北までの約5kmの運河を開削し、神通川の廃川地処分・東岩瀬港整備・工業地帯建設の3つの課題を解決したとされる。(左上)明治初年、(左下)昭和初年、(右)都心土地区画整理の変遷を示している。

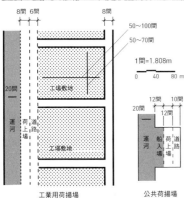

図2 京伏運河計画と京伏運河荷揚場

公園整備を一体的に行う計画であり、画期的であると賞賛された。工事は昭和5年(1930)に着工、昭和9年に竣工した。

## 参考文献

- 大塚隆編：慶長昭和京都地図集成 1611(慶長16)年～ 1940(昭和15)年、柏書房、1994
- 京都市交通局編：さよなら京都市電、1978
- 京都市参事会：訂正 琵琶湖疏水要誌(全)、1896
- 京都市参事会：琵琶湖疏水要誌 付録、1895
- 京都市電気局編：京都市営電気事業沿革誌、京都市電気局、1933
- 京都市電気局編：琵琶湖疏水及水力使用事業、1940
- 京都市土木局編：水禍と京都、京都市役所、1936
- 京都市編：京都の歴史 第五巻、京都市役所、1972
- 京都市編：京都の歴史 第六巻、京都市役所、1973
- 京都市編：京都市三大事業誌第二琵琶湖疏水編圖譜、京都市役所、1913
- 京都市編：京都市水害誌、京都市役所、1936
- 京都新聞社編：琵琶湖疏水の100年 資料編、京都市水道局、1990
- 京都新聞社編：琵琶湖疏水の100年 叙述編、京都市水道局、1990
- 京都電灯編：京都電灯株式会社五十年史(復刻版)、ゆまに書店、1998
- 京都府立総合資料館編：京都府百年の資料七 建設交通通信編、1972
- 京都府：鴨川及高野川改修計畫並に鴨川改修に付帯する事業計畫、1938
- 月桂冠編：月桂冠三百六十年史、月桂冠、1999
- 建設局小史編纂委員会編：建設行政のあゆみ──京都市建設小史、京都市建設局、1983
- 高橋康夫、吉田伸之、宮本雅明、伊藤毅編：図説日本都市史、東京大学出版会、1993
- 高橋裕：現代日本土木史、彰国社、1990
- 田中泰彦ほか編：京都慕情、京を語る会、1974
- 田辺朔郎：琵琶湖疏水誌、丸善、1920
- 土木学会編：日本土木史(昭和16年～昭和40年)、土木学会、1973
- 土木学会編：日本土木史(大正元年～昭和15年)、土木学会、1965
- 土木学会編：明治以前日本土木史、岩波書店、1936
- 琵琶湖疏水図刊行会編：琵琶湖疏水図誌、東洋文化社、1978
- 伏見町役場編：京都府伏見町誌、臨川書店、1972.
- 村井康彦編：京の歴史と文化5 朝廷と幕府、講談社、1994
- 村本嘉雄：河川と都市の歴史──京都鴨川の水害と治水、河川 平成4年6月号、pp.5-9、日本河川協会、1992
- 山崎正史：京の都市意匠 景観形成の伝統、プロセスアーキテクチュア、1994
- 吉田光邦監修、白幡洋三郎ほか編：写真集成 京都百年パノラマ館、淡交社、1992

# 08.

# 水道
神戸水道

近代以前の日本の水道
近代の衛生思想、水道建設の展開
近代水道の普及
神戸水道建設の背景と計画
神戸水道の技術と景観

水道──神戸水道
# 近世以前の日本の水道

日本の国土の特質と水道
江戸の水道
地方都市の水道

「蛇口をひねれば清潔な水」。現代の日本人にとって、これは常識である。否、常識までも通り越してしまい、もはや当然のこととして受け止められているだろう。厚生労働省の統計では、平成27年（2015）現在、日本全国の水道普及率は97.9%と限りなく100%に近い。現代人はもはや、この設備を「恩恵」として日常的に実感することは難しい。しかし、必要なときに欲しいだけの「飲んでも問題のない水」を得られることは、実はかなりすごいことなのである。土木史を学習してみると、それがよくわかるはずだ。全国に数多く現存する古い水道施設に施された当時最先端の技術や意匠からも、この重要な土木施設に対する先人の並々ならぬ気概を感じ取ることができる図1。

## 古代日本の水道事情

「水道」という観点で日本の国土を改めて考察してみよう。日本の平野部には、至るところに「沖積層」が存在していることが特徴的である。「沖積層」とは河川の水の流れによって礫や砂、泥などが堆積してできた層のことで、扇状地、氾濫原、低湿地、自然堤防、三角州などの地形が形成される。実は沖積層にはなかなか有難い特徴がある。それは、比較的浅い井戸を掘るだけで、良質の地下水を得ることができてしまうことだ。

それまで人々は川や湖、沼などの「水源」にわざわざ足を運び、桶などの入れ物に水を汲み運ばなければならないのが一般的だった。しかし井戸は違う。自分の住んでいる家の近くに穴を掘れば、それだけで水が確保できてしまうという魔法のような「人工水源」だ。井戸によって生活用水が比較的容易に確保できた日本は幸運であったといえるだろう。しかも、このように土の重さによって圧力をかけられた地下水、いわゆる被圧水が時たま地上に突然噴出して「湧水（泉）」を形成することもある図2。そしてこの「湧水」は火山の山麓地帯や沖積層地帯などにかなり広く分布しているのだ。例えば鹿児島市は火山灰からなる「シラス」によって形成された都市だが、これが天然のろ過層の役目も果たしている。要するに、沖積層は井戸を得るのに好都合な地質だったのである。

## 江戸時代の「在来水道」

その後、江戸時代になり城下町という大都市が発達すると、湧水や井戸のみに頼っていたのでは都市生活が困難になってしまう。そこで考案されたのが「水道」である。（これを土木史では「在来水道」と呼んでいる。）
在来水道は、川に水源地を作り、そこから都市に人工河川を開削し清澄な水を直接引いていまうという壮大なものである。わが国初の水道は、天正18年（1590）に徳川家康[i]が家臣の大久保藤五郎忠行[ii]に命じて建設された。これは江戸の井の頭池や善福寺池などを水源とする上水で、いわば日本の水道第一号と言えるだろう。徳川家康の先見の明と大久保藤五郎の技術力には脱帽せざるを得ない。

その後、日本の首都として江戸はますますめざましい発展を遂げ、埋立による土地造成も行われる。これによって造成された神田地区などでは井戸に塩がさしてしまい、まともな水を得ることができなくなってしまった。このような状況で開発されたのが有名な「神田上水」図3である。これは近代水道に比べればまだ簡素なものであったが、木樋の総延長は約57kmにも及ぶといわれており、かなり大規模のものであった。その後承応3年（1654）にはさらに規模の大きな「玉川上水」も完成し、江戸の大部分の地域を潤す水道が整備された。これは止水栓も浄水装置もないローテクのものであったが、当時世界最大の規模をもつ水道であった。つまり、江戸時代の日本は水道先進国だったのだ。

図1　水戸市旧低区配水塔／昭和7年（1932）に竣工。ゴシック、ロマネスク、古典主義などさまざまな建築意匠が施されている。戦前の水道施設にかけるエンジニアの意気込みが強く感じられる。

図2　湧水（茨城県日立市泉が森）／和銅6年（713）に大和朝廷の命によって編纂された「常陸国風土記」にも記述のある古代の湧水で、現在も1日あたり4320tの水量がある。

i. 徳川家康 ……（1542-1616）戦国時代から安土桃山時代にかけての武将。江戸幕府の初代征夷大将軍
ii. 大久保藤五郎 ‥（不詳-1876）大久保忠行。戦国時代から江戸時代の武士、治水家。神田上水の元となる小石川上水を開削し、この功績により家康から「主水」の名を与えられた

| 関連年表 | |
|---|---|
| 1886 | コレラ大流行 |
| 1887 | 横浜水道 |
| 1889 | 函館水道 |
| 1889 | 呉海軍鎮守府水道 |
| 1890 | 水道条例制定・交付 |
| 1890 | 琵琶湖疏水 |
| 1891 | 長崎市水道 |
| 1895 | 大阪市水道 |
| 1898 | 東京市水道 |
| 1898 | 広島市水道 |
| 1900 | 神戸市水道 |
| 1904 | 上水協議会発足 |
| 1905 | 岡山市水道 |

図3　江戸名所図会・神田上水／江戸初期、江戸に設けられた日本最古の上水道。明治36年（1903）まで使用されていた。この絵は、江戸とその近郊の絵入り名所地誌である「名所図会」に収録されている。

江戸時代には、福井（1607）、赤穂（1616）、福山（1619）、仙台（1620）、金沢（1632）、水戸（1663）など、地方都市にもこの手の水道が次々に建設されている。多くは飲料水と灌漑用水との共用水道である。水戸では石造や銅板の樋をもつ水道橋まで作られた。さらに興味深いのは鹿児島の水道だ。市内の湧水から引水するものだが、途中サイフォンの原理を利用した「高桝」という小型の石造配水塔によって圧力送水を実現しているのである図4。

このほかにも江戸時代の在来水道には、「懸樋」と呼ばれる水道橋や、逆サイフォンの原理を利用して交差する河川の底を通り抜ける「伏越」など、ローテクなれど見事な知恵による水道が実現している。まさに「水道先進国」の名に相応しい優れた施設群である。

図4　鹿児島の「高桝」／鹿児島ではサイフォンの原理を応用した小型の石造配水塔が江戸時代から用いられていた。驚くべき技術力である。座の上に設けた水槽と、地下の圧力給水管との間に6本の石管が施され、高さ約2.5mの水槽から溢れ出た水は別の管を通り汲み取り用の水槽（通称「箱水」）に流れ込んでいた。

水道——神戸水道
# 近代の衛生思想、水道建設の展開

コレラの流行
衛生思想の普及
横浜を端緒とする近代水道整備

**開国、コレラ、そして衛生思想**
橋梁や鉄道などに先がけて、欧米の近代技術が真っ先に導入・実用化されたのは水道である。コレラ、赤痢などの消化器系伝染病の大流行という悲劇がその背景にある。安政5年（1858）の日米修好通商条約の締結による開国は日本の国際化と近代化に大きな影響を与える一方、皮肉にも水道と関連の深い「衛生」という面ではたいへん重大な問題をもたらしてしまった。入国する外国人の増加によって、わが国にそれまで無かったような病原菌もが持ち込まれてしまったのである。特に大きな被害をもたらしたのは「コレラ」だ。元々はインドのガンジス川デルタ地帯の風土病であったが、1817年以降6回にもわたって世界的に大流行し、日本にも文政5年（1822）、安政5年（1858）にコレラが上陸し全国に大流行してしまう。以降、明治元年（1868）から同20年（1887）までのコレラ総患者数は412,570人（死亡273,816人）にも達する。関東大震災の死者数が9万9,000人であったことを考えれば、これの倍以上の人々が維新後僅か20年のうちにコレラで命を落としてしまったことになる。まさに全国民を恐怖のどん底に落とし入れた出来事であった。

この問題は、今までの都市施設のあり方や健康そのものに対する人々の考え方をも根底的に覆すことになった。今までのように井戸水を汲み、飲料水として体内に入れること自体が危険なことになってしまったのである。コレラ患者を隔離・収容するための「避病院」の整備ほか、明治13年（1880）には「伝染病予防規則」を発足させ、公選の衛生委員による防疫策が定められた。迅速な患者の発見や、行政・医師への連絡手法をはじめとする細部に至る対策法など、重大なリスクが起きてしまった場合の対策法（発生時対策）が検討された。

これに対し、「起きてしまったときの対策法」を考えるだけでは不十分であるという意見も出てきた。いわゆる「予防」に主眼を置く考え方である。これを推進した代表的な人物の1人に、医者の長与専斎[ii]がいる。彼がエンジニアでないことは一見意外にも思えるが、伝染病の蔓延という問題の最前線に立っていた医者がその解決を先導したことはむしろ当然と言えるかも知れない。

長与の大きな功績の1つとして、「衛生」という言葉を翻訳し概念として日本に導入・定着させたことが挙げられる。初代の衛生局長を退職した後も衛生普及にかける情熱を捨てず、自由な立場で地方を遊説し下水道の必要性などを説いて回った。また、明治9年（1876）にアメリカを視察し、「自治衛生」や「環境改善」に比重を置いた予防衛生の考えをもつに至る。こういった長与の「衛生提起」は、その頃既に日ごろから関心をもっていた医師や衛生家らにも大きな影響を与えた。特に「公的な衛生」について考えることは、必然的に「都市環境全体」に対する関心を醸成することとなったのである。

長与の跡を継ぐ形で衛生界をリードしたのが後藤新平[iv]である。一般には明治・大正時代の政治家として知られているが、元々彼もまた医者であった。後藤の考え方の1つに、「社会の養生」というものがある。それまで個人の人生の宝とされてきた「寿命、無病、福禄（幸福）」をもっと拡大して、「公利（公共の利益）」として実効するための社会的・政治的な枠組みを作ろうというものである。「公衆衛生術」と呼ばれるこの考え方には、病気を「人体」ではなく「社会」「道徳」の問題として捉えるという新鮮な視点が含まれていた。集団感染の原因や変動現象を研究する「疫学」の知恵を取り入れながら、作業環境や生活環境を社会全体として整備することによって、公害や治安の問題を総合的に解決しようとしたのである。

**近代水道建設の展開**
このような"衛生思想"が広まる中で、その実現のための根本的なインフラとなる水道布設の機運が高まっていっ

図1 横浜創設水道・野毛山配水地／相模川上流の取水所から蒸気機関式ピストンポンプで揚水し、鉄管により野毛山配水地までの43kmを自然流下させるものであった。

i. パーマー ‥‥‥‥ Henry Spencer Palmer(1838-1893) 既出:p.075参照
ii. 長与専斎 ‥‥‥‥ (1838-1902) 衛生行政を指導し、近代水道の敷設を推進。衛生思想の普及と啓蒙に尽力
iii. 平井晴二郎 ‥‥ (1856-1926) 既出:pp.025, 049参照
iv. 後藤新平 ‥‥‥ (1857-1929) 既出:p.037、後出:pp.153, 169参照

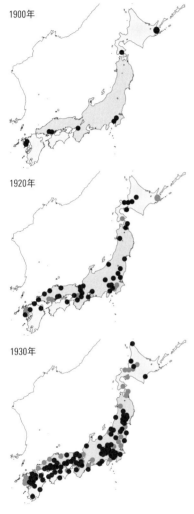

図2 近代水道の普及／三府五港に加え、石炭や繊維、絹織物などの基幹産業都市、軍事都市、漁業基地、観光地などに近代水道が整備されていく。特に1920年代の整備はめざましい。

た。明治11年(1878)にコレラ対策として政府は「飲料水注意法」を通達したほか、大阪府では明治18年(1885)に「大阪府飲料水営業取締規則」なども制定されたが、近代水道の創設がいち早く実現したのは横浜であった図1。開港場となった安政6年(1859)の横浜の戸数は70-80に過ぎなかったが、僅か9年後の明治元年(1868)には戸数6,358、人口28,589人、明治16年(1883)にはさらに倍以上の71,780人に急拡大している。いっぽう、明治19年(1886)には神奈川県検疫局が市内106箇所の井戸水を対象に水質試験をするが、飲用に適するものは僅か33箇所のみという状態であった。水道布設の要望は地域住民のほか、居留外国人の間でも一段と高まっていく。

明治16年(1883)、香港政府庁附属陸軍工兵中佐を務めていた英国人土木技師H.S.パーマーiに神奈川県が水道調査を依頼し、4年後の明治20年(1887)に横浜水道が通水する。ここに初めて日本の近代水道が誕生した。パーマーは地震対策を兼ねて鋳鉄管の使用を奨め、さらに水量豊富かつ高所という取水位置上の利便性をもつ相模川水源案を提案している。

横浜水道の建設による衛生上の効果がたいへん大きいことに人々は驚嘆し、以後日本各地で次々に水道布設が進められていく。明治22年(1889)には函館市水道が、政府初の国庫補助金によって本邦人として初の平井晴二郎iiiの設計により完成する。函館は水の便が悪く日常の飲料水に不自由しており、明治19年(1886)にはコレラの発生で多数の犠牲者を出した。また、津軽海峡に突き出た地形によって一年を通して強風が吹き荒れ、明治11、12年には市街地が大火に見舞われていたため、その対策としても水道整備は位置づけられていた。このように防火機能を兼ねた近代水道は和歌山市など各地に整備されていく。

その後、明治22年(1889)に佐世保、翌年に呉に軍港水道が竣工する。これらはいずれも一般市民ではなく現地に駐屯する海軍基地への水道供給を目的としたものであるが、佐世保軍用水道は大正15年(1926)に余水を市民水道として提供しているのも興味深い。舞鶴(1901)、青森県大湊(1910)、宇都宮(1913)などの軍事都市や、根室(1896)、神奈川県真鶴(1928)などの漁業基地において比較的早い時期に近代水道が整備されている。これら多くの水道整備に関わった偉大な土木エンジニアに中島鋭治がいる。衛生工学者でもあった中島はアメリカ、イギリスなど海外留学の経験をもとに技師長として日本各地の水道整備に尽力し、後に「近代水道の父」と呼ばれることとなった。また、明治23年(1890)の「水道条例」の制定や、国庫補助金の対象が3府5港(東京・大阪・京都と開港場)以外の「普通市」への拡張など、水道普及の背景には法制度の整備があったことも見逃せない。図2

| 関連年表 | |
|---|---|
| 1912 | 蹴上浄水場(京都)急速ろ過 |
| 1913 | 国産水道メーター |
| 1914 | 名古屋市水道 |
| 1915 | 国産水道用渦巻ポンプ |
| 1917 | 曲渕水源地(福岡) |
| 1921 | 塩素消毒(東京市,大阪市) |
| 1923 | 関東大震災(水道施設大被害) |
| 1923 | 笹流ダム(函館) |
| 1927 | 「日本水道史」刊行(中島鋭治記念) |
| 1930 | 高級鋳鉄管生産 |
| 1931 | 電気溶接鋼管(横浜市) |
| 1935 | (社)水道協会による資材検査 |
| 1936 | 神奈川県水道事業(初の県営水道) |
| 1938 | 厚生省設置(水道行政を内務省と共管) |

水道——神戸水道
# 近代水道の普及

近代水道のシステム
浄水技術の変遷
水道普及に向けた運動

## 近代水道の計画設計

近代水道は鉄管をもつ有圧水道である。渇水時においても必要な取水量を確保するため、上流にダムの貯水池や原水調節池などが設けられることが多い。水源である河川や湖沼、地下水などから良質の原水を得るため、一般には取水堰、取水塔、取水枠、浅井戸、取水ポンプなどを用いて取水される。この原水は導水管を通り浄水場に送られ、ここで水が文字通り「浄化」（ろ過，消毒など）され、飲料に適する安全な水質に処理される。この「浄水」はポンプや送水管を通って一時的に高いところに住宅や工場などに送水され蓄えられる。これが「配水池」である。ここで水圧と水量を調整しながら配水されるが、給水区域内に配水池を設ける適当な高所がない場合は人工的に"高所"を作り出す「配水塔」が設けられる図1。

話はやや前後するが、ここでわが国における近代水道の計画設計を推進した偉人について触れておかなければならない。明治から大正時代にかけて大活躍した土木工学者、中島鋭治[*]である。当時最先端の技術をもっていたアメリカとイギリスに留学し水道の計画設計を学んできた中島は、母校である帝国大学（現在の東京大学）教授、東京市技師長などを歴任し、東京をはじめ仙台、名古屋、鹿児島、高崎、長岡など日本各地の水道敷設を先導的に進めたのだ。晩年は第12代土木学会会長も務めている。中島がいなかったら、現在のような世界トップレベルの水道施設をわが国はもっていなかったかも知れない。

## 取水と導送水

個別の施設について見てみよう。初期の取水は専ら表流水、つまり河川の表面を流れる水に依存するものが多かった。その後伏流水つまり河川の河床の下の砂れき層などを流れる水の利用が盛ん

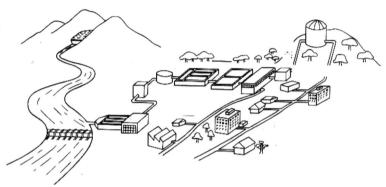

図1　近代水道施設の概要／取水→(導水)→浄水→(送水)→配水　の順に処理される。

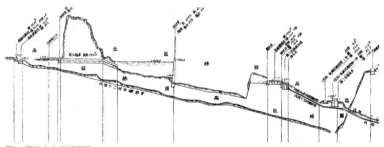

図2　函館市水道断面図

になっていく。水道用ダムは神戸市の第一次拡張工事（明治32-38）に整備され、以後大正期には土堰堤やコンクリート堰堤による貯水池が作られるようになる。

一方、導送水には戦後まで長く管渠（管を用いた円筒形の地下水路）が用いられるが、昭和29年（1954）には横浜・川崎両市の拡張事業で約20kmの長大トンネルが採用され、神戸市は送水と配水池を兼ねた17kmの浄水用トンネル（トンネル式配水池）を昭和34年（1961）に完成させる。その後は長崎市、沼津市、横須賀市などでもこの方法が採用されている。

取水→導水→送水→配水に至る水の流れ図1にはさまざまな工夫が施されている。水の流れには高低差が影響するが、これを克服する先人の知恵は実に見事だ。新宮水道（昭和8年（1932））のように河川の取水場と浄水場の間にある山にトンネル水路を掘りその勾配で原水を自然流下されるものもある。谷状の地形を巧妙に活かした導水・配水システムをもつ函館水道（明治22年（1889））は圧巻だ。市街地北側図2の左側にある"高区"から約11kmの管によっていったん谷を下り、いわゆる「逆サイフォン」の原理によって市街地南側図2の右側の小高い丘に設けた配水場に水をふたたび上昇させる。そしてその丘から低地にある市街地に配水する。管路と開水路の挙動と地形を完全なまでに活かしきった傑作と言えるだろう図3。

河川横断部には水管橋が用いられるが、戦後は鋼管の熔接技術の進歩により管体そのものを橋桁としたものが出現し、スパンも長大化する図4。また、河川の地下部を通過する「伏越」ではシールド工法なども戦後採用されるようになる。

i. 中島鋭治 ‥‥‥(1858-1925)東京市水道改良事業をはじめ、全国各都市(満州を含む)の上下水道事業を指揮。帝国大学工科大学教授として、日本人で初めての衛生工学の教鞭をとり、多くの教育者や技術者を輩出

図3　元町配水場

図4　荒川水管橋(埼玉県熊谷市)／昭和59年(1984)竣工。橋長1100m。14スパンのローゼ補剛形式で、桁自身を送水管として使用できるため経済的である。近代水道百選。

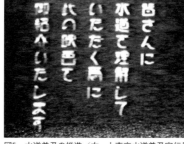

図5　水道普及の推進／右＝大東京水道普及宣伝用のポスター、左＝金沢市水道普及宣伝活動写真(昭和6年(1931))のワンシーン

## 浄水

戦前は"緩速ろ過"の方法が殆どであった。これは砂の表面に生ずる微生物の形成する「ろ過膜」といわれる粘質状の物質のはたらきによって水を浄化する方式である。濁度、臭味、細菌類等の除去に優れた機能を発揮するのだが、広大な用地を必要としてしまうことがネックであり、戦後急激に減少してしまった。

これに代わって新しいろ過方式として現在も多く採用されているのが「急速ろ過方式」である。これは原水に"凝集剤"を入れ、懸濁物(フロック)を沈殿・除去させ、さらにこれをろ過層に通し微細な浮遊物を除去するシステムである。緩速ろ過に比べ高濃度の原水であっても処理が可能であるのに加え、用地面積が節約できるといったメリットをもつ。わが国初の急速ろ過は明治45年(1912)、京都市の蹴上浄水場で採用されており、さらに1936年頃から沈殿効率を向上させるための各種設計が進歩していくが、緩速ろ過方式に比べてろ過水質は若干劣るといわれている。実際、薬品を用いない緩速ろ過による浄水は「おいしく安全な水」として近年見直されているのだ。

## 拡張工事

大正時代に入ると、大都市では人口が急増し上水道計画当時の給水人口を超えてしまった。これに加えて人口1人あたりの水の消費量も増大したため、給水能力を拡充する必要が出てくる。このため各都市では新たな水源を求める「拡張工事」が随時行われていく。

## 近代水道の普及推進

近代水道の完成は結果的に大きな恩恵を人々にもたらしたが、その意義に対する市民の理解は必ずしも当初から十分に得られていたわけではない。意外にも、水道利用に対する戦略的な動機づけを必要とするところもあったほどである[図5]。例えば、昭和7年(1932)に竣工した金沢市水道は、創設直後の期間において給水申し込み達成率が予想外に低く、その打開策として昭和5〜7年にかけて活動写真の作成を含む「水道普及宣伝活動」を実施している[図5]。また、大正5年(1916)に水道が通水する宇都宮市においては、水道布設を求める声がその30年ほども前からあった。明治18年(1885)には地元有志により「水道敷設方法書」が役場に提出されているが、"財政上時期尚早"とされ計画はいったん頓挫している。在来水道は井戸水を含め無料であったので、近代水道に工事費や使用料を支払うことに抵抗があったとも推測されている。水道布設は建設当時においても順風満帆とはいかなかったようだ。しかし、近代水道がもたらした衛生的かつ安定した飲料水や防火の威力は、後に各地にてこのような反対論もいっきに吹き飛ばしてしまったのである

水道——神戸水道

# 神戸水道建設の背景と計画

**神戸の近代化と水道**
**創設水道としての布引水源地**
**人口増加と拡張工事**

人口153万2,809人(2017年11月現在)を誇る神戸市は、古代より和田岬によって風浪を避けることのできる天然の良港であり、「大輪田泊の名」でも知られていた歴史的港湾都市である。平清盛(1118-1181)もここを重視し築港に努め、宋船の入港を図ったほか、鎌倉時代以降は瀬戸内海航路の物資の集散する湊町として、さらに慶応3年(1867)の開港後も国際貿易都市として繁栄する図1。一方、神戸は不運にも地勢上水利には恵まれておらず、水不足の問題は深刻であった。明治10年(1877)には不衛生な井戸水の使用によりコレラなどの伝染病が流行して多数の犠牲者が出たこともあり、水道布設の機運が次第に高まっていく。明治16年頃には既に識者の間で水道の必要性が叫ばれていた。

明治20年(1887)には横浜で創設水道を設計した英国技師H.S.パーマー(1838-1893)に水道の設計を依頼するが、彼の案では工事費が膨大となり実現の見込みが薄いと議会で判断されてしまう。結局、近代水道創設の夢はここでいったんは頓挫してしまった。

明治23年(1890)には全国で「水道条例」が公布、翌年には水道調査会も設けられ、同25年に内務省の雇工師であった英国の衛生工学者バルトン[i]に設計を依頼する。彼は明治20年(1887)に来日した技師で,帝国大学の衛生工学初代教授となった人物である。内務省衛生局の顧問技師として東京,横浜,名古屋などの上下水道の調査や設計,工事にも大きく貢献した。写真も非常に得意であり、日本写真学会の創設者というユニークな顔ももっている。

明治26年(1893)に水道布設計画が市会を通過し、日清戦争の勃発などで認可は遅れるものの、明治30年(1897)5月に工事に着手し、元大阪市技師の佐野藤次郎[iii]、長崎水道と広島軍用水道工事に実績のあった吉村長策[ii]らを中心とした日本人技術者の手によって水道整備が進められていく。そして明治38年(1905)に布引・烏原渓谷を水源とし北野・奥平野浄水場をもつ創設水道がついに完成した図2。水質は良好であり、戦前は神戸に寄港する船舶は「コーベ・ウォーター」と呼ばれ珍重されていたという。

実際、水道は市民生活に対してどれくらいの力を発揮したのだろうか?明治32年(1899)から昭和8年(1932)までの神戸市内のコレラ患者数と同死者数の変遷を見てみよう図3。大正9年(1920)頃までは大よそ3〜6年に1回の頻度でコレラが流行しており、年間死者数が300人を超える年もある。しかし水道創設とともに水道が次第に市民に浸透し、特に1920年代以降は死者数は勿論、感染者数も激減していることがわかるだろう。水を飲んでもコレラに感染する心配が無くなったことが当時の神戸市民にとっていかに大きな恩恵であったか。その歓喜は現代の我々の想像を遥かに超えるものであったに違いない。

伏見宮殿下令旨

維時明治三十三年三月二十四日兵庫縣
神戸市水道工事竣工ヲ告ケ通水式ヲ擧
ケタルハ予ノ深ク喜フ所ナリ
抑神戸市ハ本邦屈指ノ開港場ニシテ文
化ノ泉源地タリ數萬ノ人口ヲ有シ外人
ノ來住セル者多ク市政百般ノ事帝國ノ
體面ニ關スル所鮮ナカラス市民夙ニ此
意ヲ了シ鋭意市ノ改良ヲ勗メ公益ヲ圖
リ遂ニ水道ヲ敷設シ全市ニ給水ノ便益
ヲ與フルニ至リシハ一大盛擧ト謂フヘ
シ爰ニ聊カ所思ヲ述ヘ祝意ヲ表ス

図2　通水式典令旨。在郷軍人会などの総裁も歴任された伏見宮貞愛親王によるもの。文中には、開港場神戸を「文化の泉源地」としているほか、外国人に対する「帝国の体面」についても触れられている。

施設は奥平野浄水場系統,北野浄水場系統の2つからなる。前者は市内の北部にある粗石モルタル積堰堤の烏原貯水池から奥平野浄水場図4に導水し、緩速ろ過池でろ過した浄水を配水池を経て低地区に配水するものである。一方、後者は生田川上流の渓谷部に建設した粗石コンクリート積の布引五本松堰堤から原水を下流の鼓ヶ滝取水場まで流し、これを北野浄水場まで導水し緩速ろ過のうえ市内に配水するものであった。

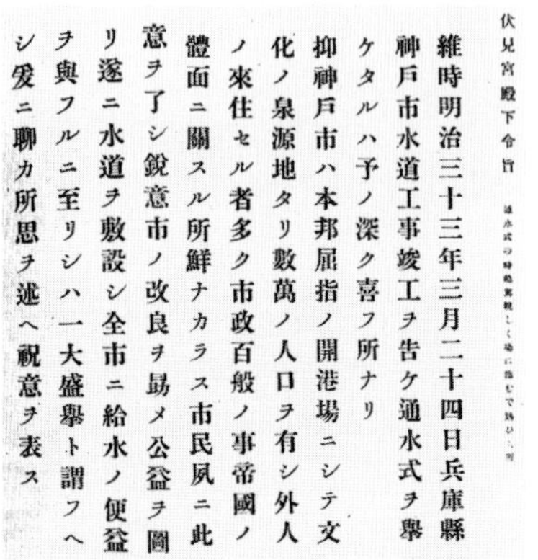

### 第1回拡張工事

明治38年(1905)時点で既に32万人を擁していた神戸市では、水道利用家庭の増加と1人1日あたりの使用水量の増加に伴い給水制限も頻発するようになる。そこで明治44年(1911)に豊富な水量と良好な水質をもつ千苅川の調査に着手し、その後10年の歳月をかけ大正10年(1921)に第1回拡張工事が完成する。新たに築造された重力式コンクリー

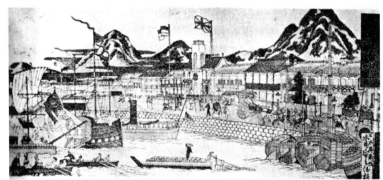

図1　開港当時の神戸港

i. バルトン ……… William Kinninmond Burton(1855-1999)スコットランド人技術者。日本の衛生工学の始祖
ii. 吉村長策 ……… (1860-1928)わが国最初の上水道専用ダム「本河内高部貯水池」の建設など、長崎、大阪、神戸など水道創設工事に尽力
iii. 佐野藤次郎 …… (1869-1929)わが国最初の重力式コンクリートダム「五本松堰堤」の設計など、神戸市水道の基礎を築く

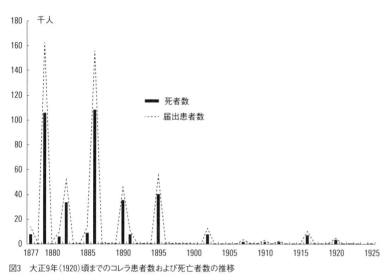
図3 大正9年(1920)頃までのコレラ患者数および死亡者数の推移

図4 奥平野浄水場

図5 千苅ダム

トダム・千苅貯水池図5も前述の佐野藤次郎の設計により大正3年(1914)に竣工した。なお、完成当初貯水量は593万$m^3$であったが、その後さらに水需要が急増したため、昭和3年(1928)より3年間に渡ってダムの嵩上げ工事が行われ貯水量は約2倍の1,161万$m^3$に達している。

同工事で大正7年(1918)に竣工した上ヶ原浄水場は市外の西宮市に位置している。RC造の緩速ろ過池は地形的制約により形成された珍しい"蛇の目形"である。昭和4年(1929)には急速ろ過池も新設されているほか、既存施設も増強された。

**第2回拡張工事から現代まで**
その後、昭和初期には第一次世界大戦による好景気が到来し、神戸市には産業と人口がますます集積する。これに伴って水需要も倍増し、第2回拡張工事が大正15年(1926)に着工される。前述の千苅貯水池堰堤の嵩上げや会下山配水場の新設などが行われている。
その後も阪神間の各都市においては慢性的な水不足が続き、その解消のため昭和11年(1936)に阪神間の3市13町村で「阪神上水道市町村組合」が設立され、淀川を水源とする拡張工事が進められた。
一方、昭和13年(1938)には集中豪雨による大災害が生じ、多くの配水管が寸断されたほか、北野・奥平野浄水場には泥が堆積してしまった。布引・烏原の両貯水池にも泥や流木が堆積するなど、壊滅的な被害を受けてしまう。また、阪神上水道市町村組合を通じて淀川水源から水を得る第3回拡張工事(昭和16年(1941)開始)が戦争の激化により昭和19年(1944)に中断された。空襲では配水管網などに大被害を受け、ふたたび困難に陥ることとなる。この工事は戦後昭和26年(1951)に再開され、送水トンネルの整備やポンプ場新設を伴い昭和35年(1960)に完了している。その後も、市域拡大とこれに伴う給水人口の増加に対応すべく、第4回拡張工事(1960-8)、第5回(1967-1978)、第6回(1975-1997)が次々と実施され、市域全体を網羅する給水ネットワークが完成する。

| 関連年表 | |
|---|---|
| 1945 | 塩素消毒の徹底(GHQより指示) |
| 1950 | 第1回上下水道研究発表会 |
| 1951 | 全国水道労働組合連合会 |
| 1954 | 日本水道新聞創刊 |
| 1955 | 全国簡易水道協議会発足 |
| 1955 | 水道施設基準制定((社)水道協会) |
| 1955 | (社)日本水道協会設立((社)水道協会 を改組) |
| 1957 | 水道法制定・公布 |
| 1957 | 小河内ダム(東京) |
| 1958 | (社)日本工業用水協会設立 |
| 1959 | 第1回水道週間 |
| 1960 | 水道普及率50%突破 |
| 1961 | 水資源開発促進法及び水資源開発公団法制定公布 |
| 1967 | 「日本水道史」刊行 |
| 1968 | (社)日本水道工業団体連合会設立 |
| 1970 | 水質汚濁防止法成立 |
| 1974 | 浄水場が水質汚濁防止法の特定施設に |
| 1977 | 第1回水の週間(国土庁) |
| 1977 | 水道設計指針・解説 刊行 |
| 1984 | おいしい水研究会設置(厚生省) |
| 1985 | (社)全国上下水道コンサルタント協会発足 |
| 1985 | 近代水道百選(厚生省) |

水道──神戸水道
# 神戸水道の技術と景観

高度なダム技術
先駆的なコンクリート構造物
伝統景観の保全

## 構造物の技術

布引五本松堰堤は、日本最古の水道用重力式ダムとして知られている図1。明治33年(1900)に竣工し、現在に至るまで現役の水道施設として稼動し続けているのは立派である。わが国では横浜、函館、長崎、大阪、東京、広島に次ぐ7番目の近代水道として給水を開始している。上流面から1mがコンクリート造、それ以外は大きな径をもつ粗石コンクリートであり、布積みの切石を型枠代わりにしてコンクリート施工されている点が特徴的である。堰堤外側に見られる石貼りの意匠は現代に至るまで実に印象的だ。これを見ただけでも土木史ファンになってしまう人も多いに違いない。

そもそも何故、石を3割も混入したのだろうか？現代とは隔世の感があるが、石によってセメント量を節約することが

その目的の1つにあったのだ。明治30年代と言えば、山口県山陽小野田市に日本初の民間セメント会社が創立されてから十数年足らずであり、セメントは未だ高価であった。大正期に入ってもなお、オープン・スパンドレルのRC橋がセメント節約を利点の1つとして普及したほどである。

ただ、浸透水の揚圧力により堰堤に発生する引張力はその後長きに渡ってこのダムの課題となってしまう。この問題は明治25年(1892)にフランス・ブーゼイダムの決壊によって世界的に注目されるようになるが、それに対処する設計理論の確立は本堰堤の施工が開始され既に2年を経た明治32年(1899)まで待たなければならなかったのだ。157本の水抜き多孔管によって内圧水を排水する構造となってはいたが、ダム表面からの漏水は竣工後も常態化してしまう。昭和42年(1967)には大水害が発生し、貯水池に上流側から流入した2万2,000m³もの土砂や家屋の残骸などを収容するため貯水池をいったん空にしたが、その際に堤体の上流側において岩盤にまで達するグラウト(セメントペースト、モルタル等の注入)を施工し、監査廊から堤体内に排水用ボーリング孔を設け漏水量を計測するシステムを確立した。さらに平成7年(1995)の阪神大震災で漏水量は実に4倍以上となったため、岩盤のみならず堤体の大部分にグラウトを施す"ステージグラウンチング法"による大規模な補修工事も行われている。また、平成13年(2001)から17年にわたりコンクリートの打ち増しによる耐震補強工事が上流面で行われ、間知石への剪断補強用のアンカー筋の設置、岩盤へのグラウト施工が行われたほか、上部の補強コンクリートに天然石を張るなどの措置も講ぜられた。これによって貯水容量は建設時の8割程度までに回復している。

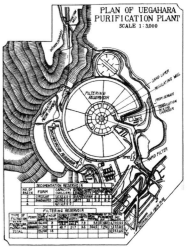

図2　上ヶ原浄水場大正7年(1918)竣工／RC造の緩速ろ過池は独特の蛇の目形の意匠をもっている。地形上の利便を配慮したことで、扇形状のろ過地となった。昭和4年には急速ろ過池も新設されている。

1920年代には人口増加とともに水の需要が急激に増加するが、貯水池の新設とともにその嵩上げによる対応も行われている。同じダムをもう1基新たに造るのと同じくらいの量の水が、嵩上げによって確保されたこととなる。このように既存施設を活かした有効水量の増量策は烏原貯水池にも施されている。

同じ拡張工事で大正7年(1918)に竣工した上ヶ原浄水場は神戸市外の西宮市に位置している。RC造の緩速ろ過池は独特の扇形状の"蛇の目形"である図2。地形上の利便を配慮したことでこのような形となった。昭和4年(1929)には急速ろ過池も新設されている。蛇の目形の緩速ろ過池は広島県尾道市の長江浄水

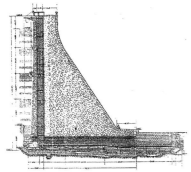

図1　布引五本松堰堤／日本最古の水道用重力式ダム。明治33年(1900)に竣工し、現在に至るまで現役の水道施設として稼動し続けている。バートンの原案に基づき、吉村長策、粕屋素直、佐野藤次郎らによって完成した。上流面から1mがコンクリート造、それ以外は大きな径をもつ粗石コンクリートであり、布積みの切石を型枠代わりにしてコンクリート施工されている。

場などに例があるものの、極めて珍しく、希少価値もあると言えるだろう。

## 景観

前述の布引水源地の周辺には特徴的な構造物がいくつか点在している。堰堤とともに明治33年(1900)に竣工した「砂子橋(いさごばし)」は石造の水路橋で、八角形の面取りの施された橋脚をもつ図3。現在のJR新神戸駅から布引五本松堰堤に至る一帯はハイキングコースとなっているが、砂子橋はまさにこの幽境への入口としての役割を果たしているようだ。また、同年竣工した五本松堰堤管理橋は軽便鉄道レールを転用した鋼製トラス橋であるほか、大正初期に竣工したRCアーチの谷川橋には2本のアーチ状鉄筋コンクリート桁が使用されている。

特筆すべきは、雌滝取水堰堤および取水施設(明治32年竣工)である図4。いずれも練石積であり、円筒形石積塔屋に半球を載せた石積みの上屋が何とも面白い。この雌滝に加え、雄滝、夫婦滝・鼓ヶ滝を総称して「布引の滝」と呼ぶが、実は当地への水道創設の計画から施工に至るまでの間、布引の滝を近代水道の重要拠点として開発することには議論があったことは注目されてよいだろう。そもそも、布引の滝とはどういう場所だったのだろうか?奈良時代の山岳呪術者で修験道の開祖と言われる役小角(えんのおづの)(生没年不詳)によっての山開きが行わ

図3 砂子橋／布引五本松堰堤とともに明治33年に竣工した石造のアーチ水路橋。布引谷から北野・奥平野浄水場への導水管を渡すために建設された。八角形の面取りの施された橋脚をもつ。

れて以来、当地は修験者の行場となっていた。

　天の川これや流れの末ならむ空より落つる布引の滝(金葉和歌集)

叙景歌に特色をもつ平安後期の勅撰和歌集の金葉和歌集にも「天の川の末」と表現されるほどの景勝地であり、続拾遺和歌集や伊勢物語にも詠われたいわゆる「歌枕」(和歌に多く詠み込まれる名所・旧跡)としても知られていた。鎌倉後期の私撰和歌集「夫木和歌抄」にも「あしのやのいさごの山のみなかみを登りてみれば布引の滝」と歌われている。その後、江戸時代以降の布引渓谷では水車による農業が盛んとなる。五畿内(京都の周囲にあった山城・大和・河内(かわち)・和泉(いずみ)・摂津)の名所図会の1つとして寛政8年(1796)から同10年(1798)にかけて刊行された「摂津名所図会」では、「雌滝・雄滝の二流ありてあひ距つ事三町ばかり、ともに岩面を流れ落つる事白布を曝ずに似たり。(中略)雌瀑泉の高さ十八丈、同じく布を曳くに異ならず。地勝景偉衆郡最一の美観なり。」とその美しさが絶賛されている図5。

景勝地としての扱いは明治以降も継続する。明治5年(1872)に結成された市民団体「花園社」は滝附近を布引公園として開発し、付近の「砂山」を横断する道を、滝に関する名歌36の石碑とともに整備したほか、布引両滝の渓谷に御座船形の朱塗欄干の施された遊歩道を通している。その後、雌滝前には「観瀑橋」という名の木橋が架設される(製作者等は不明)。幕末～明治時代の写真家であり、「横浜写真」とよばれる外国人観光客用の写真を手がけていた日下部金兵衛(1841-1934)による水道開発前の雌滝には観瀑橋が確認できる。一方、大正時代に発行された絵葉書には、観瀑橋とともに雌滝の堰堤、取水施設が撮影されているのがわかる図6。すなわち、水道創設は既に景勝地としての地位が

図4 雌滝取水堰堤／明治32年(1899)竣工。奥平野浄水場への送水を司る。頂部にある半球状の石積取水井屋が特徴的である。このほか、上流の鼓ヶ滝にある取水堰堤からは北野浄水場に送水されている。

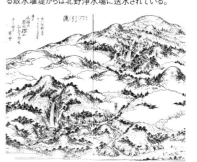

図5 摂津名所図会「布引の滝」／五畿内の名所図会の1つとして寛政8年(1796)から同10年(1798)にかけて刊行された観光ガイド。布引の滝は「地勝景偉衆郡最一の美観」と絶賛されている。

図6 雌滝の「観瀑橋」／大正時代の絵葉書。観瀑橋の向こうに取水場が確認できる。

確立し観瀑橋という観光施設もが付加された空間に手を加える形で実施されていたのである。

**参考文献**

・神戸市水道局：神戸市水道七十年史、1973
・産業考古学会：日本の産業遺産300選、同文舘出版、1993
・日本水道新聞社：近代水道百選、1986
・兵庫県教育委員会：兵庫県の近代化遺産 兵庫県近代化遺産（建造物等）総合調査報告書、2006

# 09.

## 干拓
### 児島湾干拓

近世岡山の農業土木
児島湾への近代技術の導入
児島湾干拓事業の展開
戦後の児島湾と全国の農業政策

干拓──児島湾干拓
# 近世岡山の農業土木

米の増産と新田開発
岡山藩による児島湾干拓
大規模干拓を可能にした技術

## 米の増産と新田開発
徳川幕府の時代になり社会が安定し、人口が増加してくると食糧確保のため、また農家の次男・三男等への農地供給のため、あるいは藩の財政確保のために新田開発が盛んに行われた。特に関ヶ原の戦い後の100年間に人口は2倍以上に増加し、耕地面積、米の生産高とも大幅に増加した表1。

## 岡山藩における新田開発
新田開発としては、山地や河川の荒廃地の開墾、湖沼や海面の干拓が一般的に行われた。岡山藩では、水量の豊富な旭川・吉井川に石造の取水堰を設け、灌漑用水路を整備し、灌漑面積を拡大してきた。特に既存の河川と交差する部分には水路橋（石の懸樋）を架け、岩盤の迫り出した箇所や丘陵部では岩盤を掘削し、用水路を延長した。一方、沿岸部は①干満差のある瀬戸内海に位置していたこと、②中国山地で盛んに行われた「かんな流し」による大量の土砂で

表1 江戸期における人口、耕作面積、生産高の変化

| 年次 | 総人口<br>（万人） | 耕地面積<br>（万ha） | 生産高<br>（万石） |
|---|---|---|---|
| 慶長5年(1600) | 1200 | 206.5 | 1973 |
| 慶安3年(1650) | 1718 | 235.4 | 2313 |
| 元禄13年(1700) | 2769 | 284.1 | 3063 |
| 享保15年(1730) | 3208 | 297.1 | 3274 |
| 寛政12年(1800) | 3065 | 303.2 | 3765 |
| 嘉永3年(1850) | 3228 | 317.0 | 4116 |
| 明治5年(1872) | 3311 | 323.4 | 4681 |

図1 海面古図／南北が逆になっているが、現在の岡山（左）から倉敷（右）にかけては児島（上）、早島などの島が点在し、海であったことが分かる。

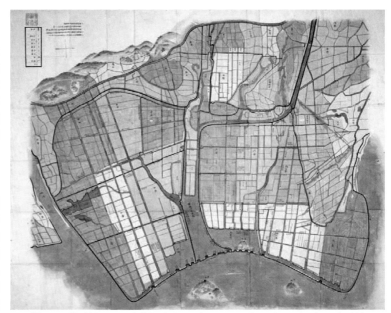

図2 『備前国上道郡沖新田図』／完成後の沖新田の実測図である。倉田三新田や金岡新田を含め沖新田以前の干拓地も示され、堤防、用水路や樋門も克明に描かれている。百間川の河口（中央下部）には巨大な遊水池が設けられ、排水用の樋門、洪水対策用の唐樋がずらりと並んでいるのが分かる。

高梁川・旭川・吉井川の河口部には干潟が広がっていたことから、そこを干拓して新たに広大な耕地が生み出された。

## 児島湾の干拓
岡山県の南部に広がる平野は、もともとは「吉備の穴海」と呼ばれる浅海で、児島、早島などの島が点在していた図1。天正17年(1589)頃、戦国大名・宇喜多秀家(1572-1655)による干拓を皮切りに、17世紀初め頃までに児島は陸続きの半島となり、児島湾が形成された。その後、児島湾北岸で池田光政iにより積極的な新田開発が行われたものの、いずれも小規模な干拓（大半が100ha以下）であった。その要因として、①藩の財政が厳しく大半が民営であったことと、②技術的にも未熟であったことが挙げられる。池田綱政iiの時代には、「土木巧者」と呼ばれた津田永忠iiiにより倉田三新田(1679年、329ha)、幸島新田(1684年、561ha)、そして近世最大の干拓面

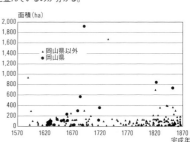

図3 江戸時代における全国の干拓年代と面積／江戸時代には沖新田を超える干拓は見られなかった。現在の岡山県（備前・備中）における干拓の大半は江戸時代前期に集中している。その他の主な干拓は熊本で、他は山口、愛知、佐賀などである。

積を誇る沖新田（1692年、1918ha）が藩営で干拓された図2,3。近世における干拓技術はこの時点で確立されたと言って良いだろう。

## 大規模干拓を可能にした技術
・樋門の石造化

児島湾沿岸で大規模干拓が可能になった背景には、前述した地形的な要因に加え、児島湾沿岸が良質な花崗岩

i. 池田光政 ……（1609-1682）儒学を修め、熊沢蕃山を登用。新田開発や閑谷学校を創設するなど岡山藩政全般を確立
ii. 池田綱政 ……（1638-1714）池田光政の子。津田永忠を重用し、新田開発や治水事業などに顕著な業績を残す。儒学を好まず、和歌や能楽に優れた文化人
iii. 津田永忠 ……（1640-1707）池田光政・綱政に仕え、大規模新田開発や後楽園の造営、閑谷学校の改築、牛窓や大多府湊の波戸の築造など岡山藩の普請事業を手がけた

i　　　　　　　　ii　　　　　　　　iii

の産地で、樋門や築堤材料が容易に入手できたことが挙げられる。花崗岩は曲げ応力に強く、長材として切り出しが可能なため、特に樋門の材料としては最適で、岡山藩のお抱え石工・河内屋治兵衛がこれまで木造だった樋門を石で作り好評を得た。この耐久性のある石造樋門を干拓地の生命線とも言える末端部の排水樋門に採用することによって大規模な干拓を可能にした。なお、干拓地のような軟弱地盤に石造樋門を建設するにあたっては、基礎に松丸太の胴木を組んでいたことが当時の図面より明らかになっている図4。

・河口部の排水処理

干拓で一番課題となるのは排水処理の問題で、干潮時に効率的な排水ができなければ、新田とそこに流れ込む河川の流域の古地も被害を受ける。これが岡山藩の重職にあった熊沢蕃山が干拓に消極的だった理由であるが、対する津田永忠は河口部に遊水池と排水樋門を設けることによってこの問題を解決した。沖新田の場合は、岡山城下を旭川の洪水から守るための放水路である百間川を延伸し、周辺河川の悪水も含めて児島湾に流すようにしたが、その末端部に大水尾と呼ばれる巨大な遊水池を設け、一時的に悪水を貯留させることによって洪水に対応しようとした図2。それでも元禄15年（1702）の大洪水では樋門の排水能力を越えたため、洪水対策用の唐樋を設置した図5。

・用水問題

用水をめぐる農民同士のいざこざが各地で起こっていたように、新たに開発された干拓地にとってもう1つの課題が灌漑用水の確保であった。上流方の耕作地の余水を利用するか、新たな用水を開発しなければならず、広大な干拓地では特に深刻な問題で、倉田新田では倉安川が、幸島新田では大用水が新たに開削された。特に倉安川は、倉田新

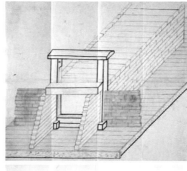

図4 『水門組立之図』／タテリ（垂直材）、笠木（上部水平材）による典型的な岡山の石造樋門が描かれている。奥の樋管は築堤により埋められる部分（上）。松丸太による胴木基礎（下）。

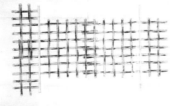

田の地先に津田永忠がすでに計画していた沖新田への供給も見越したもので、吉井川から取水し、既存の河川も巧に組み合わせることによって延長約20kmの用水路にするとともに、運河としての機能も併せ持っていた。すなわち旭川と吉井川の間が干拓されることによって、吉井川流域から岡山城下に物資を運ぶ航路が大回りを余儀なくされるため、運河としても計画された。吉井川と旭川の取入口には、それぞれ倉安川との水位差を克服するために2つの水門で仕切られた卵形の閘室（舟廻し）を有する運河閘門が設置された図6。

## その後の干拓

沖新田以降は開発可能な領内の海面が干拓の限界に達しており、新田開発はしばらく停滞し、生産高も伸び悩んでいる図7。これは技術的な問題ではなく、干拓予定の海面に関わる備前・備中の国境紛争、漁業権に起因するもので、100年以上に渡って争われた後、ようやく興

図5 沖新田唐樋／1704年に洪水対策用に築造された連続20連の石造樋門で、近世最大の規模を誇った。昭和43年（1968）に撤去。

図6 吉井水門（1679年）／現存するわが国最古の運河閘門。第一水門、第二水門の周辺に建設当初の石積が残る。中央の小屋の内部で樋板の昇降を行う。

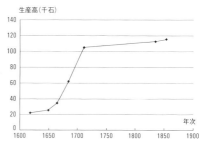

図7 岡山藩における生産高の変化／新田開発が盛んに行われていた江戸時代初期は生産高が急増しているが、沖新田の完成以降は停滞している。

図8 内尾大水門（1824年）／現存するわが国最大の石造樋門。梁は長さ約10m、太さ約70×60cmの花崗岩の巨石である。興除新田の妹尾川の排水樋門。

除新田（1824年、565ha）が完成する図8。明治以降、その地先が児島湾干拓地として開発が展開されていく。

干拓──児島湾干拓
# 児島湾への近代技術の導入

士族授産事業
藤田組による干拓
近代技術の導入

## 士族授産事業
明治維新後に家禄を奉還した士族達が、興除新田の地先の葦原や干潟の干拓を出願したが、いずれも小規模なものであった。児島湾の大規模な干拓が計画されるのは、明治12年(1879)に旧岡山藩の大老、伊木三猿斎による伊木社が約3,000haの開墾を県に出願してからで、翌年には士族1,000名で結成された微力社の約4,000ha等、その後も出願が相次ぎ、開発権をめぐる競争となった。

## ムルデルの復命書
こうした中、岡山県令に就任した高崎五六(1836-96)は、県勧業課の生本伝九郎の意見をもとに、順次干拓するのではなく湾口を閉じて一挙に干拓し大児島平野とする構想を政府に具申し、お雇い技師ムルデル[iii]に意見を求めた。明治14年(1881)、実地調査をもとにムルデルが内務省に提出した復命書には、工区を8つに分けて[図1]、施工上の問題点等が具体的に示されていた。その後、このムルデルの復命書が児島湾干拓のベースとなっていく。

## 藤田組による児島湾干拓（第1期工事）
高崎五六は、児島湾干拓は政府の事業として実施すべきとして工事に必要な膨大な資金を国庫に要請したが、許可されなかった。そこで民間開発に転換し、藤田伝三郎[ii]が請け負うことになった。しかし、藤田組への開発許可が下りるや否や地元関係者から用排水問題、漁業補償、水害対策等の理由で反対運動が起こり、開墾延期を求める請願が行われたり行政訴訟にまで発展した。その結果、10数年間延期を余儀なくされたが、明治32年(1899)になってようやく第1区の着工に至った。ムルデルの計画をもとに実施設計を行ったのは、藤田組の顧問技師・笠井愛次郎[iv]であった。なお、完成した児島湾干拓地では藤田組児島農場が経営を行い、日本では数少ない機械化された大規模農場として注目を浴びた[図2]。

図3 第一区第二号干拓堤防(1900年)／服部人造石が採用された干拓堤防。後年に前面が第七区として干拓されたため、現在は役目を終え、内陸に取り残されている。

## 築堤技術
児島湾の超軟弱地盤に堤防を築く工事は困難を極めた。当初、笠井愛次郎は土堤で干拓堤防を築こうとしたが、6、7割の高さまで盛った時点で、瞬く間に跡形もなく海中に呑み込まれてしまった。そこで、杭基礎を用いた従来の工法ではなく、砂を撒いて厚さ6〜9cmの層を造り、干満作用によって泥土を砂層の間隙に充填させて地盤改良を行った。さらに、藤田伝三郎は全国各地の堤防や樋

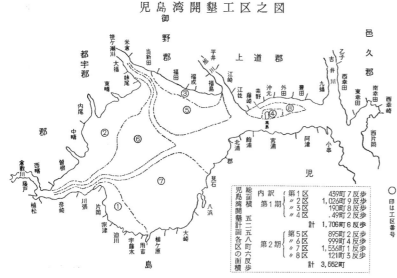

図1 『児島湾開墾工区之図』／実地測量に基づきムルデルによって計画された児島湾干拓の工区図である。2期にわたって、第1区から第8区まで計画されたが、第4区と第8区(沖新田の前面)は技術的にも経済的にも困難であったため、明治43年に権利が放棄された。

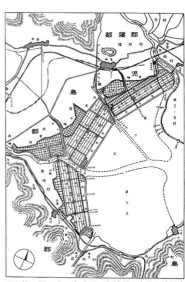

図2 第一期工事の完成図／各樋門の名称と地区名が示されている。また、将来干拓予定の第六区と第七区が破線で表示されている。

i. 服部長七 ……… （1840-1919）左官として安価な人造石工法（長七たたき）を開発し、各地の港湾・河川工事で業績を挙げる
ii. 藤田伝三郎 …… （1841-1912）明治期の実業家で関西財界の重鎮。藤田組を創設し、鉱山、土木建設、鉄道、電力開発、金融、紡績などの経営を手がける
iii. ムルデル ……… （1848-1901）お雇い外国人として、明治期の日本における港湾、河川事業に携わったオランダ人土木技師。既出：pp.069, 075
iv. 笠井愛次郎 …… （1857-1935）工部大学校を卒業し、徳島県、海軍、九州鉄道等に奉職。鉄道学校（岩倉鉄道学校）を設立するなど鉄道事業に貢献

図5　丙川三連樋門／明治期の児島湾干拓では最大の樋門。同規模、同型のものが妹尾川にも建設された。表面には岡山特産の花崗岩を多用している。

図8　笹ヶ瀬川の底樋／「外国製内径四尺、延長百六十間の木樋」2本の他、方形の箱樋も設置された

図6　大曲第二樋門（1902年）／アーチ部の内部はレンガで表面のみ花崗岩。樋柱は燈籠のように笠を載せた近代和風のデザイン。

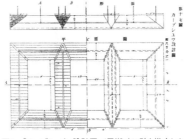

図7　「カーブシュウ」設計図／干潮時に砂を撤布したうえで、木製の井形基礎を据え付けた。

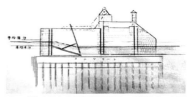

図9　「排水養水兼用閘門設計圖」／満潮時に表層面の淡水を取り入れるために、扇形の歯車付き回転板を設置した樋門。

門工事で好評を博していた服部長七に相談し、堤防には"たたき"を用いた人造石工法を採用した図3。なお、干拓堤防は、場所に応じて3種類の仕様が考案された図4。

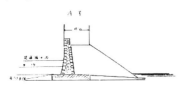

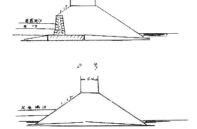

図4　「築堤設計圖」／最前面の海岸線には高さ1mの波除けを備えた石積のA号（上）が、逆に河川堤防となる部分には土堤防のD号（下）が採用された。

## 樋門

近代技術が導入されたことによって最も大きな変化が見られたのが樋門である。近世までの岡山の樋門は、タテリと笠木で構成される単純な形の石造樋門であったが、埼玉県を中心とした関東地方で見られるようなアーチを取り入れたレンガ樋門が登場した。しかしながら、花崗岩の産地である岡山らしく石材が多用されている図5。ところが、硬くて加工がしづらい花崗岩でアーチを組んだり、曲げ強度が高いにもかかわらず切石を積んで樋柱にするなど花崗岩の特性を生かした使用方法ではなかった図6。

干拓堤防と同様、軟弱地盤上に建設しなければならない樋門についてもその工法が検討された。「カーブシュウ」とよばれる井形基礎図7を据え付け、井形内部を掘削しながら、レンガと石を積み、その重量で沈めていった。通常の仮締切工法と比較し、材料の運搬面で特に有効で、費用と時間を縮減することがで

きたという。

## 用水問題

ムルデルは児島湾干拓を畑地として計画していたため、稲作に必要な灌漑用水の確保に関しては何ら計画をしていなかった。ただでさえ用水不足だった興除新田の地先に干拓された藤田干拓地にとって用水の確保は深刻な問題であった。そこで、興除新田にも供給している汗入川の拡幅改修を行ったほか、笹ヶ瀬川、倉敷川に底樋を設置して旭川から取水している豊富な管掛用水の余水を導水した図8。さらに、外囲堤防近くの低地で耕作に適さない箇所を貯水池にして、降雨出水を貯留しポンプアップしたり、海面に浮遊する淡水を満潮時の2時間ほどの間に取り入れるために回転板を取り付けた「排水養水兼用閘門」を考案するなど涙ぐましい努力が行われた図9。

干拓――児島湾干拓
# 児島湾干拓事業の展開

近代干拓技術の確立とコンクリートの導入
干拓と工業地化
近代技術と伝統的技術

### 第二期工事
明治期の藤田組による第一期(第一区、第二区)児島湾干拓事業に続くのが、第三・五区、第六区、第七区の第二期工事で、いずれも昭和期に竣工している。工事責任者は藤田組入社以来、干拓工事一筋の井上敬太(1887-19??)であった。第一期は石材とレンガが主体であったのに対して、第二期ではコンクリートが導入され、農業土木分野にもコンクリートが普及したことが伺える。

### 築堤工事
第一期工事での苦い経験をもとに、第三・五区では昭和8年(1933)の本工事に先立ち、大正2年(1913)から堤防線の地盤耐荷力を増すために、幅10mの撒砂を数回行い、その上に粗朶を敷き、割石を投入して、泥土の沈殿を促す拘泥堤工事が開始された。これによって、築堤工事中の不陸沈下が生じなかったばかりでなく、昭和21年(1946)の南海大地震でも堤防の被害はなかった。堤防の構造は、基礎部分に梯子胴木を敷設し、前面はコンクリート練積による布積石垣、裏石垣は空積とし、背面は土盛りとした。上部にはコンクリート造の波除けが設置された図1。

### 潮止工事
潮止とは、干拓地を囲む堤防を築造する際、一部分のみ築堤せずに開けておき、周囲の堤防の高さが大潮の満潮位以上に達した後、大抵、小潮で穏やかな日の干潮時にその開口部を一挙に塞ぐ締切工事のことである。なお、部分的に開けておく理由は、工事中は包囲堤防内へ海水を進入させて、区域内外の水位差を少なくし、水圧やパイピングによって築堤中の堤防が崩壊するのを防ぐとともに、材料運搬用の航路にあてるためである。潮止完了後は干潮時に樋門から排水する。当時の一般的な潮止

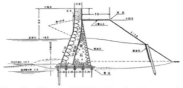
図1 第二期工事の堤防断面図／拘泥堤の上に梯子胴木を敷設し、コンクリート練積の石垣を築き、上部に高さ2m程のコンクリートの波除けが設置された。

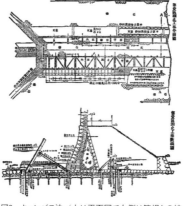
図2 キャンバス法／上は平面図で左側は築堤との接続部分。下は断面図で両側のキャンバスの間に石積の堤防が描かれている。

法として、土俵法、角落法などがあるが、昭和10年(1935)の第三・五区の潮止では、わが国で初めてキャンバス法が採用された図2。これは潮止当日の干潮直前に、松丸太で支えられた木枠に板を張り付け、それを天幕(キャンバス)で覆い、漏水を防ぐ工法である図3。キャンバスを前面と後面の両方に張り、その間には海水が入ってこないようにしておき、1週間ほどで築堤する。

### コンクリート樋門
第三・五区をはじめとする昭和期の児島湾干拓地の特徴は、ピアの頂部が丸くなった表現主義タイプの鉄筋コンクリート(RC)樋門にある図4。樋門の工事は、まず築島の上にRCの井筒基礎を築造し、内部に砂を充填しながら所定の深さまで沈下させ、その上に樋門本体を築造していく図5。

図3 潮止完了後の様子／キャンバスが張られ、干拓地(右側)と海(左側)が仕切られている。

図4 第六区第四号樋門(1942年)／樋柱の頂部が丸くなった表現主義タイプのコンクリート樋門が第二期工事の特徴である。

### 臨港工業都市計画
第三・五区の干拓計画が立案された大正11年(1922)頃、同地区の東部に港湾を設け、一帯を臨港工業都市とする計画が立てられた図6。国鉄宇野線の鹿田駅(現在は路線変更により廃止)から運河を開削し、灌漑用水を供給するとともに物資の運搬に充てようとした。さらに運河に並行して、江戸期に干拓された当新田、福田新田などの旧干拓地の堤防上に臨港鉄道を敷設する計画であった。運河は実現しなかったが、臨港鉄道は昭和19年(1944)に着工し、終戦により一時中断したものの昭和22年に完成した(昭和59年廃止)。昭和6年(1931)頃から旭川の改修工事による浚渫土砂で埋立を行い、昭和11年(1936)には県・市が誘致した倉敷絹織が操業を開始した。太平洋戦争中には飛行場の他、立川飛行機工場、汽車製造、三井造機

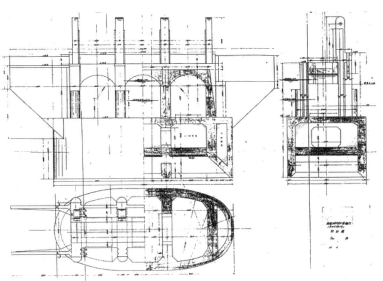

図5 「径間三米六十 三連樋門(第四号樋門)設計圖」／第六区第四号樋門の図面である。第六区は戦時中のため鉄筋を節約する目的で井筒基礎が長方形から楕円形に変更された。

図7 岡山港福島防波堤(1935年)／干拓堤防を防波堤に転用している。左側が浚渫して造成された港湾。

図8 三蟠水門(1925~1935年頃)／江戸期に干拓された沖新田で昭和期に改修された樋門。119ページ図8の樋門の、石材をそのままコンクリートにしたスタイル。

図6 岡山臨港工業都市計画図／作成年は明らかでないが、中央に岡山港が配置され、その右上(旭川右岸)に工場群が描かれている。工場地帯に向かって左側より、江戸期の干拓堤防に沿って水平に臨港鉄道が延びている。中央右下に、児島湾と児島湖を仕切る締切堤防も描かれている。

などの軍需工場が立地し、工業地帯となっていった。昭和16年(1941)からは干拓堤防の一部を切り開き、湾内を浚渫して、護岸整備を行い岡山港が完成している図7。

### 近代技術と伝統技術

藤田組による児島湾干拓ではレンガやRCの樋門が登場するなど近代技術が導入されたが、それ以外の岡山地域では、花崗岩によるタテリと笠木で構成された岡山型の石造樋門が、終戦後しばらくまで造られ続け、近世以来の伝統的な技術が息づいていた。その理由は、石材が豊富で加工技術も受け継がれており、レンガやコンクリートよりも安価で、かつ構造的にも理にかなっていたからである。なお、コンクリートが導入された後でも、それまでの石材をコンクリートで置き換えただけで、基本的には岡山型の樋門が踏襲されていた図8。

干拓──児島湾干拓
# 戦後の児島湾と全国の農業政策

藤田組から国営へ
児島湖の淡水化
干拓事業の功罪

## 国営干拓事業

昭和22年(1947)の農地改革により藤田農場の農地解放が行われると同時に未完成であった第六区(潮止工事は昭和16年に完了)の事業を農林省が引き継いだ。また、当初より干拓計画のあった第七区は、緊急食糧自給計画に基づき、昭和18年(1943)にその権利を農地開発営団が藤田組から譲り受け、翌年着工された。終戦後は緊急開拓事業として農林省が引き継ぎ、国営で干拓が実施された。こうして藤田組による明治の第一区から、戦後農林省が引き継いだ第七区まで、ほぼムルデルの復命書に沿って、世紀の大事業と言われた児島湾干拓事業が完了し、5,500ha もの新たな土地が生み出された表1。

なお、敗戦によって児島湾干拓以外にも全国各地で食糧増産、復員者等の人口収容のために大規模な国営干拓事業が進められた。

## 児島湖の淡水化

特定の灌漑水源を持たない第二期工区が干拓されたことに加え、旧干拓地での用水不足が深刻化し、旱害と塩害の被害が拡大してきた。さらに旧干拓地より地盤が高く、自然流下では排水できない地域もあり、それらを改善するには、児島湾を締め切って淡水湖にして、これを灌漑用水源にするしか方策はないとして、わが国初の淡水化事業が開始された。締切堤防は、これまでの干拓堤防とは異なり、湾中央の海中に一直線に築く

図2 児島湖締切堤防と樋門／児島湾と児島湖を締切る樋門と堤防が一直線に延びている。

もので、長さは1,558m、天端幅33m、基底部の幅は約90〜170m、高さは湾内の最高潮位を調査し、それに波高と安全性を加算して、5.50mとされた図1。築堤材料は周辺の児島半島の山々に豊富にある土砂や石の他、旭川河口の土砂をサンドポンプ船で吹き上げた。樋門は福島側と郡側に6門ずつと郡側には船舶の通行用に閘門1門が設置された図2。築堤の完成した昭和31年(1956)7月から、樋門の操作(満潮時は樋門を閉めて海水の進入を防ぎ、干潮時に樋門を開けて湖水を外海に排水する)により淡水化が行われた。約7ヵ月で灌漑用水として使用可能な塩分濃度までに淡水化され、以降、水稲の反収の増加と生産の安定性が確保された。

## 干拓事業と淡水化事業の功罪
・干拓事業の功罪

児島湾沿岸を含め岡山県南部に広がる平野のほとんどは干拓によって生み出された土地である図3。特にその大半は、干拓技術が確立された江戸時代以降に干拓されたものである表2。干拓によって新たな国土が造成され、耕作面積の増

表1 児島湾干拓事業の概要

| 工区 | 号地 | 工期 | 潮止工事 | 樋門数 | 堤防延長(m) | 面積(ha) |
|---|---|---|---|---|---|---|
| 第一区 | 第一号(加茂崎) | 明治32〜38年 | 明治32年末 | 1 | 1,208 | 462 |
|  | 第二号(高崎) |  | 明治33年末 | 5 | 6,712 |  |
| 第二区 | 第一号(大曲) | 明治32〜45年 | 明治35年9月 | 3 | 4,190 | 1,281 |
|  | 第二号(都) |  | 明治36年9月 | 4 | 5,554 |  |
|  | 第三号(錦) |  | 明治37年6月 | 5 | 6,794 |  |
| 第三・五区 |  | 昭和8〜16年 | 昭和10年11月3日 | 9 | 8,190 | 1,200 |
| 第六区 |  | 昭和14〜30年 | 昭和16年12月24日 | 6 | 8,660 | 914 |
| 第七区 |  | 昭和19〜38年 | 昭和23年4月23日 | 5 | 7,677 | 1,633 |

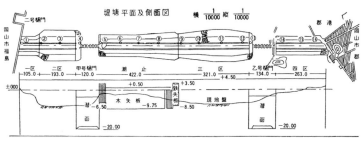

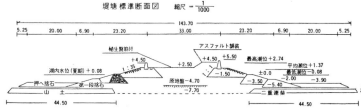

図1 児島湖締切堤防の平面図と断面図／福島側(左)に6門の樋門、郡側(右)に6門の樋門と船舶用の閘門1門が設けられた。樋門部分の基礎は圧気潜函工法が採用された。堤防は最低部に山土を敷き、その上に二重連柴を沈置して、捨石を三段に施工し、サンドポンプによる盛土が行われた。

表2 岡山県南部の干拓年代と面積

| 年代 | 面積(ha) |
|---|---|
| 〜1599年(江戸以前) | 11,400 |
| 1600〜1699年(江戸初期) | 9,035 |
| 1700〜1799年(江戸中期) | 896 |
| 1800〜1867年(江戸後期) | 2,688 |
| 1868年(明治以降)〜 | 9,989 |
| 合計 | 33,996 |

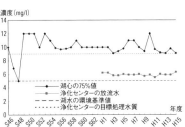

図4 児島湖の水質の変化（COD値）／湖水の環境基準値5mg/lを大きく超えている。なお、昭和48年までは現在と測定方法が異なる。平成7年浚渫開始。

図5 米の生産量と需要量の推移／米の需要量は1962年以降減り続けている。生産量は年によって波があるものの、平均すれば需要量に応じて減少している。

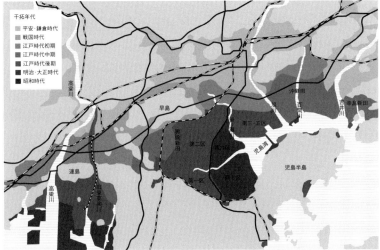

図3 児島湾周辺地域の干拓状況／岡山市と倉敷市にまたがる岡山平野のほとんどが干拓によって生み出された土地である。特に江戸時代以降、児島湾沿岸を中心に脈々と干拓が行われ、地形が大きく変化している。

| 関連年表 | |
|---|---|
| 1876 | 札幌農学校開設 |
| 1878 | 駒場農学校開設 |
| 1881 | ムルデルによる児島湾干拓の「復命書」 |
| 1889 | 東京農林学校で農業土木学科が開講 |
| 1896 | 「河川法」（河川への国の関与、新規水利権の許可制、慣行水利権） |
| 1899 | 「耕地整理法」 |
| 1899 | 藤田組が児島湾干拓に着工 |
| 1905 | 「耕地整理法」改正（事業範囲に灌漑排水が加えられ用排水系統の整備、都道府県の事業に対して初めて補助） |
| 1905 | 児島湾干拓第一区竣工 |
| 1907 | 耕地整理研究会（のちの農業土木学会）設立 |
| 1912 | 児島湾干拓第二区竣工 |
| 1914 | 「耕地整理法」改正（「干拓」という法律用語の登場、土地改良・開拓の制度が確立） |
| 1918 | 米騒動（食糧増産政策のきっかけ） |
| 1918 | 農商務省農務局が食糧自給に関する30年計画 |
| 1919 | 「開墾助成法」（耕地拡張事業の推進） |
| 1922 | 酒津南配水樋門完成（近代最大のRC水門） |
| 1923 | 用排水幹線改良事業（府県営事業に国庫より1/2補助） |
| 1929 | 豊稔池ダム完成（わが国唯一のマルチプルアーチダム） |
| 1929 | 農業土木学会設立 |
| 1930 | 江畑ダム完成（わが国初の農業用重力式ダム） |
| 1932 | 時局匡救農業土木事業開始 |
| 1937 | 農業公共施設改良事業 |
| 1937 | 間瀬ダム完成（物部長穂の耐震設計理論） |
| 1938 | 白水ダム完成 |
| 1940 | 「干害防止農業水利改良規則」 |
| 1941 | 児島湾干拓第三・五区竣工 |
| 1945 | 「緊急開拓実施要領」を閣議決定 |
| 1949 | 「土地改良法」（国営土地改良事業の実施） |
| 1950 | 「国土総合開発法」 |
| 1955 | 児島湾干拓第六区竣工 |
| 1963 | 児島湾干拓第七区竣工 |
| 1970 | 米の生産調整実施（減反政策の開始） |

大とそれに伴う米の生産量の増加、近代以降は工業用地や住宅地の供給という意味で経済成長に大きく寄与してきたことは言うまでもない。しかしながら、多様な生物が生息する干潟の消滅など自然環境に大きな影響を及ぼしてきたこともまた事実である。

・淡水化事業の功罪

淡水化による灌漑用水の確保の他、湖内の水位を低く保つことによる洪水対策、締切堤防による高潮対策など一定の効果を上げてきた。しかし、昭和40年代に入ると水質の悪化、ヘドロの堆積が確認され、昭和45年（1970）には奇病魚、異臭魚が出現し、湖水が農業用水として使用できなくなるほどであった。そして、漁業関係者や農業関係者から訴えがあったにも関わらず、行政の対応が後手に回り、児島湖は「死の湖」とも称される全国有数の水質汚濁湖になってしまった。水質汚濁の原因は、下水道普及率が低い岡山・倉敷市内から閉鎖水域である児島湖に流れ込む生活排水にあった。下水道整備と併せ、ヘドロの浚渫等浄化対策が行われているが、現在でも大きな改善には到っていない。図4。

戦後の農業政策

終戦後の食糧増産のため全国各地で大規模な干拓事業が展開され、広大な耕作地が造成されたものの、昭和37年（1962）に米の需要量が減少に転じ、昭和45年（1970）には減反政策が開始される図5。こうした状況の中で起こった児島湖の水質汚濁は、戦後の農業政策や環境問題に警鐘を鳴らす事例で、その後の鳥取・島根両県にまたがる中海の干拓淡水化事業の中止という英断に向かわせた。その一方で、多くの反対がありながらも諫早湾干拓事業は着工され、潮受堤防が閉じられた。

**参考文献**

・井上径重：兒嶋灣開墾史、岡島書店、1902
・井上径重：兒嶋灣開墾史附録開墾工事方法、岡島書店、1903
・井上敬太：児島湾干拓沿革資料収拾録、同和鉱業株式会社、1967
・岡山県史編纂委員会：岡山県史 近代Ⅰ、岡山県、1985
・岡山県史編纂委員会：岡山県史 現在Ⅱ、岡山県、1990
・兒嶋灣開墾起工史 上、1922
・児島湖発達史編纂委員会：児島湖発達史、1972
・柴田一：岡山藩郡代 津田永忠、山陽新聞社、1990
・谷口澄夫：岡山藩、吉川弘文館、1964
・農業土木学会：農業土木史、1979
・牧隆泰：農業水利造構學、丸善出版、1950

# 10.

# 郊外開発

阪急と沿線開発

私鉄による都市開発の軌跡
阪急のアミューズメント・デザイン
関西私鉄の沿線開発の多角化
私鉄と東京・大阪

郊外開発――阪急と沿線開発
# 私鉄による都市開発の軌跡

大阪の大都市化と工業化
新たな居住環境創造への関心
家庭本位の生活空間構想と田園都市論

## 阪神電鉄と阪急電鉄

明治末、郊外化が先行したのは大阪だった。「煙の都」「東洋のマンチェスター」とも呼ばれた大大阪から、人々は郊外に目を移していた図1。それは中心部に広大な旧武家地を残していた東京よりも勢いづく。先鞭をつけたのは阪神電鉄であった。ただ郊外といえどもその終着点は、近代港湾都市コウベと、それは郊外電車というよりも大阪と神戸を結ぶ都市間鉄道であった。そこに後発となる箕面有馬電気軌道つまり現在の阪急電鉄が誕生することとなる。温泉地である有馬を目指していたが、実際にはその途中にある温泉地の宝塚が終着駅となる。結果的に郊外電車が誕生した。大都市間を結ぶ優位な阪神電鉄に対し、新興の郊外電車として誕生し、かつ文字通り郊外を舞台とせざるを得なかった。逆にそのことは、先駆的な試みを行わざるを得ない経営を余儀なくされることでもあった。そこに箕面有馬電気軌道による様々な戦略が生まれ、のちに東京で始まる郊外開発や鉄道経営のモデルとされていくこととなる。本章では箕面有馬電気軌道による郊外開発および都市開発の特徴を記することとする。

## 前夜の大大阪と健康

・前夜の大大阪

箕面有馬電気軌道は誕生するも、「みみず電車」「田舎電車」と呼ばれたようだ。この箕面有馬電気軌道(後の阪急電鉄)は、関西では後発の私鉄であった。すでに阪神電気鉄道は、大阪から神戸という大都市を繋ぐ、大都市間連絡電車として先鞭をきっていた。阪神に対して、箕面有馬電気軌道が目指した終着駅とは、箕面と有馬温泉という田舎の行楽地である。ハイカラと注目を集める阪神と比べれば、当然、冒頭のように称されよう。結局、有馬温泉への計画も断念、その途中にある宝塚という、これも温泉地に終点は落ち着く。かくして箕面有馬電車は、大阪と郊外の行楽地を結ぶ遊覧電車となる。

ところが、遊覧電車といえども、沿線イメージは弱い。また先行して神戸方面へ走る阪神沿線には、阪神開通によって大阪財界人が別荘や邸宅を構え始め、高級住宅街が形成されていた。したがい箕面有馬電気軌道には、新たな沿線イメージの構想が必要とされることとなる。それらをリードしたのが小林一三だった。

・「煙の都」「東洋のマンチェスター」

明治38年に阪神電鉄、43年は箕面有馬電気軌道と、大阪から西の郊外へと開発が続いた図2。そこには大阪の都市問題と無関係ではない。「煙の都」、「東洋のマンチェスター」と、水の都から工業都市へと姿をかえた大阪では、また居住環境も問題視されていた。

阪神電鉄は、開通にあたり一冊の書籍を編纂している。『市外居住のすすめ』は、大阪府立医学校(大阪大学医学部の前身)校長や、大阪市内の病院院長ら医療関係者が口演あるいは論述したものを取り纏めたものである。「空気の善悪と市外居住の可否」「虚弱者は須らく市外居住を断行せよ」「長生の基礎は市外生活にあり」などの14の小稿からなっている。この論者が共通して強調しているのは、郊外が健康に良いということである。これは医療関係者の言説である以上当然のことであるが、単にそれだけのこととして理解すべきではない。明治

図2　明治43年(1910)大阪郊外路線図

図3　池田新市街住宅販売用　配置・平面図(明治43年(1910))

38年(1905)から40年末にかけては一時鳴りをひそめていたペストが大阪市民を再び脅かし、600人近い死者を出していた。阪神電鉄が医療関係者に呼び掛けたこと自体、健康面からの訴えかけが、最も説得力をもつと考えていたことを示している。

こうして阪神の開通により、財界人、また医学者たちも、沿線の住吉(現神戸市東灘区)、芦屋といったいわゆる「阪神間」に別荘や屋敷を構えていく。さらに沿線では、明治38年に鳴尾百花園、38年に芦屋打出浜(現芦屋市)に海水浴場、40年に西宮の香櫨園遊園地と次々とアミューズメント施設が誕生する。

箕面有馬電気軌道の開通前夜、すでに阪神沿線において郊外開発が先行していた。

## 日本初の分譲住宅地

後発となった箕面有馬電気軌道は、明治43年(1910)に開通と同時に、沿線の池田に室町住宅地(池田新市街)を誕生させている図3。箕面有馬電気軌道の小

図1　明治末の大大阪

128

i. 小林一三 ‥‥‥(1873-1957)山梨県韮崎町生、慶応義塾卒。三井銀行を経て明治40年箕面有馬電気軌道専務取締役、昭和2年阪急電鉄取締役社長、昭和15年商工大臣、昭和20年に国務大臣を務めた。既出:p.041

林一三は、パンフレットに「美しき水の都は昔の夢と消えて、空暗き煙の都に住む不幸なる大阪市民諸君よ！出産率十人に対し死亡率十一人強に当たる、大阪市民の衛生状態に注意する諸君は、慄然として都会生活の心細きを感じ給うべし。同時に田園都市に富める楽しき郊外生活を懐うの念や切なるべし」と、住宅地が開発される前夜における大阪の衛生状態を挙げ、健康面から郊外居住を呼びかけている。そして想定する居住者を次のように書いている。「巨万の財宝を投じ、山を築き水をひき、大廈高楼を誇らんとする富豪の別宅なるものは暫くおき、郊外に居住し日々大阪に出て、終日の勤労に脳漿を絞り、疲労したる身を其の家庭に慰安せんとせらるる諸君」。つまり、先行していた財界人らが暮らす阪神沿線の別荘地に対して、箕面有馬電気軌道の分譲地に想定されたのは、俸給生活者いわゆるサラリーマンとしていた。小林は、当初より自らパンフレットなどのコピーを書いた。慶応義塾時代より新聞連載を行う文学青年だった小林一三は、経営者自らコピーを書くことで指針を明確にしていったことも特筆されよう。

会社が行った販売戦略の特徴として①月賦販売方式②建売分譲方式③沿線PR誌等の発行の三つを挙げることができる。このうち建売分譲方式を実施したのは、建売方式の方が土地のみの販売より早く売ることができると小林は考えていた。すなわち、郊外住宅地というイメージそのものがまだ確立していなかったため、室町という都心から全く離れた場所に土地だけを提示されたのでは、人々はそこを生活の場としてイメージすることが困難であった。それゆえに小林はあらかじめ住宅を建築し、具体的な街の姿を提示する必要性を感じていたのだろう。

③の沿線PR誌『山容水態』は、箕面有馬電気軌道により大正2年(1913)7月から月刊で発行された。このPR誌全体で強調していたことは、都心居住よりも郊外居住の方が、また他の電鉄沿線よりも箕面有馬電気軌道の方が健康や情緒の点で優れているということだ。その表現方法の多くは記事のなかに、沿線経営地への来訪者や居住者(しばしば架空の)を登場させ、その人物の視点で郊外生活の具体的な様子を語らせている。この宣伝手法は郊外生活のもつ魅力を具体的なイメージを通じて読者へアピールする方法として工夫されたものだろう。小林は、その最初の郊外住宅地を経営するにあたって、そのイメージを人々に具体的に提示するために大きな努力をはらった。そして「大阪で借家するよりも安い月賦で買える立派な邸宅」と、わが国でも最初といわれるローン方式で販売を始めた。

小林は、ここでの失敗も自叙伝で述べている。社交のために分譲地中心にビリヤードなどを設けた倶楽部があり、「郊外住宅といふ一種の家庭生活は、朝夕市内に往来する主人としては、家庭を飛出して倶楽部に遊ぶといふは余程熱心の碁敵でもあらざる限りは、矢張り家庭本位の自宅中心になるので、誠に結構な話だが、要するに倶楽部など必要ない」とする。郊外という舞台に、当初は男性の娯楽をイメージしたようだが、こうした失敗が、また後に女性や家庭本位とした小林の沿線開発の指針につながることと無関係ではないだろう。また「失敗の其二は、西洋館の新築である」、「阪神間高級住宅においてすらも、純西式の売家には買手がない」とする。ここにも「阪神間高級住宅」と、阪神沿線の邸宅地を意識されており、小林一三による分譲地がそれらとも一線を画したものであることがうかがわれよう。

阪神間とは、阪神電鉄が開通した明治38年(1905)以降、阿部元太郎、住友吉佐衛門、野村徳七ら大阪財界人が屋敷を構えた住吉(現神戸市東灘区)や、芦屋、西宮一帯を称すもので、箕面有馬電気軌道は、大正9年(1920)、そのライバル視するエリアの山手に、新路線の神戸線を完成させる。すでに大正7年(1918)に社名を変更し阪神急行電気鉄道と「急行」を強調している。小林にとって、阪神電鉄と阪神間を常に意識していたのだろう。

**伝統的町割りと田園都市論軌跡**

箕面有馬電気軌道は、明治43年の池田・室町に続き、翌年に桜井、大正3年に豊中と、それぞれ駅前に住宅地を分譲していく。それらの街区および街路の構成を見ていきたい。それらにはいくつかの共通点が見られる。列記すると、①格子状の直線道路により、短冊形の矩形街区が整然と置かれていること、②地区の中央を貫く形で大通りが配されていること、③背割り線に水路(側溝)を設けていること、④地区の境界部分において行き止まりとなっている道路が見られること、⑤街区の長辺寸法が約60間(108m)～70間(126m)であること、⑥細街路の平均道路幅員が約2間(3,6m)であること、⑦前面道路と宅盤にレベル差がほとんど設けられていないこと、⑧交差点で隅きりが取られていないこと、の8点が挙げられる。

これらは日本の伝統的な市街地の街区の形状と多くの共通点を有している。特に①、③、⑤、⑦、⑧にそれが現れている。箕面有馬電気軌道による郊外住宅地とは、同時代に議論されていたイギリスの田園都市論に見られたような曲線道路や放射状道路ではなく、むしろ日本の伝統的な町割りと共通点をもつものであった。

郊外開発——阪急と沿線開発
# 阪急のアミューズメント・デザイン

駅とアミューズメント施設の一体開発
タカラヅカの創造
鉄道と文化

### 終着駅の遊園地

関西の他の私鉄に比べれば、終着駅は大都市ではない。箕面有馬電気軌道にとって沿線開発は不可欠となる。ターミナルへ、核となるような仕掛けを計画しなければならない。まずは、一つの終点、箕面に動物園が計画され行楽客の誘致を始める。箕面は沿線のなかでは最も知られた名所であり紅葉や滝、瀧安寺を中心とした自然公園が形成されていたが、そこに人為的な施設を付加させようと試みた。

私鉄沿線の動物園としては、先行して明治40年（1907）に阪神が資金提供と新駅設置と協力していた「香櫨園」に民営としては国内最大規模の動物園があり、「千匹猿」と呼ばれた猿舎、オラウータンや大蛇、白熊、駝鳥、象やライオンが集められていたようだ図1。香櫨園には奏楽堂、グランド、博物館、ホテル、ウォーターシュートが設けられた。グランドでは、43年に早稲田とシカゴのチームを招き日米野球が開催されている。

一方、箕面有馬電気軌道による箕面動物園は、小林一三の自叙伝によれば、「動物園は、渓流に日光の神橋を写した朱塗の橋を渡って、二間四方朱塗の山門から左へ登りゆくのである。園の広さは三万坪」、「渓流の一端を閉ぢて池を造り、金網を張った大きい水禽舎には数十羽の白鶴が高く舞ふ」、「殊に自然の岳岩を利用し、四角の箱の中に飼育せしめたものと異り、猛獣の生活を自由ならしめた自然境の施設」とある。箕面の自然地形や環境を活かした動物園であったようだ。当初は好評を博すも、結局は失敗に終わる。小林一三は、その要因を、熱帯の動物の生育に骨が折れ、燃料と維持費がかかることを挙げている。こうして箕面有馬電気軌道における観光上の重要拠点は、宝塚に移ることになった図2。

### 新温泉にタカラヅカ

箕面で頓挫し、次に会社が目を向けたのが宝塚であった。もちろん、宝塚の計画は、箕面と並行して進行していた。もともと宝塚には武庫川の西岸に温泉街（旧温泉）があった。しかし、小林一三は、その対岸（大阪側）に着目し、川原の埋立地を手に入れ、そこに新温泉を中心としたアミューズメント施設を構想する。新温泉は、鉄道開通の翌年、明治44年（1911）に開場し、好評を博す。翌年には、屋内プールと娯楽施設による「パラダイス」を建設するも、温水設備がなかったことや、男女がともに泳ぐこ

図1 阪神路線図／武庫川の下流の甲子園、鳴尾がアミューズメントの拠点となっている

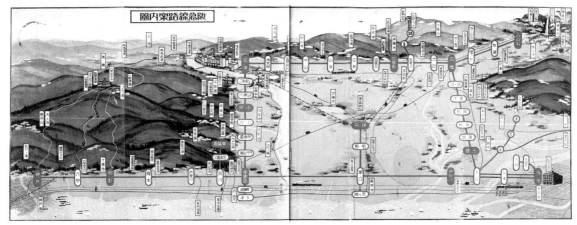

図2 阪急路線図／武庫川の上流の宝塚がアミューズメントの中心となっている

とにも問題が生じた。そこで、プールを閉鎖するが、そのプールの底を客席に転用し、劇場へと改造するのだ。

さらに小林一三は、そこに少女歌劇を構想し、大正3年(1914)には、宝塚少女歌劇の第一回公演を成功させる。これは、「婚礼博覧会」の余興として、パラダイス劇場で開催されたように、宝塚では遊園地の催しとして様々な工夫が行われていた。そして対象者として考えられていたのは、婦人博覧会や婚礼博覧会のように、女性や子供、家族というように明確に絞られていく。これまでの男性のための娯楽ではなく、女性や家族が楽しむアミューズメントである。またこれら一連の構想は、箕面有馬電気軌道と新聞社との共催によって宣伝効果を生みだしていくなど、メディア戦略としても嚆矢となるものであった。

さらに少女歌劇に見られるように、箕面有馬電気軌道や小林一三がコンセプトとして考えたのは、芸術としての演劇ではなく、わかりやすい演劇というように、大衆ということが強く意識されていたことが考えられよう。

こうして宝塚の中心は、屋内プールの失敗によって生まれた少女歌劇となっていく。大正7年(1918)には、宝塚音楽歌劇学校創立認可され、小林一三は校長となる。大正13年(1924)には、4千人収容の宝塚大劇場が竣工する。演出家、作曲家、スタッフを積極的に欧米留学させて人材育成と情報収集に努め、パリのレビューをはじめ舞台を飾っていく。小林は、鉄道事業と文化事業を一体として、公共交通という事業に対して、そこに付随するビジネスを起していくというスタイルを生み出していく。

私鉄による遊園地開発には、南海鉄道や大阪鉄道(いまの近鉄)、京阪電鉄が先行していた。南海は、明治39年(1906)に浜寺公園、44年に淡輪遊園、大阪鉄道は41年に玉手山遊園、京阪は43年に香里遊園地と始まっていた。そのなかで後発の箕面有馬電気軌道は、遊園地開発を本格的に終着駅つまりターミナルにもってきたということでは嚆矢といえよう 図3,4。

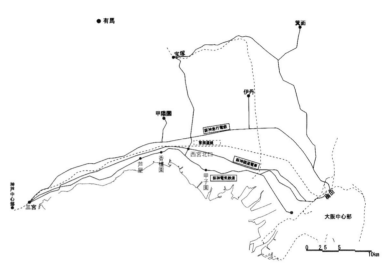

図3　大正10年(1921)大阪郊外路線図

図4　昭和7年(1932)西宮／4線が並行して走る。北から阪神急行電気鉄道、東海道本線、阪神国道電気軌道、阪神電気鐵道

郊外開発──阪急と沿線開発
# 関西私鉄の沿線開発の多角化

ターミナルデパートの誕生
プロ野球の成立と大阪の私鉄
阪神と阪急の違い

## ターミナルデパート

箕面有馬電気軌道は、ライバル視してきた阪神鉄道に並行してに念願の新路線を大正9年(1920)に開通させる。阪神急行電気鉄道(阪急)という社名変更も阪神への対抗でもあろう。さらにその拠点となる梅田駅に大正9年(1920)にターミナルデパートを開業する。デパートもまた阪神との競争におけるターミナル強化とは無関係ではない。さらに昭和4年(1929)には、地上8階の「阪急百貨店」が誕生する。それまで都心の老舗百貨店では、ターミナルから送迎自動車サービスを行うことで、不便さを解消していた。そこに阪急は便利なターミナルにデパートをいう発想に行き着く。眺望のきく最上階をライスカレーやランチを名物とする洋食堂、7階を和食堂と中華食堂と、人々を階上に誘うような食堂を中心にすえた百貨店経営、また直営製造、自社ブランド、物産展や即売会と先駆的経営を展開させ、女性や家族揃って楽しむことのできる余暇空間を生みだす。この経営は大阪私鉄を刺激し、南海、阪神、近鉄もこれに続きターミナルデパートを開業し、都心はずれたターミナルに商業業務地を生み、都心の二極化へと向かわせていった。

## 野球競争──豊中から甲子園へ

老舗の阪神に対し、箕面有馬電気軌道の方が先行したものに、全国中等学校優勝野球大会(のちに高校野球夏の甲子園)がある。大正2年(1913)、豊中住宅地に誕生させていた豊中グランドで、第一回大会を大阪朝日新聞とともに開催する。ところが、鉄道もグランドもその押し寄せるファンを対応することができなかった。しかし、開業まもない会社にとって新球場とまではおよばなかった。結局、この野球熱に刺激されたのは阪神であった。阪神によって一大アミューズメントを形成しつつあった鳴尾の運動場へと、第3回大会から移している。さらに大正13年(1924)、第10回大会からはヤンキースタジアムなどの海外の球場をモデルにして鳴尾の西側に新設された甲子園球場に定着させることになる。この阪神に刺激された阪急は、今度はプロ野球を沿線集客のために着目し、日本初のプロ野球チーム「日本運動協会」が震災で解散していたのを引き受け「宝塚運動協会」と結成するも、これも昭和4年(1929)に解散する。結局、昭和9年(1934)の東京読売巨人軍結成に続いた阪神に先行されてしまった。もちろんそれに対抗して阪急も昭和11年(1936)に阪急職業野球団を結成、12年に西宮北口駅前に阪急西宮球場図2を完成させる。甲子園球場とは対照的に、白亜のインターナショナル・スタイルの建築として竣工された。

いずれにしても、プロ野球成立期において大阪私鉄が果たした役割は少なくない。

## タカラヅカと甲子園

こうして私鉄経営のなかでメディアと

図1 甲子園野球場

少なからず関係を保ちながら、大衆娯楽産業へとも多角化を図るなかで、阪急はその拠点を宝塚(武庫川上流)に、そして阪神は甲子園(武庫川下流)へと定めていく。特に阪神は、スポーツ・娯楽施設・遊園地・住宅地・海水浴場とが一帯となった総合的な土地利用計画を実現させた。大正13年(1924)の六万人収容の甲子園球場、15年には国際試合が開催された4,000人収容のスタンドを備えたセンターコートをもつ甲子園庭球場図3、また動物園ではドイツのハーゲンベックが創案した一種の生態展示が試みられ、水族館図4では日本初の鯨の飼育展示、住宅地開発には造園家・大屋霊

図2 阪急西宮球場

城に全体構想を依頼するなど、阪神の開発には、どことなく高い理想がうかがわれる。さらに甲子園一帯の北端の頂点に昭和5年（1930）に誕生する甲子園ホテル図5,6は、帝国ホテルと並び評され、近代建築の巨匠フランク・ロイド・ライトの高弟子・遠藤新によるライト式建築で飾られ、阪神は、経営に帝国ホテルで名支配人として活躍した林愛作を迎え入れ、大阪の迎賓館として、皇族や各国要人を迎えた国際ホテルを誕生させている。これら阪神の構想は、阪急とはまた違った高級路線を目指していた。

一方で、阪急電鉄は沿線への学校誘致を行っていく。特に、西宮北口と宝塚を結ぶ西宝線（現在の今津線）の沿線に、昭和4年（1929）に関西学院が、昭和8年（1933）に神戸女学院がそれぞれ神戸から移転することになった。

図3　甲子園庭球場

図4　濱甲子園阪神水族館

図5　甲子園ホテル

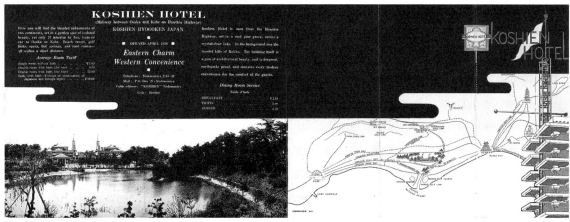

図6　甲子園ホテルパンフレット

郊外開発——阪急と沿線開発
# 私鉄と東京・大阪

東京への影響
田園都市論と私鉄
官鉄とは異なる私鉄文化の形成

**大阪私鉄が東京へ与えた影響**

関西で始まった都市から郊外へ向けての私鉄競争に遅れて、東京でも大正期になると沿線開発が開始される。そこには、関西の私鉄における開発手法が反映されることになる。東京での動きが遅れたのは、大阪と東京との近世から引き継がれた都市形態の違いも関係している。東京は中心部に広大な旧武家地を有していた。増加する住宅需要をこうした旧武家地が吸収していた。

しかし、大正期になると山手線駅をターミナルとして私鉄が形成されていく。大正12年（1923）には目黒蒲田電鉄が目黒から蒲田へと開通する。昭和4年には大井町線大井町から二子玉川、7年には東横線渋谷から桜木町間が開通する。そして沿線開発が開始される。昭和2年（1927）には京王電気軌道によって京王閣が開業し、東における「宝塚」と呼ばれたように、阪急による宝塚を強く意識していたことがうかがえよう。小田急の向ヶ丘遊園地や目蒲電鉄の多摩川園、西武鉄道の豊島園など、宝塚新温泉がモデルになる。また昭和6年（1931）には東武が東武百貨店、昭和9年に東横電鉄が東横百貨店をターミナルに開業させ、遊園地とターミナルデパートという大阪での私鉄経営が、東京でモデルにされていった。

図2　田園調布の平面図

一方、沿線の住宅地開発は関西と同様、電鉄よりも土地会社などによる開発が先行し図1、大正2年（1913）には東京信託による桜新町が誕生している。さらに大正11年（1922）には、エベネザー・ハワードによる田園都市論に影響をうけた洗足住宅地、翌12年には同心円放射状の道路パターンをもつ田園調布を、渋沢栄一らによる田園都市株式会社が完成させている図2。建築物には、高さ、建蔽率、建築線制限など紳士協定が定められた。また田園調布の高い道路率（公園面積含む）によるプランニングに、小林一三もあきれたといわれている。こうした田園都市論のような理念が重視された例として、同時代、関西でも阪神電鉄が造園家・大屋霊城に依頼した甲子園の「花苑都市」構想が挙がる。いずれにしても、それらは小林一三の構想する沿線住宅地のイメージとは一線を画すものだったのかもしれない。

この理想的住宅地開発を始めた田園都市株式会社の鉄道部門として大正12年（1923）に開通したのが目黒蒲田電鉄

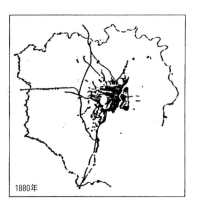
1880年

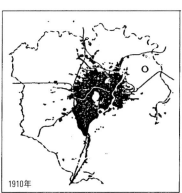
1910年

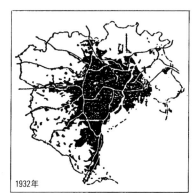
1932年

図1　東京の沿線開発の変遷

（現東急電鉄）であり、住宅地開発が電鉄よりも先行した会社であった。

## むすび

わが国では、このような私鉄の展開によって、結果的ではあるが、車依存ではない都市を公共交通が支えている。都市形成に与えた影響としては、都市外縁部にあったターミナルを都心化させ、二極の都心を生み出していった。渋谷、新宿、梅田、難波というように、近世における都市中心部とはことなる都市拠点を形成した。日本の都市の中心はどこに行くのだろうか。

沿線開発やターミナル開発と、他国ではあまり多くみられない都市の姿が形成されてきた。そこは、大阪でいえば阪神と阪急といった私鉄のライバル競争が少なからず関係していただろう。その切磋琢磨するなかで、多彩な構想が実現されていく。1世紀を経て、依然とその関係は変らない。また鉄道事業では阪神、阪急、そしてJRが併走し競争を繰り広げているp.131-図4。明治末に既成市街地と村落を蛇行するように結んでいった阪神に対し、比較的市街化されていない山麓を、時間短縮を目指して路線をひいた阪急、官鉄からスタートし直線的な路線をもつJR。スピード競争には成立期における条件が違う。旅客目的で誕生した民鉄が、そうでない元官鉄に結果的にスピードで差をあけられた。しかし、その競争は、先の多くの犠牲者をだしたJR尼崎電車事故と無関係とはいえない。公共交通の役割とは何であろうか。

## 阪急年表

| | |
|---|---|
| 明治43 | 箕面有馬電気軌道(梅田～宝塚間)開通／箕面動物園開園／池田・室町住宅地分譲 |
| 明治44 | 宝塚新温泉開業 |
| 大正2 | 豊中グランド開設 |
| 大正4 | 豊中グランドで第1回全国中等学校優勝野球大会(現・全国高等学校野球選手権大会) |
| 大正8 | 宝塚音楽歌劇学校設立 |
| 大正9 | 阪神急行電鉄(梅田―神戸・上筒井間)開通 |
| 大正10 | 西宝線開通(宝塚―西宮北口間) |
| 大正11 | 宝塚野球場竣工 |
| 大正13 | 宝塚運動協会設立(プロ野球団)／宝塚大劇場竣工 |
| 大正14 | 梅田駅に阪急マーケット開業 |
| 大正15 | (宝塚ホテル開業) |
| 昭和4 | (六甲山ホテル)／梅田駅に阪急百貨店開業 |
| 昭和11 | 大阪阪急野球協会(後の阪急ブレーブス)設立 |
| 昭和12 | 西宮球場開設 |

## 阪神年表

| | |
|---|---|
| 明治38 | 阪神電鉄開通(大阪・出入橋―神戸・三宮間)／打出海水浴場開設 |
| 明治40 | 香櫨園浜海水浴場開設 |
| 明治41 | 『市外居住のすすめ』発行 |
| 明治42 | 貸家建設(西宮) |
| 大正13 | 甲子園球場開設 |
| 昭和4 | 甲子園娯楽場(後の阪神パーク)開設 |
| 昭和5 | (甲子園ホテル開業) |
| 昭和9 | (六甲山オリエンタルホテル開業) |
| 昭和10 | 大阪タイガース(後の阪神タイガース)発足 |

## その他年表

| | |
|---|---|
| 明治7 | 官営鉄道・東海道線開通 |
| 明治38 | 別荘地・郊外住宅地開発開始(住吉・観音林) |
| 大正12 | 関東大震災 |
| 昭和2 | 阪神国道開通・阪神国道電車開通 |
| 昭和4 | 関西学院大学(阪急・西宝線沿線へ移転) |
| 昭和8 | 神戸女学院(阪急・西宝線沿線へ移転) |
| 昭和13 | 阪神大水害 |

**参考文献**

・小林一三：逸翁自叙伝、阪急電鉄株式会社、1979
・津金澤聰廣：宝塚戦略──小林一三の生活文化論、講談社、1991
・橋爪紳也：沿線開発とアミューズメント施設、阪神間モダニズム、淡交社、1997
・阪神間モダニズム、淡交社、1997
・三宅正弘：甲子園ホテル物語──西の帝国ホテルとフランク・ロイド・ライト、東方出版、2009
・三宅正弘：初期郊外住宅地における共用施設とコミュニティとの関係性に関する研究、地域施設計画研究 No.12、日本建築学会、1994
・三宅正弘、丸茂弘幸、高橋昭子：小林一三による郊外住宅地経営の特徴について、日本建築学会大会学術講演梗概集、1993
・三宅正弘、丸茂弘幸、高橋昭子：成立期前夜の郊外住宅地像──同時代人からみた成立期の郊外住宅地像に関する研究その1、平成5年度日本建築学会近畿支部研究報告書、
・City & Life No.17、第一住宅建設協会、1990

# 11.

# 道路
## 国道1号

東海道から国道1号へ
国道1号と道路法の制定
国道1号における道路構造物のデザイン
国道の全国ネットワーク
高速道路の全国ネットワーク

道路——国道1号
# 東海道から国道1号へ

道路システムの変化
車両交通への対応
民間活力の導入

図1 新居関所／箱根と並ぶ東海道の主要な関所。明治以降、学校に転用されたため、建造物が撤去されずに残った。現在、国の特別史跡として保護されている。

図2 関宿／東海道の宿場町の中でも、今なお往時の面影を残す貴重な存在。国の重要伝統的建造物群保存地区。

## 本章の対象

明治以降の道路の分野では、新設道路の建設よりも、改良工事、つまり旧来からある街道ネットワークの改修が盛んに行われた。中でも、近世の大動脈・東海道では、早い時期から工事が行われ、時代のニーズに対応した道路構造へと徐々に整えられていった。一方、第二次世界大戦以降は、改良工事に加えて、既存の道路から独立した新たなネットワーク・高速道路も構想され、東海道に対応するものとして、東名・名神高速道路が建設された。

本章では、1節から3節において、現在の国道一号に対応する東海道の近代化を軸として、わが国の近代道路史を概説する。4節と5節では、第二次世界大戦以後の歴史も含め、全国の一般国道と高速道路の幹線ネットワークの形成過程を概説していきたい。

## 政策的な変化

明治時代は、幕藩体制下に整えられた社会基盤システムが大きく変貌していく時代であった。道路もその例外ではなく、特に政策面において、以下の2つの根本的な変更が行われた。

まず、従来の閉鎖的な交通システムが、より開かれたものに変更された。街道に設置されていた関所は明治2年に廃止され、都市の防備施設であった木戸や見附も次々と撤去された。東海道では、高輪大木戸、箱根関所、新居関所が廃止図1。こうして、道路網における人とモノの移動の自由度は格段に向上した。

第2に、道路管理と運送管理の分離である。旧来幹線道路は、道中奉行によって構造物と運送システムが一体的に管理されていた。しかし、明治4年の郵便制度の成立と、翌年の「東海道其他ノ街道」の伝馬所廃止の太政官布告などを契機として、これらが分離。このことによって、道路管理は土木担当部局が担う一方で、運送については郵便担当部局と、近世の飛脚仲間から発展して道路、鉄道、海運へと運送ネットワークを広げた内国通運会社（現在の日本通運株式会社）等の民間会社が担うことになる。その結果、伝馬制の拠点として繁栄していたかつての宿場は、鉄道敷設の影響も相まって衰退していく図2。

## 車両交通への対応

開国後は、人力車や馬車が登場し、人とモノの移動手段も多様化した表1。これらの新たな車両交通に対応するため、道路の幅員、勾配、線形、路面構造等にも改造が求められた。

東海道についていえば、都市部における最初期の整備の代表例が明治5年から7年につくられた銀座通りである。銀座通りは、新橋駅と都心を結ぶ、わが国初の駅前通りであると同時に、幅員の異なる街路をグリッド状に配した銀座煉瓦街の表通りにあたり、車道8間と歩道各3間半を分離した幅員15間という規模で建設された図3,i。車道は表土を1尺程度入れ替えて、ローラーで締め固め、歩道には煉瓦舗装も施された。

都市間道路では、地形的障害の克服、つまり峠の勾配緩和や大河川への架橋による、車両通行の円滑化が求められたが、国の厳しい財政状況下において、それらをすべて公共事業によって実現するのは困難であった。そこで明治4年、政府は「険路を開き橋梁を架する等諸般運輸の便利を興し候者」が「功績の多寡に応じ年限を定め」料金を徴収することを可能とする太政官布告を発し、

表1 明治期の諸車保有台数の推移／人力車や荷車と比べ、乗用馬車の数は限定的である。一方、荷積の馬車は明治中期から末期にかけて急増し、牛車の数も徐々に増える。こうして、人の通行を前提とした旧来の道路に、機能や構造面での改善が求められることになる。

| 年代 | 乗用馬車 | 人力車 | 荷積 馬車 | 荷積 牛車 | 荷積 荷車 | 自転車 |
|---|---|---|---|---|---|---|
| 明治8年 | 319 | 113,921 | 45 | 1,707 | 115,680 | |
| 明治13年 | 1,455 | 160,531 | 337 | 3,109 | 316,664 | |
| 明治18年 | 1,959 | 166,058 | 8,567 | 5,949 | 474,290 | |
| 明治23年 | 2,877 | 178,041 | 29,088 | 11,027 | 763,056 | |
| 明治28年 | 3,226 | 206,848 | 51,592 | 18,544 | 1,012,925 | |
| 明治33年 | 6,105 | 205,390 | 90,103 | 30,501 | 1,322,309 | 31,594 |
| 明治38年 | 6,173 | 164,499 | 98,434 | 27,085 | 1,355,952 | 89,949 |
| 明治43年 | 8,565 | 149,567 | 158,590 | 35,448 | 1,667,520 | 239,474 |

i. ウォートルス······ Thomas James Waters（1842-98）アイルランド人技術者。お雇い外国人として銀座煉瓦街の設計・建設を担当。後出：p.151

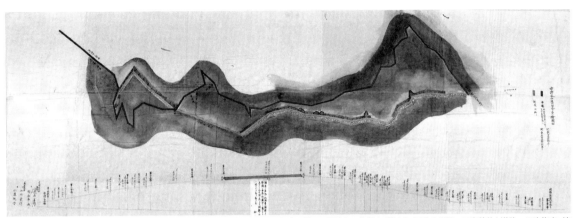

図4 宇津ノ谷峠の改修図面／地元住人を発起人とする峠道の改修図面。図面上方に描かれた旧来の曲折の道から、下方の川沿いの直線的な道路への改修案。擁壁、川沿いの護岸、「穴道」と呼ばれるトンネルを駆使した、より近代的な道路構造となっている。

図3 銀座煉瓦街／車両交通を考慮し、車道と歩道を分離。並木の位置から考えると、車道部分がかつての街道に相当し、歩道は軒先の延長のような印象を受ける。

図5 箱根湯本の旭橋／福沢諭吉の提言を受け、福住正兄が自ら経営する旅館脇に架設した旭日橋。その後、富士屋ホテル経営者・山口仙之助が塔ノ沢・宮ノ下間を、芦ノ湯の温泉経営者・松坂萬右衛門が宮ノ下・箱根間の道路を開鑿した。

民間資金による道路整備を推進した。今でいうPFIの発想である。東海道では、箱根の道路改修、大井川・天竜川・浜名湖等への架橋、宇津ノ谷峠・小夜の中山峠の改修 図4 など、従来難所とされた区間が、民間活力により次々と改良されていった。これらの事業は、地域振興策とも密接に結びついており、例えば箱根では、福住旅館や富士屋ホテル等の経営者が主導して、旧道整備ではなく、温泉街を貫く新道の建設が行われた 図5,*1。ただその一方で、各事業が営利目的によって野放図に展開することがないよう、民間事業はあくまで国の許可を前提とし、かつ、管理には様々な制約が課せられた。そのことから、内務省の田中好はこの手法を「自由経営主義」ではなく、あくまで「国家経営主義」だったとしている p.141-ii。

これら民間事業の進展と並行して、政府は明治5年に「諸街道往還道敷取調」、6年には「諸街道里程取消方法並ニ元標及里程標柱書式ヲ定ム」を布告して道路の実態把握を行い、道路開鑿と修築に係る公共事業を推進する準備を整えていった。実際、国が関与した事業としては、国直轄事業と国庫補助事業があり、直轄事業については、吾妻橋及び両国橋の建設、清水越新道開鑿工事、利根川橋建設、補助事業については、明治14年から44年までの間に、東北、九州を中心として計60件以上の事業が実施された（明治工業史 土木篇による）。

国道の幅員に関する規定も徐々に整えられた。明治9年太政官布達では等級に応じ幅5間から7間までの規模を示すだけだったが、同18年には道敷4間以上、並木敷と排水路を合わせて3間以上とする具体的な構成が示された。

*1 箱根道普請の相談（福沢諭吉）／福沢諭吉は、地域振興のためにも、巨額の投資が必要な新道建設に踏み切るべきだと温泉場の人々に訴えた。
「人間渡世の道は、眼前の欲を離れて後の日の利益を計ること最も大切なり。箱根の湯本より塔の沢まで東南の山の麓を廻りて新道を造らば、往来を便利にして自然に土地の繁昌を致（す）。
此度の湯本塔の沢の道のみならず箱根山に人力車を通し、数年の後には山を砕て鉄道をも造るの企をなさんとて、此一冊を塔の沢の湯屋仲間に預け置くものなり。」

道路──国道1号
# 国道1号と道路法の制定

道路改良の気運の高まり
近代的な道路整備
失業者対策と産業政策

## 道路法制定の経緯

明治30年代に輸入が始まり、その後国産化された自動車が、大都市圏を中心に普及し始めると、道路にはより高い耐久性、快適性、安全性が求められるようになる図1。しかし、道路改良が遅々として進まなかったため、事態の改善を求めた啓発活動が活発化した。その代表例が、明治期から大正期にかけて10回近く来日した米国人実業家サミュエル・ヒル[i]の活動である。彼は、日本の道路はぬかるみや埃がひどく、幅員、勾配、線形も自動車交通に対応していないと指摘し、国の繁栄のためにも道路改良に力を入れるべきだと政治家、財界人、技術者らに強く訴えた。また第一次世界大戦において、要塞への物資輸送を行う自動車の有用性が確認されたことも、政治家が道路整備に関心を抱く一つのきっかけとなった。

こうした時代状況を背景として、わが国初の道路法が大正7年に成立、翌年公布された[ii]。明治23年の第一回帝国議会から30年を超える議論を経ての法制化である。この時期法制化が実現した理由としては、前記の社会的背景に加え、社会基盤整備と産業貿易振興を主要政策として掲げた政友会の原敬内閣の誕生という政治的背景を挙げることができ

図3 京浜国道工事風景／大正期、工事がすでに機械化していたことがわかる。

る。ちなみに、地方鉄道法、都市計画法、市街地建築物法も同政権のもとで成立している。また、交通の安全性を高めるための運転免許制度（大正8年自動車取締令）や、従来慣習でしかなかった左側通行（大正9年道路取締令）も、併せてこの時期に法文化された。

さらに、サミュエル・ヒルが紹介した米

図4 京浜国道工事の風刺画／国道事業が府県に委ねられ、神奈川県に比べ東京府の工事が遅れていることを揶揄した記事。大正11年の改正で道路法に国直轄事業に関する条文が加えられる。

国Good Roads Movementの日本版とも言える「道路改良会」も大正8年に発足。顧問渋沢栄一、会長水野錬太郎（前内務大臣）、副会長石黒五十二（工学博士）という体制で始まったこの会は、産官学の連携により、道路事業を強力に後押しした。ちなみに東海道の近代化は、当会最優先課題の一つであり、大正11年には道路の仕様、工事費等を明記した「東海道国道改良計画」を内務省や関係自治体に建議している。

## 東海道改良工事の展開

実際、大正期から昭和初期にかけて、東京・京阪神間では集中的に道路改良工事が行われた。具体的には、京浜国道と阪神国道の整備、箱根峠・鈴鹿峠・宇津ノ谷峠などの難路改良、六郷橋・酒匂川橋・安倍川橋・富士川橋・大井川橋・天竜川橋・浜名湖橋・尾張大橋・伊勢大橋・桜宮橋などの大規模橋梁の建設が挙げられる。市街地の幅員は、軌道敷などと

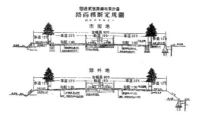

図1 自動車保有台数の推移／自動車は大正期から都市部で見られるようになり、産業の発展に伴い急増していく。高度成長期のマイカーブームを経て、今や8,000万台以上の車が日本で保有されている。

図2 阪神国道の横断面（寸法は尺）／大阪と神戸を結ぶ全長22.2kmの国道。車道と歩道の境には、イチョウの木が約7mおきに植えられた。

i. ヒル・・・・・・・・・・Samuel Hill（1857-1931）。写真左端に写る。隣に浅野総一郎、右側に渋沢栄一が写る。日本の要人に道路改良の必要性を訴えた。コロンビアハイウェイの提唱者
ii. 田中好・・・・・・・・・（1886-1956）内務省の事務官として、道路行政の発展に尽力。道路法の制定に携わり、道路改良会の幹事を務める。共著で「東海道」を執筆
iii. 三浦七郎・・・・・・・（1889-1945）内務技師として、道路行政を推進。京浜国道の建設を担当。橋梁設計の分野でも活躍した

図5　失業救済道路工事／北海道における失業救済に主眼を置いた昭和初期の道路工事。図3に示す大正期の京浜国道の工事風景とは対照的である。

図6　緊縮財政の時代／悪化する財政を改善するため、浜口内閣の井上蔵相は緊縮財政政策をとった。この風刺画は、当時事業が滞り、失業者の増加を招いた状況を描いている。

の関係を考慮して個別に決められ、京浜国道については市街地12間、郊外10間、阪神国道では市街地・郊外地とも15間（中央3間は軌道敷）で設計された[iii]。また阪神国道では歴青コンクリート舗装（市街地）または歴青砕石舗装（郊外）が施され[図2,3]、交通量の多い交差点の角を剪除し、広場を設けて見通しを確保するという安全性を考慮した設計も行われた。

### 失業対策から産業基盤へ

これら国道の工事は、国直轄ではなく、国庫補助事業として実施された。つまり、国道整備の事業主体は国ではなくあくまで府県であった[図4]。このことは、官営事業を柱とし、鉄道省の設立（大正9年）によって中央集権的運営を一層強化していた鉄道分野と大きく異なる。
しかし、昭和6年以降その流れに変化が生じる。大正14年に始まった失業救済事業を都市部から農村部に拡大するにあたり、事業の中心であった道路工事を、全国的な失業状況を踏まえて国が直接実施するようになるからである。ただし、これを主導した民政党は、もともと公共事業削減と内務省土木局の規模縮小を政策として掲げていたため、この国直轄事業も、道路ネットワークの充実というよりも、できるだけ機械の使用を避けて多くの労働力をつぎ込み、当面の国民の不満と社会不安を解消することに主眼が置かれていた[図5,6]。
その後、昭和6年12月に政友会の犬養内閣が誕生し、高橋是清蔵相によって緊縮財政から積極財政への転換が図られると、産業振興道路改良5カ年計画が新たに策定される。こうして、失業救済に軸足を置きながらも、技術的見地を加味した時局匡救事業が実施された。また内務省は、交通需要に対応した新たなネットワーク形成を目指して、昭和8年に国道及び主要府県道の計6,710箇所で車種別交通量調査を国庫補助事業により実施し、計画立案のための基礎データ収集を行った。
さらに、自動車、自転車、荷車の混在により交通が混乱し事故も多発していた京浜国道については、内務省直轄事業として第二京浜国道を計画。急速車道と緩速車道を分離し、電線の地中化や、インターチェンジによる環状七号線との立体交差などを盛り込んだこの延長18.6kmの道路には、第二次世界大戦以降の高規格道路設計の萌芽を見てとることができる[図7]。

図7　第二京浜国道の完成予想図／建設当時国道36号として建設されたが、昭和27年の新道路法以降、国道1号となる。御堂筋や震災復興街路などで既に実施されていた急速車道と緩速車道の分離を、道路に応用したもの。昭和10年の道路構造令細則（案）に準拠して、立体交差もつくられた。

道路——国道1号
# 国道1号における道路構造物のデザイン

近代道路景観の誕生
民間技術者の活躍
環境保全の萌芽

## 市街地の橋梁

東海道は、多くの市街地を貫通するだけでなく、古来より交通の難所として知られた峠や河川も数多く通過している。したがって、その改良工事は、市街地と自然の道路景観を刷新する事業でもあった。

まず市街地を見てみよう。明治期の東海道では、石造又は鉄製の橋が数多く架設された。例えば銀座通りでは、明治8年に木橋の京橋が石造単アーチ橋に、また明治34年には新橋が鉄製アーチ橋に架替えられた。品川では、鉄道開通に合わせて明治5年に跨線橋・八ツ山橋が架けられた。鉄道と街道という新旧の交通機関が立体交差するダイナミックな風景は、文明開化のシンボルとして錦絵にもよく描かれた P.023-図4。この橋は、その後線路本数の増加に伴い、大正3年にわが国初のタイドアーチ橋として架替えられている。

東海道の起点・日本橋では、その固有の歴史を踏まえたデザインが模索された。この橋は西洋の石造アーチ橋の姿をまといながらも、橋上にはかつて街道の一里塚に植えられていた松や榎をあしらった照明灯、狛犬をアレンジした獅子、徳川慶喜の揮毫による銘板を据えつけ、明治維新以降しばらく否定されていた江戸時代の記憶を蘇らせるデザインが行われた 図1。

図2 富士川橋／工事概要によると、川の流れや両岸との取り合いを考慮して下路式が選択され、さらに経済性と外観の美しさを考慮して、大スパンの曲弦トラスが選択されたという。富士山を背景に、富士川の雄大な流れと直交する、近代を代表する技術景観の一つ。

## 大河川に架かる橋

次に大河川に架かる橋梁を見てみよう。まず、明治4年の太政官布告に基づく民間による有賃橋では、もっぱら木橋が採用されたが、その後、時代が進むにつれて鋼橋への架替が進み、特に接合部の破損リスクが少なく、かつ経済的に大スパンを実現できるリベット結合の曲弦トラス形式の橋梁が数多く採用された。例えば国道一号では、富士川橋、大井川橋、天竜川橋等である 図2,i。そして、内務省が直轄で設計・施工した利根川橋（国道四号）が大正13年に竣工したのを一つの契機として 図3,iii、曲弦のワーレントラス形式が次第に普及していく。

国道一号では、他では見られない新たな技術を駆使した橋梁もつくられた。まず大阪では、市街への水害リスクを軽減するために淀川を一跨ぎするスパン100m超の三ヒンジアーチからなる桜宮橋が建設された 図4。また、木曽川と長良川には、わが国最初期の本格的ランガー橋で、スパン長・橋長共に有数の規模を誇る尾張大橋・伊勢大橋がつくられた 図5。設計者は、米国仕込みの先端技術を武器に活躍した民間技術者・増田淳ii。時代はまさに道路法制定以後の道路橋建設ラッシュを迎えており、県の技

図1 日本橋／日本橋は、その歴史的・地理的重要性を考慮し、寓意に富んだデザインが施され、近代日本の一種の記念碑として建設された。

図3 利根川橋／近世に防衛や技術・経済的理由で渡橋が制限されていた利根川は、大正期に逆に軍事的理由で、橋の架設が検討された。利根川改修工事の進捗に伴い、付近の流路が定まったことも、建設の一つの契機となった。

図4 桜橋／東京・隅田川と同様に、大阪・淀川にも大規模な鋼橋が建設された。アーチの頂部にもヒンジを入れた、三ヒンジアーチの適用例としても注目される。

i. 樺島正義 ……… (1878-1949)米国留学後、東京市橋梁課長として日本橋の建設に携わる。のちに独立し、富士川橋、安倍川橋など国道1号の大規模橋梁の設計も行う
ii. 増田淳 ………… (1883-1947)米国留学後、事務所を設立し、府県の嘱託として、数々の橋梁の設計に携わる
iii. 青木楠男 ……… (1893-1987)内務技師、大学教授として、道路橋の設計、研究を行う。真田秀吉の後任者として、利根川橋の建設を担当した

師に代わり設計業務を行った増田らにとって、国道の橋梁は格好の活躍の場となった。ちなみに彼は、国道二号の鉄筋コンクリート造アーチ橋・武庫大橋の設計も担当している。

### 隧道

難所として知られたかつての峠道には、近代的な隧道が建設された。例えば宇津ノ谷隧道(静岡)は、明治9年に民間によって石造隧道として築かれた後 p.139-図4、明治37年に県事業による煉瓦造隧道、昭和5年に県設計、国庫補助事業によるコンクリート造隧道というように、時代と共に構造と規模を改め、交通量の増加に対応している(戦後も昭和34年と平成10年に新隧道が築かれた)。金谷、鈴鹿など他の峠道でも、明治期から昭和期にかけて道路改良事業が行われた。また明治期には、峠道の他にも、滋賀県の由良谷川や大沙川といった天井川の下に石造隧道を穿つという特殊な事例もある。

大正期になると、箱根において、関東大震災によって崩壊した崖の直下に、函嶺洞門という鉄筋コンクリートによるラーメン構造の落石防護施設が建設されている。箱根が富士山とともに国立公園指定に向けた活動を展開していた頃の設計で、洞門の前後につくられたタイドアーチ式の鉄筋コンクリート造橋梁

図6　函嶺洞門／開発一辺倒ではなく、自然環境や人文景観の保全との両立が模索され始めた頃の構造物。歴史と自然を売りにした観光地開発の一例ともいえる。

とあわせて、箱根の玄関口に相応しい堂々とした構えを見せている図6。

### 開発と保全

函嶺洞門の事例に見るように、大正から昭和にかけて、歴史的風致や景観保護の気運が高まり、場所性を考慮した構造物デザインが増えていく。史蹟名勝天然紀念物法(大正8年)や国立公園法(昭和6年)の成立も、この状況を後押

しした。国道一号では、戸塚・藤沢間で江戸時代の並木道を保全しながら複線化が図られた図7。その一方で、ドイツ・アメリカの高速道路建設に刺激され、昭和15年には、東京の環状七号線と第二京浜国道 p.141-図7 の交差点に、わが国初のインターチェンジが建設されるなど、先端的な道路景観も生まれていった図8。

図5　尾張大橋／木曽川に架かる。設計は増田淳。

図7　戸塚国道／左側の旧道と松並木を残しつつ、右側に新たに道を築いている。

図8　馬込インターチェンジ／幹線道路の立体交差に導入された不完全クローバー型のインターチェンジ。

143

道路──国道1号
# 国道の全国ネットワーク

中央集権化の理念
自動車交通への対応
全国計画と整備

## 中央集権化と道路

明治の道路ネットワークは、鉄道・電信ネットワークと同様に、中央集権化の理念を如実に反映していた。これは江戸中心形の五街道をさらに徹底したものであった。明治9年6月、全国の道路を国道、県道、里道に階層化し、さらに各階層を1等から3等まで分類した太政官達60号において、すべての国道の起点を東京に設定したのがその典型である図1。なおこの布達では、江戸と内陸の主要都市を結ぶことが多かった五街道と異なり、最重要の1等国道を東京・開港場（函館、新潟、横浜、神戸、長崎）間の路線に設定している。ここから、江戸時代とは異なる、海外に開かれたネットワークの姿を見て取ることができよう。

内務省は、この太政官布達を受け、各府県に管内の道路図面の調整を命じ、それをもとに詳細な路線計画の調査を進めた。この調査を踏まえ、明治18年に政府は、国道の等級を廃して新たに国道表を定めるわけだが、44号までの番号が付けられたこのわが国初の国道表においても、大阪府と広島鎮台の連絡路として計画された国道26号を除き、すべて東京・日本橋が起点とされた図2。

一方、これらは整備に直結したわけではなく、道路整備はあくまで地域ごとに実施された[i]。国が主導して、全国ネットワークが着実に建設された鉄道や電信とは対照的である。大規模な道路建設としては、開拓使または北海道庁による道内の道路整備（第3章参照）、三島通庸[ii]による山形、福島、栃木の道路整備、明治14年から18年にかけて国直轄で建設された群馬と新潟を結ぶ清水峠越、四国4県を結ぶ四国新道の整備がよく知られている。これらのうち、三島通庸[ii]による道路整備と清水峠越は、華士族授産を念頭において大久保利通が構想した国土開発プロジェクトの一環として実施された（付録参照）。

図1 明治9年太政官達での道路分類（*幅員は間をメートルに換算）

| | 等級 | 幅員* | 起点 | 終点 | 接続道 |
|---|---|---|---|---|---|
| 国道 | 1等 | 12.6 | 東京 | 開港場 | |
| | 2等 | 7.2 | | 伊勢神宮・府・鎮台 | |
| | 3等 | 6 | | 県庁 | 各府・鎮台間 |
| 県道 | 1等 | 4.8～6 | 鎮台 | 分営 | 各県間 |
| | 2等 | | 県庁 | 県支庁 | |
| | 3等 | | 主要区 | 都府・海港 | |
| 里道 | 1等 | | | | 各区間 |
| | 2等 | | | | 用水・堤防・牧畜・坑山・製造所等へ |
| | 3等 | | | | 神社仏閣・田畑へ |

| 番号 | 終点 | 番号 | 終点 |
|---|---|---|---|
| 1 | 横浜 | 23 | 鳥取県（別路線） |
| 2 | 大坂港 | 24 | 島根県 |
| 3 | 神戸港 | 25 | 島根県（別路線） |
| 4 | 長崎港 | 26 | 広島鎮台 |
| 5 | 新潟港 | 27 | 山口県 |
| 6 | 函館港 | 28 | 山口県（別路線） |
| 7 | 神戸港（別路線） | 29 | 和歌山県 |
| 8 | 新潟港（別路線） | 30 | 徳島県 |
| 9 | 伊勢神宮 | 31 | 愛媛県 |
| 10 | 名古屋鎮台 | 32 | 高知県 |
| 11 | 熊本鎮台 | 33 | 高知県（別路線） |
| 12 | 群馬県 | 34 | 福岡県 |
| 13 | 千葉県 | 35 | 大分県 |
| 14 | 茨城県 | 36 | 宮崎県 |
| 15 | 宮城県 | 37 | 鹿児島県 |
| 16 | 山梨県 | 38 | 鹿児島県（別路線） |
| 17 | 岐阜県 | 39 | 山形県 |
| 18 | 福井県 | 40 | 秋田県 |
| 19 | 石川県 | 41 | 青森県（別路線） |
| 20 | 富山県 | 42 | 札幌県 |
| 21甲 | 富山県（別路線） | 43 | 根室県 |
| 21乙 | 富山県（別路線） | 44 | 沖縄県 |
| 22 | 鳥取県 | | |

図2 明治18年内務省告示された最初の国道表／起点は26号を除き、すべて東京・日本橋

## 全国整備計画

大正8年に道路法が公布されると、全国の道路は国道、府県道、市道、町村道に分類される。また、大正9年度を実施初年度とするわが国初の全国道路長期計画（30か年計画）である第一次道路改良計画も策定された。整備規模は、国道7,855km、軍事国道275km、指定府県道1,570kmおよび6大都市の主要街道で、整備の財源の根拠を示す道路公債法も大正9年に公布された。また、自動車交通に適応した道路構造を研究する土木試験所（現国立研究開発法人土木研究所）が内務省に設置され、道路工学研究も次第に活発化する図3,iii,iv,v。

ところが、大正12年の関東大震災により、整備計画は変更を余儀なくされ、さらに民政党が緊縮財政政策を推し進める中、失業対策以外の土木関係事業費

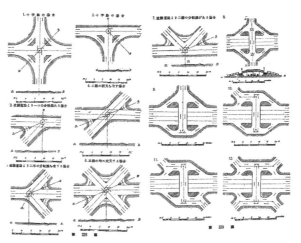

図3 牧野雅楽之丞『道路工学』に掲載された交差点の類型／本書は、計画、経済、設計など道路建設に係る幅広いテーマを扱っているが、その大半は舗装技術の説明に割かれている。

i. 大久保諶之亟 ‥‥ (1849-91) 政治家。四国全域の発展を目指して、四国新道の建設を提唱
ii. 三島通庸 ‥‥‥ (1835-1888)薩摩藩出身。明治政府成立後、地方長官を務め万世大路、安積疏水、那須野が原開墾、他を実施。後、土木局長、臨時建築局副総裁、警視総監。「土木県令」「鬼県令」とも呼ばれた
iii. 牧彦七 ‥‥‥‥ (1873-1950)内務省土木試験所の初代所長。東京市道路局長も歴任し、道路研究と建設に尽力した。道路法の制定にも関わる
iv. 牧野雅楽之丞 ‥ (1883-1967)道路法の制定に尽力した後、直轄国道の改良等の担当を務めた。土木試験所2代目所長
v. 金森誠之 ‥‥‥ (1892-1959)内務技師としてだけでなく、映画製作者としても道路の発展に貢献。「混凝土道路」「国道八号線」などの作品がある

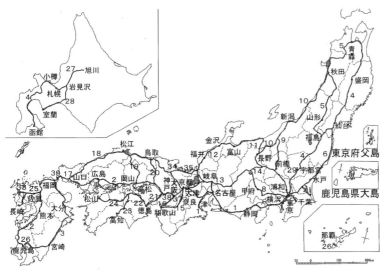

図4 昭和17年全国国道図(数字は国道の番号)

| 区分 | 国道 | 府県道 | 計 |
|---|---|---|---|
| 路線総延長 | 7,761 | 106,632 | 114,393 |
| 既改良延長 | 2,170 | 12,332 | 14,502 |
| 内、既舗装延長 | 1,220 | 2,780 | 4,001 |
| 未舗装延長 | 950 | 9,551 | 10,501 |
| 要舗装延長 | 494 | 2,602 | 3,096 |

図5 昭和14年当時の道路改良状況／国道だけでなく府県道の改良区間もわずかであった(*単位はkm、**北海道、沖縄を除く)。

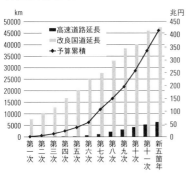

図6 道路整備五箇年計画における予算と高速道路延長・改良済国道延長の推移／予算は、消費者物価指数を用いて平成15年を基準に物価換算している。

は大きく削減され、第一次道路改良計画は頓挫してしまう。その後、自動車交通の発達に伴い、急勾配、幅員狭小、路面のぬかるみといった道路の不備が顕在化する中、内務省は独自に主要府県道約8,000kmを対象とした自動車道助成10箇年計画を立案するが、それも実現しなかった。ただ、その後政権交代を経て状況が変化し、昭和7年に産業振興道路改良5箇年計画、8年にはこの計画を吸収するかたちで20箇年の第二次道路改良計画が策定される。この計画で注目されるのは、昭和6年の失業者対策において初めて採用された国直轄事業の枠が大きく拡大し、未改修の国道7,526kmのうち、6,903kmを国庫補助事業ではなく国直轄事業として行うという、国の道路行政の拡充が図られた点である。ただ改修実績を見れば、事業開始から5年経過した昭和14年時点で舗装工事まで完了した国道は15%に留まり、その後戦時下において事業が停滞したことも考慮すると、計画通りには進捗しなかったと考えられる 図4,5。

道路計画にあわせて、技術的な基準も整備された。まず大正8年に道路構造令および街路構造令が制定され、道路の分類に応じて、幅員・建築限界等が規定され、車両・ローラー・群衆等を考慮した設計荷重も設定された。さらに、大正15年には道路構造に関する細則案が作られ、荷重の種類を地震荷重、風荷重、衝撃等に分類し、許容応力度に係る規定や、鉄筋コンクリート床版の設計法の考え方を示すなど、設計者の裁量に多くを委ねながらも、より実務に即した全国的な基準が示された。

## 第二次世界大戦以降

第二次世界大戦終結後、わが国はそれまで整備の滞っていた道路の抜本的な改善を進める。まず、昭和27年に道路法を改正、その翌年にはガソリン税を主な財源とする道路整備費の財源等に関する臨時措置法を制定し、この法律に基づき道路整備5箇年計画が策定された。いずれも議員立法である。戦前にも、ガソリン税を財源とする案はあったものの、実際には一般財源に依存し、政局に左右されて事業に継続性を欠いた状況が、これで改善された。なおこの5箇年計画は、平成15年に社会資本整備重点計画に統合されるまで、計12回策定されている 図6。

また道路改良の進め方として、幅員・線形・勾配等を改良した上で路面舗装を行うという、従来の方針が改められ、改良を待たずにまずは舗装を行うことで、泥路・砂利道からの脱却が図られた 図7。

図7 戦後の道路の砂埃とぬかるみの状況

道路──国道1号
# 高速道路の全国ネットワーク

様々な計画案の策定
国土開発との関係
新たな道路景観の創造

### 国土計画の思想
第二次世界大戦下の西洋での国土政策の流れは、わが国の道路計画に新たな視点を与えた。ネットワークに関しては、大きく2つの変更点を指摘することができる。

1つ目は、視点が日本列島の外の世界に拡張されたという点である。特に昭和16年頃から大東亜共栄圏、つまりアジア大陸が強く意識されるようになる。2つ目は、逆に国の内部に向けられた視点で、未開発の地域資源の有効活用を目的とした地域拠点間の接続強化が模索された。この点に関して、当時の道路研究を牽引していた藤井真透[i]は、東京を中心とする放射状ネットワークを脱し、地方を東西、南北、対角に結ぶ路線や、放射状の路線を環状に結ぶ路線を組み合わせ、「全国土を一都市化せしめん」とする理念を提唱している。

これらの視点は、内務省が昭和15年から3ヵ年実施した重要道路整備調査と、昭和18年に公表した全国自動車国道計画[図1]にも反映された。このわが国初の高速道路網計画では、単に自動車交通の需要に対応するのではなく、都市人口の地方への分散や、都市や工業地帯の連絡改善などによる「全国土の有機的結合」が目指された[*1]。実施にあたっては、東京・神戸間の路線が最優先とされ、中でも東京・清水間、名古屋・神戸間を最初の5年で建設する計画だったが、戦況が悪化する中、成果は名古屋・神戸間の事前調査に留まった。

### 高速道路の建設
戦後の国土復興期にも、単なる道路の復旧ではなく、新たな国土の骨格となる高速道路の建設が検討された。初期の具体的な提案としては、GHQがTanaka Planと呼んだ企業家田中清一[ii]による平和国家建設国土計画大綱の道路計画（昭和22年）を挙げることができる[図2]。これは、まず神戸・大阪から東京を経由せずに本州の脊梁部を青森まで貫く「背骨道路」を築き、さらに長野県飯田から東京に至るほぼ直線状の道路を貫くというものである。戦前から内陸部での食糧増産と住宅・資源開発を主張していた田中の考えを具体化したこの案は、最終的に昭和32年に制定された国土開発縦貫自動車道建設法の中で一部

図2　田中プラン

実現することになる。

一方、建設省は昭和26年から高速道路のネットワーク調査を開始し、その3年後に田中プランとは対照的な太平洋側と日本海側の幹線道路をループ状に結ぶ計画を公表する。これは、戦前の内務省の計画を基本的に踏襲しているもの

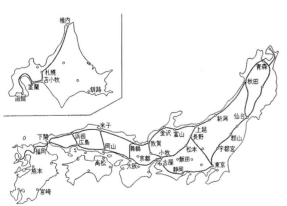

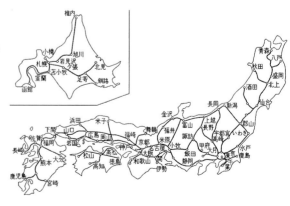

図1　全国自動車国道網計画図／北海道から長崎まで日本海側の主要港湾を結び、航路でアジア大陸との接続が図られている。太平洋側は自然災害または爆撃により鉄道と同時に破壊されるのを回避するため、鉄道幹線に隣接させない方針がとられている。なお設計速度は平坦部150km/h、丘陵部120km/h、山岳部100km/hであった。

図5　国土開発幹線自動車道路網（S41）／半島・山岳地帯などの特殊な地域を除く全国の各地域から、概ね2時間以内で高速道路に到達できることが目指された。一方、昭和62年の高規格幹線道路網では概ね1時間が目安とされた。

i. 藤井真透 ……（1889-1963）内務技師、海軍技師、大学教授等として、道路界を先導した。土木試験所第4代所長
ii. 田中清一 ……（1892-1973）写真の右端。前段右から3人目が、名神高速に関するレポートをとりまとめたワトキンス Ralph J. Watkins

図3 『みちのはなし』／日本道路公団は、子供向けの本も出版し、未来の夢を語り、事業の重要性を国民にわかりやすく訴えた。いくつかの絵は、ワトキンス報告書に掲載された写真をもとに描かれている。

の、いくつか点で変更が加えられている。それを3つ挙げると、まずは無料道路から有料道路へ方針転換されている。そして昭和31年には、有料道路を建設・管理する主体として日本道路公団が設立される図3。2点目は、計画策定に当たり、技術面だけでなく経済面についても詳細な調査を行ったこと。採算性の調査では、輸送する物資の品目や道路の勢力圏を特定した上で、鉄道および一般道路から高速道路に転換される輸送量や高速道路全体の交通量が推定された。3点目が、外資導入に向けて積極的な活動を展開した点である。建設省は、まずアメリカ人コンサルタント2名に意見を求め、その後、アメリカ人調査団に名神高速の効果や採算性に関する調査を依頼している。経済学者ワトキンスを団長

とする本調査の結果、名神高速や東名高速の建設に対する世界銀行からの融資が実現したばかりでなく、日本の道路の実情と整備の必要性に関する具体的指摘が、道路整備5箇年計画の予算の大幅な増額に結び付いた。

田中プランを基本とする中央道案と、建設省の東海道案の間で意見が分かれていた東京・名古屋間については、まず国土開発縦貫自動車道建設法に盛り込まれていた中央道の建設が先に着手された。しかし、最終的に中部山岳地帯を横断せず、それを北から迂回するルートが選択されたことで中央道の東京・名古屋を結ぶ幹線としての意味合いが薄れ、その後に着手される東名自動車道がその役割を担うことになる（東京・名古屋を最短に結ぶ中部山岳地帯を横断するルートは、リニア新幹線によってようやく実現しようとしている）。また、高速道路建設の揺籃期には、議員立法によって路線ごとに法律がつくられ、ネットワークとしての一体性が希薄であったが、昭和41年に国土開発幹線自動車道建設法が成立することで、国土の有機的な結合という当初の理念に近いネットワークが具体化していく図4,5。

### 建設技術と景観

わが国初の高速道路・名神高速道路の建設では、一部国際競争入札が行われ、技術的にも西ドイツのドルシェ（線形）、アメリカのソンデレガー（土質・舗装）といった外国人の指導を得て進められた。特にドルシェは、アウトバーンの経験を踏まえ、自然と人工が調和した道路景観の形成を目指して、クロソイド曲線や空間を立体的にとらえる立体線形の手法など駆使しながら、機能的であり、かつ優美な道路線形の実現を図っていく。これは、工学的アプローチによって、優れた景観形成を図ろうとする景観工学の発展にも結び付いた。

| 関連年表 | |
|---|---|
| M2 | 関所の廃止 |
| M4 | 民間による有料道路建設の許可 |
| M5 | 伝馬所の廃止、道路の実測調査の開始 |
| M6 | 道路元標及び里程標の設置に関する布達 |
| M8 | 大井川への架橋 |
| M9 | 国道、県道、里道を分け、各級を定める |
| M13 | 栗子隧道竣工（山形県・福島県） |
| M14 | 万世大路開通 |
| M18 | 国道44号線を定める、清水峠越（国直轄） |
| T2 | 内務省土木局に道路課設置 |
| T8 | 道路法・道路構造令・自動車取締令公布 |
| T9 | 道路取締令公布、第一次道路改良計画策定、国道路線認定 |
| T12 | 安倍川橋（静岡県） |
| T13 | 利根川橋（栃木県・埼玉県）、富士川橋（静岡県） |
| T14 | 国庫補助による失業救済事業実施、箱根国道、国道1号藤沢町 |
| T15 | 京浜国道、鈴鹿峠（三重県・滋賀県）、国道2号大阪府 |
| S2 | 阪神国道、浜名湖橋（静岡県） |
| S3 | 初の全国交通調査（道路改良会）、大井川橋（静岡県） |
| S4 | 産業道路改良計画策定 |
| S5 | 桜宮橋（大阪府）、宇津ノ谷隧道（静岡県） |
| S6 | 晩翠橋（栃木県）、函嶺洞門（神奈川県）、国道2号京都市・大阪市 |
| S7 | 産業振興道路改良五ヵ年計画策定、小夜ノ中山隧道（静岡県） |
| S8 | 時局匡救道路改良事業、第二次道路改良計画策定、京浜国道、京津国道、天竜川橋（静岡県）、尾張大橋（愛知県・三重県） |
| S9 | 第二京浜国道を第二次道路改良計画に追加、伊勢大橋（三重県）、国道1号下国府津・小田原間、国道1号神奈川県 |
| S11 | 産業伸長道路改良五ヵ年計画策定（日支事変のため実現せず）S13 国道1号三重県、国道1号神奈川県足柄下郡 |
| S14 | 国道1号藤沢町／茅ヶ崎町 |
| S18 | 内務省が自動車国道計画を策定 |
| S32 | 国土開発縦貫自動車道建設法制定 |
| S39 | 名神高速道路開通 |
| S41 | 国土開発幹線自動車道建設法制定 |
| S62 | 第4次全国総合開発計画に高規格幹線道路を盛り込む |

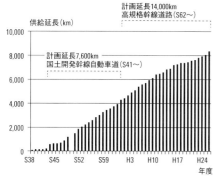

図4 高速道路建設延長の推移／計画延長に対する整備実績を示す。

＊1 自動車国道網並びに計画大要（抜粋）／「国防上の要請並びに国土計画的見地に基づき、自動車の高速交通に適する国内主要交通幹線として、新たに自動車網計画を策定し、自動車による中距離輸送を助長し、他の国道と相俟って、国内各ブロック相互の物資交流を容易にさせるとともに、全国土の有機的結合を図る。なお、この精神は、昭和32年に成立した国土開発縦貫自動車道建設法に受け継がれる。

## 参考文献

・青木楠男：利根川橋架設工事報告、土木学会誌 第11巻 第2号、pp.309-434、1925
・池本泰兒：明治大正時代に於ける内務省直轄道路橋梁工事に就て、道路の改良 第14巻 第3号、pp.38-53、1932
・高速道路調査会：行きづまる国道一号線、1960
・財団法人田中研究所：日本の高速自動車道、1968
・田中好：明治時代の道路制度、道路の改良 第12巻 第1号、pp.205-241、1930
・東京府：東京府一号国道改修工事概要、1926
・内務省大阪土木出張所：阪神国道なかりせば、1940
・内務省東京土木出張所：行詰れる京浜国道、1935
・内務省土木局：昭和七年度直轄工事年報、1932
・工学会編：明治工業史 土木篇、工学会、1929
・日本道路協会編：日本道路史、1977
・日本道路公団：みちのはなし、1957
・三浦七郎：一号国道（京浜国道）改築工事概要、道路の改良 第5巻 第1号、pp.107-116、1923
・溝口親種：阪神国道改築工事概要（一）、道路の改良 第5巻 第2号、pp.121-132、1923
・春木節郎：新京浜（36号）国道新設工事、土木建築工事画報 第14巻 第2号、pp.105-107、1938
・福留並喜：桜宮橋架設工事に就て、土木建築工事画報 第7巻 第1号、pp.30-35、1931
・藤井真透：国土計画に包含すべき道路基本計画、第1回東亜道路技術会議論文報文集、pp.451-452、1942
・北海道庁札幌土木事務所：救済事業国道28号線栗山耕成間道路改良直営工事写真
・牧野雅楽之丞：道路工学、常盤書房、1931
・WATKINS, Ralph J. et al: Kobe-Nagoya Expressway Survey for the Ministry of Construction, Government of Japan, 1956

# 12.

# 災害からの復興
## 帝都復興事業

江戸以来の防火対策と復興
関東大震災の発生と帝都復興院の発足
帝都復興計画と復興体制の変遷
土地区画整理の実施と街路・公園の整備
橋梁及び河川・運河の整備と防火地区の指定
市場新設、住宅供給と横浜の復興
帝都復興後の災害と復興

災害からの復興——帝都復興事業
# 江戸以来の防火対策と復興

近世の防火対策と都市の復興
明治以降の都市改造による防火対策
都市防火に関する法制度の整備

### 近世の防火と都市空間
・近世の防火対策

低層の木造家屋が密集する城下町江戸は、幾度となく大火に見舞われ、そうした火災の発生や延焼を防ぐため、様々な防火対策が講じられた。

江戸幕府はたびたび御触れを出し、火元の取り締まりを強化するとともに、放火犯には厳刑を処した。さらに幕府は、町ごとに防火用具をそろえるよう命じたり、消火体制に言及したりするなど初期消火に努めた。一方、消防体制として火消しを組織化した。当時の消火法は、延焼を防ぐために風下の家屋を破壊する破壊消防であり、火事の多い江戸では、「火事と喧嘩は江戸の華」と謳われるほど火消しの活躍は華々しかった。

これらの対策に加えて幕府は、火災の延焼を防ぐための防火帯として、火除地と呼ばれる空地を市中に配置したほか、広小路や広道、火除堤などを設置した。また、江戸中期以降は、個々の建築物を不燃化するため、塗屋造や土蔵造、瓦葺の建築を奨励した。

・明暦の大火と江戸城下の復興

こうした防火対策にもかかわらず、江戸では火災が絶えず、なかでも明暦3年（1657）1月に発生した明暦の大火は、江戸時代最大の大火と言われている。この明暦の大火を契機に、江戸幕府は、従前の市街地に戻す"復旧"ではなく、とくに防災という従前の課題を克服すべく"復興"をめざした城下の改造に乗り出した。

まず、大火直後に、幕府の命を受けた洋式測量術の権威北条安房守氏長により、はじめて江戸全域の実測図「万治年間江戸測量図」（縮尺2600分の1）、通称「明暦実測図」が作製された。この実測図をよりどころとして、市街地の復興が進められた。火除地や広小路、火除堤などの防火帯が設置されるとともに、街路の拡幅が進められた。既設街路の幅員を確保するため、街路両側の町家の庇を除去するよう町触も出された。さらに、江戸城への延焼を防ぐため、罹災した寺院や大名屋敷が郭外へ移転された。

また、隅田川への架橋も進み、本所への交通路が確保され、市街地拡大の契機となった。大火前の隅田川には、防衛のために千住大橋しか架橋されていなかったが、大火後は両国橋 図1 に続き、新大橋、永代橋、吾妻橋が架橋された。さらに、築地などの臨海部の埋め立てや、本所をはじめとした掘割運河の開削による干拓が進み、市街地が拡大した。

こうした市街地の復興は、都市構造を抜本的に再構築するものではなく、既存の都市構造を維持しつつ、防火帯による延焼防止といった新たな都市機能を付加するとともに、都市の過密化を緩和するため、埋め立てや干拓による市街地の拡大を図るものであった。

### 明治初期の大火と復興計画
・銀座煉瓦街計画

維新後の明治5年（1872）、和田倉門から出た火が大名小路（現在の丸の内）から銀座、京橋、築地一帯に延焼し、都心部約2300戸を焼き尽くした。明治政府は、焼失地における本建築と建築資材の値上げを禁止、道路の改正と家屋の煉瓦造化からなる銀座煉瓦街計画を布告した。

南には国際都市横浜からの鉄道開通を目前に控えた首都の玄関となる新橋が、東には外国人居留地が位置するという立地にあった銀座の煉瓦街計画は、文明開化を牽引する日本初の都市改造計画として構想され、設計は大蔵省御雇外国人技師・ウォートルス[ii]に託された。街区の整理と道路拡幅を主とする街路計画は、全家屋の煉瓦造化と、道路幅に応じて家屋規模を定めた連屋形式による建築計画と一体的に策定された。幅員15間に拡幅された銀座通りの中央には馬車軌道が設けられ、歩車道の区分、街路樹とガス灯を備えた近代街路の祖型となった。

銀座煉瓦街計画は、事業主体である東京府と監督官庁大蔵省との対立激化や裏通りに空き家が続出するなど不評が相次いだことから、木挽町以東の計画は中止されたが、明治10年（1877）に京橋以南が完成し、新時代を代表する商店街が形成されていった。

### 明治10年代の度重なる火災と跡地計画

銀座の大火以降も、東京都心部には火災が絶えなかった。明治6年（1873）には神田福田町、11年には神田黒門町、さらに13年には日本橋箔屋町、14年に神田橋本町を大火が襲った。神田黒門町の焼失跡地では、煉瓦造、蔵造により防火帯を設置する復旧計画がほぼ実現を見たが、日本橋箔屋町の火災では、煉瓦造倉庫による防火帯設置を軸とした道路拡幅、運河開削が計画されるも、府会の反対により頓挫した。また、名高いスラム地区であった神田橋本町の大火では、府による焼損地の買上げ、瓦葺きによる街区全体の不燃化を実現し、日本初のスラムクリアランスの事例ともなった。このように、明治10年代までに集中した東京における火災と跡地の不燃化再建を繰り返す中で、都市の防火とその実現手法をめぐる論議は着実に深まりを見せていた。

図1 両国橋／両国橋の橋詰には火除地として広小路が設けられ、多くの人々が集う盛り場として賑わった。

i. 松田道之 ······ (1839-1882)明治維新後、京都府判事、滋賀県令、内務省内務大丞等を歴任。第7代東京府知事
ii. ウォートルス ····· Thomas James Waters(1842-1898)アイルランド人技術者。既出：p.139
iii. 芳川顕正 ······ (1842-1920)山縣有朋の側近として、司法大臣、文部大臣、内務大臣、逓信大臣等を歴任。第8代東京府知事

## 防火と都市計画の制度化

### ・東京防火令

東京府知事松田道之[i]は、度重なる大火を克服するためには、従来の事後処理的防火対策にとどまらず、既存家屋の防火改修が不可欠であると考えた。松田の建白を受け、明治14年(1881)東京防火令が発布された図2。東京防火令は、幹線道路沿いの家屋を煉瓦造、石造、蔵造のいずれかに限定する路線防火制と、とりわけ大火の頻発した中心区部において瓦・石・金属などによる不燃材での修葺を義務づける屋上制限からなっていた。松田は、実績が伸びず官費による支援が途絶えた後も積金制を導入する方策を考案し、不燃化は後任の芳川顕正[iii]知事の下でも着実に進められた。明治20年代になると京橋から万世橋にいたる日本橋大通りには黒漆喰塗りの重厚な蔵造りの町並みが現れ、江戸来の大火は急激にその数を減らしていった。

### ・市区改正をめぐる議論と不燃化

不燃化の父とも言われた松田道之であったが、松田が構想していたのは単なる不燃化にとどまらず、明治13年(1880)に「東京中央市区確定之問題」として世に問うこととなる首都東京の改造であった。「中央市区」は、貧富の差の住み分けと下町の商業地域の囲い込みを行い、経済活力の牽引による首都の繁栄を企図しており、その範囲において道路や運河など基幹施設の改造や用途地域の設定、さらに不燃化を実現しようするものであった。東京防火令は、その緊急性により切り離される形でいち早く制定されたものである。

市区改正をめぐって展開されたのは、従来の大火後の跡地計画ではなく、新しい都市の将来像を描こうとする議論であり、わが国都市計画の嫡流をここに見出すことができる。

### ・都市計画法・市街地建築物法と都市防火

明治半ば以降、とりわけ日清・日露戦争を経て大正期に入ると、農村から都市部への人口流入が急増し過密化への対応が急務となるとともに、郊外への都市化が急速に進行し、道路や上下水道などの未整備や環境衛生といった都市問題が顕在化した。大正7年(1918)、政府は東京以外の5大都市への市区改正条例の準用を認め、翌8年には都市計画法(旧法)と市街地建築物法を公布した。前者により防火地区(甲種・乙種)が全国的に指定され、後者により各防火地区における建築物の構造や隣接建物との離隔距離が規定された。

旧都市計画法は、当初想定していた独自財源を持つことが叶わず、都市のインフラ整備を総合的に推進するための事業に国庫補助する途はふさがれたものの、既成市街地の改造という市区改正の概念を超え、都市計画制限の設定や地域制の確立、区画整理や超過収用といった制度の創設が行われた。区画整理は、大正12年(1923)に発生した関東大震災の復興において、特別都市計画法の適用という形で本格的な実現を見ることになる。

### 関連年表

| | |
|---|---|
| 1657 | 明暦の大火 |
| 1772 | 明和の大火 |
| 1806 | 文化の大火 |
| 1872 | 祝田橋大火、銀座煉瓦街計画開始 |
| 1873 | 神田福田町大火 |
| 1876 | 数寄屋町大火 |
| 1877 | 銀座煉瓦街計画完成 |
| 1878 | 神田黒門町大火 |
| 1879 | 日本橋箱崎町大火 |
| 1880 | 「東京中央市区画定之問題」公表(松田道之(東京府知事))、市区改正取調委員局設置(東京府) |
| 1881 | 松枝町大火 |
| 1881 | 東京防火令 |
| 1884 | 「東京市区改正意見書」(芳川顕正(東京府知事))、東京市区改正審査会設置(内務省) |
| 1885 | 東京市区改正審査会成立 |
| 1886 | 「日比谷官庁集中計画」立案(ベックマン) |
| 1888 | 「東京市区改正条例」公布、東京市区改正委員会設置 |
| 1889 | 「東京市区改正計画(旧設計)」告示 |
| 1903 | 「東京市区改正計画(新設計)」告示 |
| 1906 | 臨時市区改正局設置(東京市) |
| 1911 | 吉原大火 |
| 1912 | 洲崎大火 |
| 1917 | 都市研究会発足(会長:後藤新平) |
| 1918 | 「東京市区改正条例等の準用に関する法律」制定、内務省に都市計画課設置 |
| 1919 | 「都市計画法」公布、「市街地建築物法」公布 |
| 1920 | 後藤新平第六代東京市長就任 |
| 1921 | 「東京市政要綱」発表(後藤新平(東京市長)) |
| 1922 | 東京市政調査会設立(初代会長:後藤新平)、「東京都市計画区域」確定(半径およそ16kmの範囲)、防火地区指定(東京・横浜) |
| 1923 | 後藤新平東京市長辞職、関東大震災、帝都復興審議会設置、帝都復興院設置(総裁:後藤新平)、帝都復興計画・予算決定、「特別都市計画法」公布 |
| 1924 | 帝都復興院を内務省復興局に縮小、同潤会設立 |
| 1930 | 帝都復興事業完成 |
| 1934 | 函館大火 |
| 1937 | 防空法公布 |
| 1939 | 東京緑地計画決定 |
| 1940 | 静岡大火 |
| 1941 | 対米英宣戦布告 |
| 1945 | 無条件降伏、戦災復興院設置(初代総裁:小林一三)、「戦災地復興計画基本方針」決定(政府) |
| 1946 | 戦災復興都市計画計画決定(東京都)、「特別都市計画法」公布・施行 |

図2 東京防火令による防火路線

災害からの復興――帝都復興事業
# 関東大震災の発生と帝都復興院の発足

後藤新平による東京市政の刷新
帝都復興の方針と理想案の策定
復興体制の確立

## 被災の状況

大正12年(1923)9月1日午前11時58分、相模湾を震源とする推定マグニチュード7.9の地震が発生した。この地震により、東京市や横浜市をはじめ、南関東一帯を中心に甚大な被害が発生した。とくに火災の被害が大きく、死者・行方不明者は10万5千人以上、焼失住家は21万2千棟以上、全半壊住家は21万2千棟以上に上った表1。東京市では、皇居の北東から南にかけて広大な市街地が焼失し、焼失面積は3,470ha、当時の市域の43.5%に及んだ。罹災者総数は170万人に上り、当時の東京市の人口の約75%に達した図1,2。

震災により壊滅的な被害を受けた東京市および横浜市では、震災直後から復興計画の検討が始まり、この計画に基づき、大正13年(1924)から昭和5年(1930)にかけて帝都復興事業が実施された。

## 帝都復興院発足の経緯
・東京市長　後藤新平

震災に先立つ大正9年(1920)12月、東京市会は、満鉄総裁や内務大臣などを歴任した後藤新平[i]を東京市長に選出した。後藤はこれを受諾し、東京市長に就任した。就任にあたり後藤は、腹心の永

図1 焦土と化した帝都

田秀次郎、池田宏[iii]、前田多門を助役に配し、さらに佐野利器[ii]など6人の学者及び実業家等を顧問に据え、東京市政の刷新に乗り出した。

大正10年(1921)4月、後藤は「東京市政要綱」を発表した図3。この要綱では、幹線道路の新設及び拡幅、上下水道の改良、さらに港湾の修築など、国家予算が15億円だった当時、およそ8億円規模の費用を見込んでいたことから、「後藤の大風呂敷」などと評された。しかしこの8億円計画が、のちの帝都復興計画の土台となったと言われている。

大正11年(1922)には、後藤はニューヨーク市政調査会をモデルとして、東京市政調査会を設立した。東京市政調査会は、後藤新平を会長に、阪谷芳郎、佐野利器、池田宏、前田多門、松木幹一郎、渡辺銕蔵らをメンバーとして、東京市政や都市政策に関する調査研究を行うとともに、機関誌『都市問題』を発刊した。大正12年(1923)4月、後藤は東京市長を辞職したが、後任には助役であった永田秀次郎が就任した。

・帝都復興院の発足

震災直後の大正12年(1923)9月2日、第二次山本権兵衛内閣が発足し、後藤新平は内務大臣に就任した。就任直後に

表1 関東地震による住家被害棟数および死者数の集計

| 府県 | 住家被害棟数(棟) ||||| 死者数(名)(行方不明者を含む) |||||
|---|---|---|---|---|---|---|---|---|---|---|
| | 全半壊 | (うち非焼失) | 焼失 | 流失・埋没 | 合計 | 住家全壊 | 火災 | 流失・埋没 | 工場等 | 合計 |
| 東京府 | 53,994 | 29,073 | 176,505 | 2 | 205,580 | 3,546 | 66,521 | 6 | 314 | 70,387 |
| うち東京市 | 23,314 | 2,711 | 166,191 | 0 | 168,902 | 2,758 | 65,902 | 0 | 0 | 68,660 |
| 神奈川県 | 117,612 | 89,668 | 35,412 | 497 | 125,577 | 5,796 | 25,201 | 836 | 1,006 | 32,838 |
| うち横浜市 | 28,079 | 9,712 | 25,324 | 0 | 35,036 | 1,977 | 24,646 | 0 | 0 | 26,623 |
| 千葉県 | 19,860 | 19,474 | 431 | 71 | 19,976 | 1,255 | 59 | 0 | 32 | 1,346 |
| 埼玉県 | 8,845 | 8,845 | 0 | 0 | 8,845 | 315 | 0 | 0 | 28 | 343 |
| 山梨県 | 2,802 | 2,802 | 0 | 0 | 2,802 | 20 | 0 | 0 | 2 | 22 |
| 静岡県 | 8,753 | 8,523 | 5 | 731 | 9,259 | 150 | 0 | 171 | 123 | 444 |
| 茨城県 | 483 | 483 | 0 | 0 | 483 | 5 | 0 | 0 | 0 | 5 |
| 長野県 | 88 | 88 | 0 | 0 | 88 | 0 | 0 | 0 | 0 | 0 |
| 栃木県 | 4 | 4 | 0 | 0 | 4 | 0 | 0 | 0 | 0 | 0 |
| 群馬県 | 45 | 45 | 0 | 0 | 45 | 0 | 0 | 0 | 0 | 0 |
| 合計 | 212,486 | 159,005 | 212,353 | 1,301 | 372,659 | 11,086 | 91,781 | 1,013 | 1,505 | 105,387 |

i. 後藤新平 ‥‥‥(1857-1929) 既出：p.037、後出：p.169参照
ii. 佐野利器 ‥‥‥(1880-1956) 帝都復興院理事に就任し、復興事業や土地区画整理事業を推進。その後、満州国の国都新京の新市街建設に携わる。後出：p.173
iii. 池田宏 ‥‥‥‥(1881-1939) 大正7年(1918)に内務省大臣官房都市計画課の初代課長に就任。都市計画法及び市街地建築物法の立法に携わる

後藤は、「帝都復興根本策」を起草した。曰く、遷都しない、復興費に30億円を要する、欧米最新の都市計画を採用して我が国に相応しき新都を造営する、新都市計画実施のために地主に対し断固たる態度をとるとした。さらに後藤は、4日に「帝都復興ノ儀」を起案し、6日の閣議に提出した。その内容は、帝都復興の最高政策を審議・決定するため臨時帝都復興審議会を設置する、復興の計画及び執行のために独立した機関を設置する、政府の諮問機関として復興計画調査会を設置する、帝都復興に必要な経費は原則として国費支弁として財源は長期の内外債を充てる、罹災地域の土地は公債を発行して買収し、土地の整理をしたうえで公平に売却または貸し付けるというものであった。

復興計画の検討も進められ、9月7日の内相官邸会議で概算約41億円規模の復興計画理想案がまとめられた。ここから計画の絞り込みが始められ、22日の内相官邸会議で予算規模10億円の案がまとめられた。

一方、帝都復興の計画及び執行を担う組織として、特設官庁としての帝都復興省案と内務省管轄の復興院案が議論され、その結果、内務大臣が総裁を兼任し、内閣に直属する組織として帝都復興院が設立されることになった。9月27日に「帝都復興院官制」が発布され、後藤新平総裁のもと、幹部には、宮尾舜治（副総裁）、松木幹一郎（副総裁）、池田宏（理事兼計画局長）、佐野利器（理事兼建築局長）、太田圓三（理事兼土木局長）、稲葉健之助（理事兼土地整理局長）、直木倫太郎（技監）、十河信二（経理局長）など、内務省や鉄道省等から後藤が認める人材が集められた。復興計画は、内務省から帝都復興院に引き継がれ、後藤配下の幹部を中心に引き続き検討が進められた。

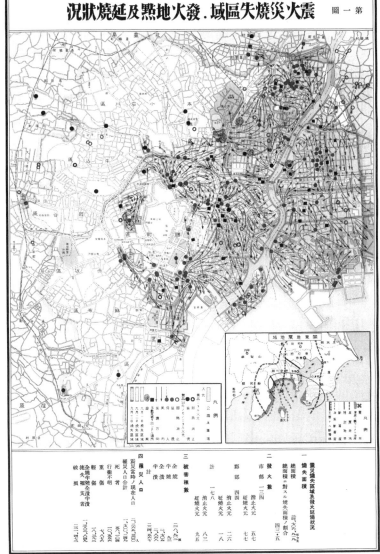

図2 震火災焼失区域、発火地点及び延焼状況

図3 後藤市長による八億円計画

災害からの復興――帝都復興事業
# 帝都復興計画と復興体制の変遷

復興をめぐる意見の対立
復興計画の縮小
帝都復興院の廃止と復興局の設置

## 復興計画の変遷

帝都復興計画の審議のために、3つの機関が設置された。3つの機関とは、帝都復興院総裁の諮問機関として、専門的・技術的内容に関する調査・審議を行うため、政・財・官・学各界有力者等からなる「帝都復興院評議会」、各省庁等との調整のため、各省の次官等からなる「帝都復興院参与会」、内閣総理大臣の諮問機関として、内閣総理大臣他閣僚および政財界有力者等からなる「帝都復興審議会」である図1。復興計画を確定するためには、これらの機関の審議を経たのち、帝国議会において予算が承認されなければならない。以下、復興計画確定に至る経緯を追っていく表1。

帝都復興院では、内務省から引き継がれた計画を素案として検討が進められ、大正12年（1923）10月18日の帝都復興院理事会において、復興計画の「甲案」（12億9500万円）及び「乙案」（9億6300万円）が協議された。両案とも非焼失区域も計画対象とし、計画の骨格に大差はなく、街路幅員や橋梁数、公園面積等が異なっていた。この段階では、甲案が第一案とされた図2。その後、10月23日の理事会において、復興計画の骨子（概算13億円）が決定され、10月27には「帝都復興事業ノ規模、所要経費ノ概算並事業ノ施設方針ニ関スル件」として、帝都復興院による復興計画の大綱が閣議了承された。

これを基に、11月1日から帝都復興参与会において計画案が審議され、さらに11月15日から帝都復興評議会において計画案が審議された。これらの審議を踏まえ計画案は修正されたが、計画の大筋は承認され、この段階においても非焼失区域も計画対象であった。しかし、11月21日の帝都復興院副総裁と大蔵省との協議の末、復興予算の大枠が7億2000万円強まで圧縮され、その結果復興計画は縮小を余儀なくされ、対象は焼失区域に限定された。

続いて、11月24日から帝都復興審議会で計画案の審議が開始された。ここで、枢密顧問官伊東巳代治をはじめとする委員から、財政緊縮の折に計画は過大である、区画整理は自治体（東京市、横浜市）に任せるべきであるといった反対意見が出されることとなる。そして、11月27日の帝都復興審議会による協定案では、明治初期からの懸案であった京浜運河や東京築港が復興計画から切り離されたほか、街路幅員の縮小、区画整理の東京市への移管など、計画の修正が求められた。

これを受けて、復興院において計画の縮小案が検討され、予算は6億円弱に縮小されたほか、京浜運河及び東京築港が復興計画から削除され、街路幅員も縮小された。一方、土地区画整理は焼失区域全域において実施することとし、1割無償減歩が明記された。また、重要幹線限定ではあるが、地下埋設物整理が改めて復興計画に盛り込まれた。なお、復興全体に及ぶ法案として検討されてきた帝都復興法案は、都市計画法を補完する特別法に縮小された。

12月10日に第47帝国議会が招集され、13日から復興予算案が審議された。ここでも、予算のさらなる削減が求められ、結局、復興院の事務予算はゼロ（すなわち復興院は廃止）、国は幹線道路のみ施行し補助線は自治体に任せる、区画整理は国が街路を修築する場合など必要な場合のほかは地主組合に任せるなど、5億7400万円で提出された予算案は4億6800万強に縮小され、12月24日に議決された。また、これと同じ日、区画整理

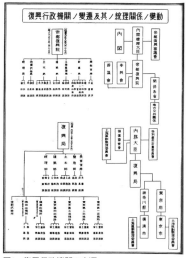

図1　復興行政機関の変遷

図2　帝都復興計画甲案

図3　帝都復興事業計画

i. 直木倫太郎 ‥‥（1876-1943）東京市に入り、東京築港調査事務所工務課長、東京市土木課長を歴任。その後、帝都復興院技監として復興事業に従事する。満州国建国後、国務院国道局長、水力電気建設局長、交通部技監などを歴任。後出：p.173

## 復興体制の変遷

予算案議決から3日後の12月27日、虎ノ門事件が発生した。この責任を取るかたちで12月29日に山本権兵衛内閣は総辞職し、後藤新平も内務大臣及び帝都復興院総裁を辞任した。後藤の後任には、水野錬太郎が就任した。

年が明けて大正13年（1924）2月23日、帝都復興院は廃止され、復興局官制が公布された。2月25日に内務省復興局が設置され、局長には直木倫太郎が就任した。以後、昭和5年（1930）まで、復興局を中心として帝都復興事業が実施された。図3,4。

## 東京市の復興計画

帝都復興院における復興計画案の検討と並行して、東京市においても復興計画案の検討が進められた。大正12年（1923）12月3日に国に提出された「帝都復興に関する意見書」には、東京市による11億円規模の復興計画案が付された。図5。

図4 東京復興事業の内容

### 表1 復興計画等の変遷略年表

| 西暦 | 月日 | 主要事項 |
|---|---|---|
| 1923 | 9 1 | 関東地震発生（午前11時58分、マグニチュード7.9（推定）） |
| | 9 2 | 山本権兵衛内閣発足、後藤新平内務大臣就任 |
| | | 「帝都復興根本策」起草（後藤新平（内務大臣）） |
| | 9 6 | 「帝都復興ノ儀」閣議提出（後藤新平（内務大臣）） |
| | 9 7 | 復興計画理想案とりまとめ（内相官邸会議、概算約41億円規模、9日から絞り込み） |
| | 9 12 | 「帝都復興に関する詔書」発布（起草：伊東巳代治） |
| | 9 19 | 帝都復興審議会官制公布 |
| | 9 21 | 第1回帝都復興審議会 |
| | 9 22 | 復興計画の絞り込み（内相官邸会議、10億円案） |
| | 9 27 | 帝都復興院官制発布（総裁：後藤新平） |
| | 10 18 | 帝都復興院理事会で「甲案」（12億9500万円）「乙案」（9億6300万円）を協議 |
| | 10 23 | 帝都復興院の理事会で復興計画の骨子決定（概算13億円） |
| | 10 27 | 「帝都復興事業ノ規模、所要経費ノ概算並事業ノ施設方針ニ関スル件」（帝都復興院による復興計画の大綱）閣議了承 |
| | 11 1〜 | 帝都復興参与会で計画案審議開始 |
| | 11 15〜 | 帝都復興評議会で計画案審議開始 |
| | 11 21 | 復興予算大枠7億2000万円強に決定 |
| | 11 24〜 | 第2回帝都復興審議会で計画案審議開始 |
| | 11 27 | 帝都復興審議会協定案 |
| | 11 27〜 | 帝都復興院で計画縮小案検討（6億円弱に予算縮小、帝都復興法案は都市計画法を補完する特別法に） |
| | 12 10 | 第47帝国議会招集（12月13日から復興予算案審議） |
| | 12 24 | 予算案議決（5億7400万円で提出した予算は4億6800万円に縮小）、「特別都市計画法」公布（施行令公布は3月15日） |
| | 12 27 | 虎ノ門事件発生 |
| | 12 29 | 山本権兵衛内閣総辞職、後藤新平帝都復興院総裁辞任 |
| 1924 | 2 2 | 特別都市計画委員会官制公布 |
| | 2 5 | 第1回特別都市計画委員会（内相官邸） |
| | 2 23 | 帝都復興院廃止、復興局官制公布 |
| | 2 25 | 内務省復興局設置（局長：直木倫太郎） |

図5 帝都復興計画東京市案一般図

災害からの復興――帝都復興事業
# 土地区画整理の実施と街路・公園の整備

土地区画整理手法の制度化と事業実施
東京中心部の街路網の整備
三大公園と復興小公園の整備

### 土地区画整理

大正8年(1919)に制定された都市計画法では、郊外地における市街地の基盤整備手法として、耕地整理を準用する形で土地区画整理手法が制度化された。大正12年(1923)に制定された特別都市計画法では、これが既成市街地にも適用できるよう制度化され、焼失区域全域で土地区画整理が実施された。特別都市計画法においては、土地区画整理に関して、1割無償減歩、換地予定地の指定と建築物等の移転命令、国または東京市等が土地区画整理事業を施行する場合、土地所有者及び借地権者の意見を聞くための組織として、地主側及び借地側の委員を選挙で選出する土地区画整理委員会の設置、国または東京市等が直ちに土地区画整理を施行できるようにするといった仕組みが整えられた。

土地区画整理事業は、焼失区域面積のおよそ9割に相当する3,119haが65の地区に区分され、うち15地区が国により施行され、残りの50地区が東京市により施行された[図1]。土地区画整理事業に伴う移転棟数は、20万3,000棟に上った。区画整理の実施にあたっては、地元の地主らによる反対運動が巻き起こった。これに対して復興局は、パンフレットの発行や講演会の開催といった啓発活動を展開した。また、土木学会等の学術団体等からなる「帝都復興連合協議会」も、土地区画整理推進に向けた啓発活動として講演会を開催し、復興局長官の直木倫太郎や東京市建築局長の佐野利器、さらに後藤新平らも講演した。その後反対運動は終息し、神田駿河台一帯の第6地区を皮切りに各地区の区画整理が実施された。

こうした土地区画整理事業により、江戸以来の狭隘な街路や路地、密集した市街地は、整然とした区画の街並みに整理された。

### 街路

帝都復興事業によって、現在に受け継がれる東京中心部の街路網が整えられた。国により幅員22m以上の幹線街路52路線総延長約119kmが整備されたほか、東京市により幅員11〜22mの補助線街路122路線総延長約139kmが整備された。さらに、区画整理街路として総延長約605kmが整備された。こうした街路網の骨格として、南北に幹線第1号街路(昭和通り)、東西に幹線第2号街路(大正通り(現在の靖国通り))が整備された[図2]。また、東京府の施行により、被災区域を囲むように環状道路(明治通り)が整備された。

街路整備にあたっては街路設計の基準が定められ、降れば泥濘と言われた街路は舗装され、さらに歩道と車道が分離されたうえで、街路樹や照明が設えられた近代的な街路が整えられた[図3]。幹線第1号街路には4列の街路樹やグリーンベルトが整えられたほか[図4]、幹線第2号街路との交差点には小規模広場(和泉広場)が設置されるなど[図5]、街路整備を通して良質な公共空間が整えられた。また、幹線第2号街路の九段坂には、わが国初となる幹線共同溝が設置された[図6]。

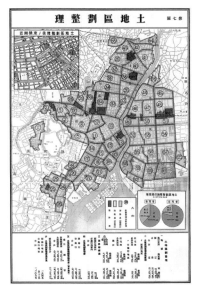
図1 土地区画整理事業の地区区分

図2 街路事業の位置図

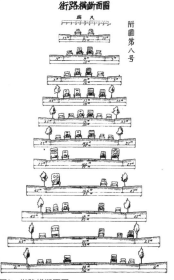
図3 街路横断面図

i. 折下吉延 ‥‥‥ (1881-1966)明治41年(1908)宮内省内苑寮技手。橿原神宮林苑整備や明治神宮造営に従事したのち、大正13年(1924)帝都復興局建築部公園課長に就任。その後都市計画東京地方委員会委員、東京大緑地計画委員等を歴任
ii. 井下清 ‥‥‥‥ (1884-1973)明治38(1905)東京市入庁、大正12年(1923)公園課長に就任。その後東京緑地計画協議会幹事、東京市理事、戦後は東京農業大学教授、東京都市計画審議会委員等を歴任

図4　昭和通り

図5　和泉広場鳥瞰図

図6　幹線第1号街路模型／ここに示された共同溝が幹線第2号街路で実現した。

なお、高速鉄道の建設は帝都復興計画から除外されたが、幹線街路は、その地下に地下鉄の建設を想定した幅員で整備された図6。

## 公園

震災時に公園が多くの人々の避難所となったことで、緑地が単に市民の健康や余暇、行楽のためだけではなく、防火帯や避難地としても重要な役割を果たす都市のインフラであることが認識されることとなった。この教訓を踏まえて、東京市においては国施行による3大公園(隅田・錦糸・浜町)と市施行による52の小公園の設置が復興計画に盛り込まれた図7。復興局および東京市で公園事業を担当したのは、それぞれ折下吉延[i]と井下清[ii]であり、いずれも欧米各国での視察を経験し当時公園課長を務めていた。

隅田公園は、市区改正の旧設計において計画されていたものの新設計での計画縮小により抹消されたが、帝都復興事業により日本初の本格的なリバーサイドパークとして実現された。また、復興小公園は、区画整理によって生み出された街区の要所に、鉄筋コンクリート造の復興小学校に隣接して設けられ図8、平時には広く一般市民に開放し、有事の際には避難所となるよう計画された。これらは広場を主体とする都市的性格を有するもので、日本における児童公園のプロトタイプとなっただけでなく、小学校と児童公園を併設させる考え方は、名古屋や神戸などでの戦災復興事業でも採り入れられた。また、東京市は井下が懇意であった三菱財閥の岩崎久弥から清澄庭園や六義園の寄付を受け、これらは貴重な緑地として今日に継承されている。

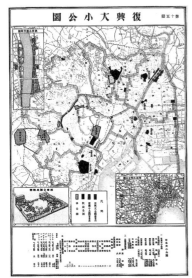

図7　復興大小公園の位置図

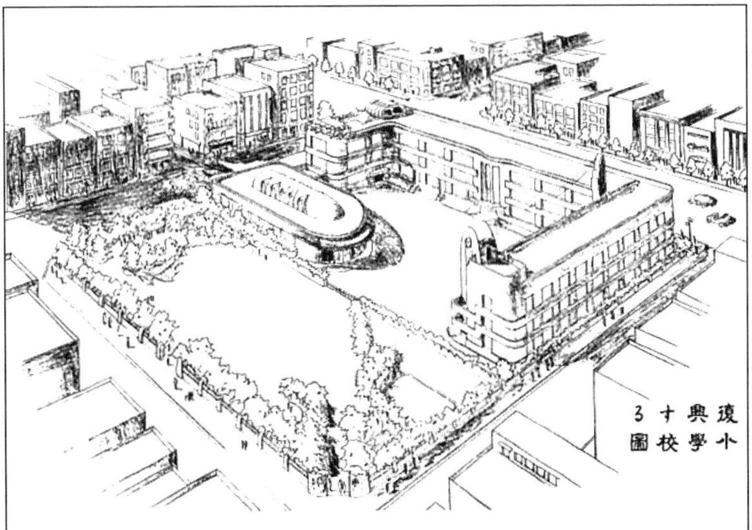

図8　復興する小学校図(概念図)

災害からの復興──帝都復興事業

# 橋梁及び河川・運河の整備と防火地区の指定

**隅田川橋梁群をはじめとする復興橋梁の整備**
**河川・運河の改修による水運の強化**
**防火地区指定の拡充**

## 橋梁

震災当時、隅田川をはじめとする河川や運河に架けられていた橋梁の多くは木橋であった。そのため、震災時の火災によりその多くが焼け落ち、逃げ道を断たれた多数の市民が命を落とした。こうした経験を踏まえ、帝都復興事業においては、耐震・耐火性を考慮した鉄橋や鉄筋コンクリート橋など、国施行142橋、東京市施行313橋という膨大な数の橋梁が短期間で架橋された。

帝都復興の橋梁事業では、当時技術的に先行していた鉄道分野の技術者が活躍した。その中心的役割を担ったのが、いずれも鉄道省出身の帝都復興院土木局長の太田圓三[i]と橋梁課長の田中豊[ii]

であった。太田らは、耐震・耐火性に加え、力学的合理性を考慮した橋梁美も探求し、なかでも隅田川六大橋（相生橋、永代橋、清洲橋、駒形橋、言問橋、蔵前橋）のデザインには特に力を注ぎ、一橋ごとに異なる橋梁形式を採用した[図1,表1]。また、基礎工事にニューマチックケーソン工法や鋼矢板を用いたり、永代橋[図2]と清洲橋[図3]ではデュコール鋼と呼ばれる高張力鋼を使用したりするなど、当時の先進的技術の導入も試みた。

一方、小河川や運河に架かる橋梁に対しては、復興局型と呼ばれる橋梁形式を考案するなど形式の標準化を図るとともに、設計仕様書を作成するなど作業の効率化を推進した。復興局型の橋

梁形式では、ラーメン橋台を流路に設置することで、沿岸の土地区画整理事業の遅れなどに伴い、接続する道路が未整備の状態であっても架橋することができるよう工夫が施された[図4]。また、橋詰には、橋梁の架け替えの際には仮橋の敷地として利用するため、さらに平時においては資材置き場や交番、便所等の敷地として利用するため橋詰広場が設えられた。

隅田川六大橋のほか、帝都復興事業で架橋された代表的な橋梁には、隅田川の厩橋、吾妻橋、両国橋や、神田川の聖橋[図5]、御茶ノ水橋[図6]などがある。厩橋は三連の鋼下路タイドアーチ橋、吾妻橋は蔵前橋と同型式の鋼上路アーチ橋、両国橋は言問橋と同型式の鋼ゲルバー桁橋、聖橋は鋼併用コンクリート上路アーチ橋、御茶ノ水橋はゲルバー桁併用鋼ラーメン橋といったように、多様な橋梁形式が適用された。

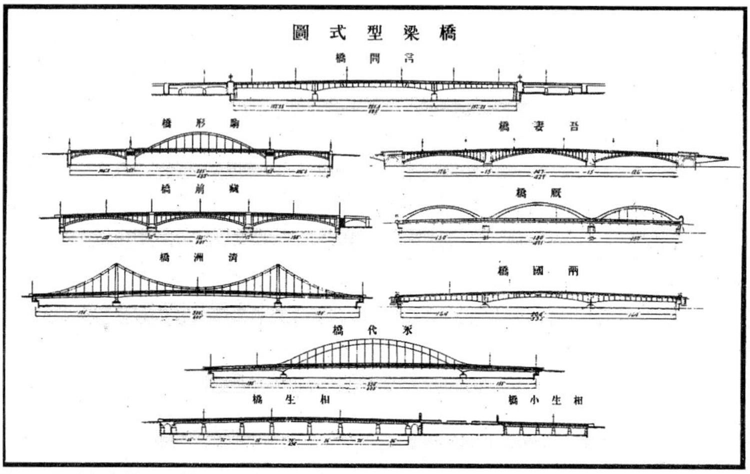

## 河川・運河

水都と呼ばれた江戸の市街地に張りめぐらされた水路網は、近代に入り水運路としての役割が徐々に低下したとはいえ、依然として街路の100倍に相当する輸送力を誇っていた。帝都復興事業では、そうした水運の便を一層増進するため、国の施行により、河川・運河の改修が11路線、新鑿が1路線、埋め立てが1路線、計13路線1万5,080mの整備が計画された[図7]。江東地区を東西に貫く幹線水路の小名木川では、焼失区域内の2,460mにおいて、同時航行船数5隻の想定のもと、幅員55m、深度2.1mで改修が計画された。

こうした改修等にあたっては、運河の標準横断面が示されたほか、屈曲を緩和する、運河の交差部等は隅切りする、運河沿いにはなるべく道路を設けない、共用物揚場はなるべく多く設けるといった、運河法線決定要綱が示された。

図1 隅田川に架橋された橋梁の型式図

表1 隅田川六大橋の鋼重及び工費一覧

| 橋名 | 型式 | 総鋼重 (㎡当たり鋼重) | | 総工費 (㎡当たり工費) | |
|---|---|---|---|---|---|
| 相生橋 | ゲルバー鋼桁 | 1,278t | (0.3t/㎡) | 1,341,753円 | (318円/㎡) |
| 永代橋 | 鋼ゲルバー式タイドアーチ | 3,932t | (0.965t/㎡) | 2,841,921円 | (698円/㎡) |
| 清洲橋 | 鋼自碇式吊橋 | 4,460t | (1.09t/㎡) | 3,009,038円 | (732円/㎡) |
| 蔵前橋 | 鋼アーチ | 2,142t | (0.56t/㎡) | 1,718,723円 | (451円/㎡) |
| 駒形橋 | 鋼アーチ | 2,061t | (0.63t/㎡) | 1,719,554円 | (522円/㎡) |
| 言問橋 | 鋼ゲルバー桁 | 2,718t | (0.77t/㎡) | 1,830,713円 | (520円/㎡) |
| 吾妻橋 | 鋼アーチ | 847t | (0.28t/㎡) | 1,250,000円 | (417円/㎡) |
| 両国橋 | 鋼ゲルバー桁 | 2,579t | (0.65t/㎡) | 864,100円 | (219円/㎡) |
| 厩橋 | 鋼タイドアーチ | 2,045t | (0.61t/㎡) | 1,148,127円 | (343円/㎡) |

i. 太田圓三 ……(1881-1926)逓信省鉄道作業局建設部、鉄道員工務局工事課長を経て、大正12年(1923)に帝都復興院土木局長、翌年に内務省復興局土木部長。土地区画整理事業、街路、橋梁、公園などの復興事業を指導
ii. 田中豊 ………(1888-1964)大正2年(1913)に鉄道院に入り、関東大震災の復興に際し、帝都復興院技師を兼任。初代の内務省復興局橋梁課長。我が国の橋梁技術の発展に指導的役割を果たす

図2 永代橋

図5 聖橋

図6 御茶ノ水橋

図3 清洲橋

図7 河川運河事業の位置図

図8 防火地区の位置図

図4 海運橋

## 防火地区

震災以前の東京では、大正8年(1919)制定の市街地建築物法に基づき、大正11年(1922)8月1日に東京都市計画防火地区が指定され、同年9月1日より施行された。この防火地区には、外壁を耐火構造等とする甲種防火地区と、外壁を準耐火構造とすることも可能な乙種防火地区の2種があり、各地区内に建築する建築物の構造に応じて等級が付され、さらに地区の状況に応じて種類が指定された。震災当時は、国会議事堂建設予定地及び日比谷、丸の内、大手門周辺一帯が集団式甲種防火地区、京橋区及び日本橋区、神田区における主要街路両側6間が路線式甲種防火地区、市内各所の主要街路両側6間が路線式乙種防火地区にそれぞれ指定されていた。震災後にはこれらが見直され、焼失区域のうち麹町区から日本橋区にかけた区域が集団式甲種防火地区に指定されたほか、主要街路沿道が路線式甲種防火地区に指定された 図8。焼失区域内では、甲種防火地区は4,054,750平方メートル、乙種防火地区は218,460平方メートルが指定された。また、東京および横浜両市では、焼失区域内における甲種防火地区内の耐火建築物に対して、木造との差額の1/2を限度に補助金が支出された。

災害からの復興——帝都復興事業
# 市場新設、住宅供給と横浜の復興

中央卸売市場の移転・新設
同潤会による住宅供給
横浜の被災と復興

### 中央卸売市場

震災により、日本橋の魚市場や神田多町の青物市場など、東京市内の市場の多くも被災した。これらの市場については、すでに震災以前の明治22年(1889)の市区改正旧設計、さらに明治36年(1903)の市区改正新設計によりその設計が定められていたが、市区改正旧設計以来の移転命令にもかかわらず、その実施には至っていなかった。

帝都復興計画において、市区改正の市場設計は改められ、大正12年(1923)3月に発布された中央卸売市場法に基づき、東京都市計画中央卸売市場の位置及び面積が定められた 図1。これにより築地海軍用地跡に195,628平方メートルの築地本場が定められたほか、秋葉原駅付近に32,743平方メートルの神田分場、さらに両国駅付近に17,761平方メートルの江東分場が定められた。

これらの位置選定にあたっては、水陸運輸の利便が考慮されたほか、青果を取り扱う神田分場及び江東分場については、搬入の多い近郊生産者の利便が考慮され、それぞれ秋葉原駅及び両国駅付近に設置された。

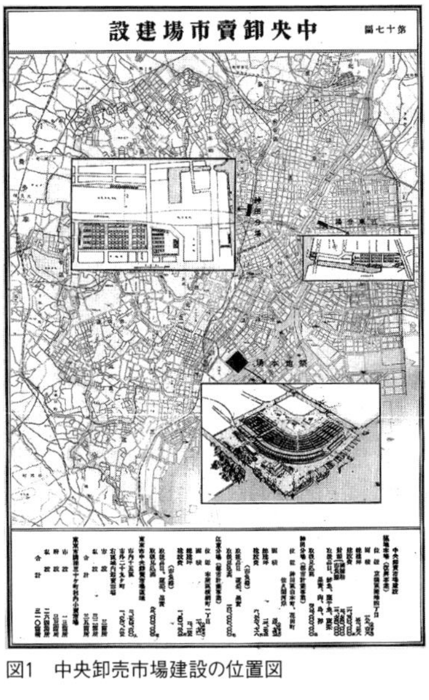

当時最新式の施設が導入された築地本場は、昭和8年(1933)に竣工し、昭和10年(1935)に開場した。

### 同潤会

大正13年(1924)5月、震災義援金5,900万円のうち1,000万円をもとに、内務省社会局の外郭団体として財団法人同潤会が設立された。同潤会は、罹災者に対する住宅供給事業として、設立後2年で木造小住宅7,000戸に加え、鉄筋コンクリート造アパート1,000戸の供給を計画した。しかし実際には、被災者向けの簡易住宅として仮住宅2,160戸のほか、木造賃貸の普通住宅3,490戸を供給するにとどまった。

同潤会はその後も住宅供給を続け、1926年～1933年にかけて、都市中産階層の集合住宅として、鉄筋コンクリート造アパート15地区2,501戸を建設したほか、昭和2年(1927)に制定された不良住宅地区改良法に基づき、共同住宅3地区807戸を供給した 図2,3。こうした事業を通して、住宅の計画的供給に関わる技術が蓄積されていった。

なお、同潤会の事業は、昭和16年(1941)に設立された住宅営団に引き継がれた。

### 横浜の復興
#### ・震災前夜の横浜

大正7年(1918)、東京市区改正条例の準用が横浜を含む他の5大都市に認められ、翌8年に都市計画法、および市街地建築物法が公布されると、横浜市は都市計画区域の設定、用途地域の指定に着手し、国際貿易港である横浜港の拡張を軸とする幹線道路の整備、橋梁や河川の改修や鉄道の整備、上下水道やガス、水道の拡張整備による「大横浜」建設を目指す計画案を作成した。関東大震災の発生は、この計画案が都市計画地方委員会に諮られようとしていた矢先のことであった。

#### ・横浜の被災と「横浜復興会」

震源により近い横浜の被害率は東京より甚大で、被災世帯数は95％と壊滅的な状態であった。開港から60年以上が経過し、国内外の貿易商社や金融機関が集積していた関内では、煉瓦造の建造物が悉く倒壊した。一方で、約5万人が避難した横浜公園では、水道管の破断により大量の水が出たことに加え、警察の指揮所があり統制がとれたこともあって、死者はわずか数十名にとどまった。約6haの広さを持つ横浜公園は、慶応2年(1866)居留地の大部分を焼き尽くした「豚屋火事」からの復興によって

図1 中央卸売市場建設の位置図

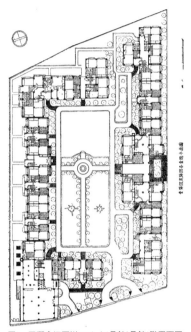

図2 同潤会江戸川アパート1号館2号館1階平面図

図3 江戸川アパート全景模型写真

i. 牧彦七・・・・・・・・（1881-1926）既出：p.145参照

設置された公園であり、かつての大火の教訓が生かされた事例といえる。

「旧に倍する理想的な大横浜市建設」を決意した渡辺勝三郎横浜市長らの要請を受け、政府は9月16日、帝都復興計画に横浜市を包含することを承認した。その背景には、店舗や大量の在庫商品を焼失しながらもいちはやく商売を再開させ、政府との交渉やバラック市場建設等に乗り出していた生糸業者を中心とする有力商人らの存在があった。9月19日には横浜財界の大御所である原富太郎を会長とする「横浜復興会」が設立され、港湾や都市計画に関する部会を設けて独自の復興計画案の策定に取り掛かった。

・横浜における復興事業

横浜市都市計画局で復興計画策定の任にあたったのは、内務省土木技師の牧彦七[i]であった。牧の計画案は、東海道線の開通により輸送力に大きな問題を抱えていた従来の横浜駅（桜木町駅）を移転し鉄道網を大幅改編するとともに、新駅寄りに中央公園を囲む官公庁やビジネス街といった新都心を形成し、そこから広幅員の「逍遥道路」を放射状に整備しようというものであった図4。この案は、従来の市中心部での都市改造を目指していた横浜復興会の構想とは相容れず、その後牧の内務省への帰任、帝都復興事業予算の縮小の結果徐々に骨抜きにされていき、桜木町駅は終着駅として存続することとなった。とりわけ横浜の悲願であった築港や京浜運河、防波堤が復興事業から除外されたことへの市民の反発は大きく、大規模な反対集会が行われた。

横浜での区画整理は、焼失面積300万坪の3分の1にあたる施工面積104万坪を、国施行6地区、市施行7地区に分けて実施された。当初事業対象外であった関内地区では、事業途中で追加指定されたことで推進派と反対派の対立が激化するなどしたが、横浜復興会の働きかけにより区画整理が実現した。街路事業では、神奈川から保土ヶ谷に至る幹線道路第1号及び横浜港を起点とし弘明寺に至る道路を軸として、国13路線、市10路線の道路が整備されたほか、国施行35、市施行64の橋梁事業が実施された。

公園事業では、野毛山公園、神奈川公園、山下公園の三大公園が国施行により新たに整備された。とりわけ山下公園は日本初の臨海公園として震災ガレキを埋め立てて整備されたもので、1945年の横浜大空襲では多くの避難者の拠り所となった。また、市により横浜公園と掃部山公園の復旧や元町公園などの開設が行われた。横浜の帝都復興事業は、昭和2年（1927）の大横浜建設記念式典の開催、同4年の天皇行幸をもって一定の完成をみることとなった図5。

図4 横浜復興都市計画局計画案（牧案）

図5 横浜の帝都復興計画

災害からの復興──帝都復興事業
# 帝都復興後の災害と復興

帝都復興以後の都市大火と復興
災害復興に関する法制度の整備
防空都市計画

## 地方都市における災害からの復興

地震や台風などの常襲地であり、また多くの木造家屋が密集する市街地を形成してきたわが国では、首都東京のみならず全国各地で大災害からの復旧・復興が行われてきた。そして、災害後の復興都市計画、災害を契機とした都市の改造計画が、今日に至るまで多くの日本の都市空間の形成に大きな影響を与えてきた。

### ・北但馬地震

関東大震災の発生後間もない大正14年（1925）、兵庫県北部を震源としてマグニチュード7.0の地震が発生し、城崎町では市街地のほぼ全域の約10万m²、全戸数の約8割が焼失するという壊滅的な被害となった。町民のほとんどが温泉旅館業者であった城崎町は、温泉町の風情を残したかたちでの復興を望み「温泉復興」をスローガンに掲げた西村佐兵衛町長のリーダーシップのもとに、共同浴場の再建を中心とした復興計画を住民参加で策定し、道路計画を主としていた県による原案の変更を求め最終案に反映された。

建築家岡田信一郎の設計によりいち早く建設された耐火構造による共同浴場は、復興のシンボルとなった。耕地整理法にもとづく区画整理による県道の拡幅、さらに町中央部を流れる大谿川の改修を行うことで、頻発していた氾濫による被害も激減された。また、町役場周辺の公共建築物等の耐火構造化を義務付けることで、東西に細長い町の地形に沿った防火帯の形成を実現した。

### ・函館大火

函館は、津軽海峡へ突き出た函館山から北東へ臥牛形に横たわる低平な地峡部が扇型に広がる独特の地形を有し、風向の一定しない強風が頻発する都市である。明治11年（1878）、翌12年と大火が立て続けに発生した函館では、開拓長官黒田清隆の指示により幹線道路の拡幅と2、3階建ての防火建築による家屋改良が行われ、「二十間坂」と言われる火防線が設置された。

昭和9年（1934）、またも函館を大火が襲った際には、二十間坂で市街地西部への延焼は阻止されたが、全市街の3分の1を焼失する大災害となった[図1]。復興にあたっては帝都復興事業を経験した内務省技師らも参画して計画が立案され、組合施行による土地区画整理、公園施設の増強、当時日本最大となる幅員30間の広幅員道路の設置による緑樹帯の整備が実施された。土地区画整理にあたり、道路用地は地主から無償提供され、代替として受益者負担的費用が公費負担された。緑樹帯と主要路線に配置された耐火建築物によって全市的に防火区画が形成され、その結節点には公園、耐火建築が設けられた。世界的に名高い函館山からの夜景は、この街路網と自然地形が織りなす風景である。

### ・静岡大火

昭和15年（1940）、静岡市街西端部に近い風上から出火し、建物焼失延面積58ha、市内全戸数の約13％にあたる7,611棟が焼失した。復興事業は市長施行による土地区画整理であり、すべてが公共減歩、15.7％の減歩率によって防火道路の新設、公園や駅前広場、防火水槽の設置が行われた。また、城下町由来の寺町の緑を生かし、寺町と一体で防火区画の形成が計画された[図2]。

特に、今日シンボルロードで知られる青葉通りは、中央に大井川の河流を自然流下で引き入れた防火用水路を設け、両側を緑樹帯で挟むという独特の設計が行われた。その後1980年代の道路改修で暗渠化され、舗装広場に改変されている。

図2　静岡市復興都市計画図

図1　函館大火説明図

## 災害復興と法制度の整備

1920年代から30年代は、度重なる大火や三陸津波(昭和8年(1933))、阪神大水害(昭和13年(1938))といった自然災害が全国各地を襲った。大正8年(1919)に制定された都市計画法では、国は都市計画の立案、決定を行うものの都市計画事業の実施を補助する財源を持たず、その費用は公共団体の負担とされた。そのため、受益者負担金、都市計画税を財源とするほかなく、都市計画事業を実施できたのは一部の大都市に限られていた。

帝都復興事業が完了した1930年代に入ると、全国の農村救済が問題となり、振興策としての道路事業が各地で実施されたことを受けて、昭和8年(1933)に都市計画法が改正された。これにより、国府県道路の改良に相当する都市計画街路事業に対する国庫補助が認められ、災害復興都市計画事業の国庫補助への道も開かれた。さらに、昭和9年(1934)に発生した函館大火や室戸台風を受けて、それまで組合施行を原則とし、認可後一年以内に施行者がない場合に限って公共団体施行が認められていた土地区画整理事業について、災害等の特別な事情により急施を要する場合には、認可後一年以内であっても公共団体による施行が可能となった。

## 戦災復興計画
### ・防空都市計画から復興都市計画へ

戦時色が濃さを深めていった1930年代、空襲から都市を防衛するための防空対策は各国共通の必須課題となった。日本では、昭和12年(1937)に防空法が公布、昭和15年(1940)には都市計画法が改正され、国内の都市計画は防空対策としての疎開帯や防空緑地の確保に限定されていった[注3]。疎開空地帯は、戦災復興事業において広幅員道路整備用地として活用されたほか、非戦災都市で

ある京都市においても、都心部の幹線道路に設定した疎開空地帯を活用して、幹線道路が整備された[図4]。

また、帝都防備が急務であった東京では、昭和14年(1939)に決定された東京緑地計画をもとに、東京市の外縁に沿った環状緑地帯を形成する防空緑地計画が策定された[図5]。翌15年の都市計画法改正によってこれらの緑地は公園と並び都市施設として位置付けられ、防空法に基づく国庫補助によって事業化が進められた。こうした緑地計画の考え方は、戦災復興計画のなかに緑地地域の指定という形で継承された。この地域指定は昭和39年(1964)に制定された新都市計画法において廃止されたが、今日の東京23区外縁に存在する主な公園緑地は、戦前期の緑地帯構想がその底流にある。

図3 大阪防空空地及空地帯図(1943)

図4 昭和2年頃の堀川通

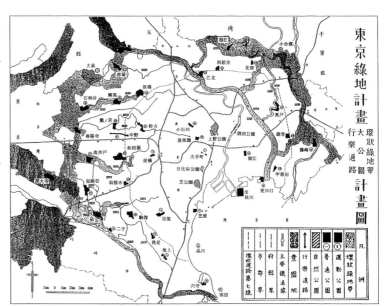

図5 東京緑地計画、環状緑地帯・大公園・行楽道路計画図

・特別都市計画法の制定と戦災復興基本方針

第二次世界大戦による罹災都市は250にのぼり、罹災面積は1億9500万坪、罹災戸数270万戸、罹災人口980万人、とりわけ5大都市（東京、横浜、名古屋、大阪、神戸）の被害は甚大で、全被害の過半数に及んだ。特別の法的措置を講じて復興の迅速化を図るため、昭和21年（1946）9月に制定された特別都市計画法が戦災規模の大きな115都市に適用され、戦災復興都市計画の立案が開始された。

戦災復興計画を所管したのは昭和20年（1945）11月に内閣総理大臣の直属機関として設立された戦災復興院であり、初代総裁には民間人の小林一三が就任した。昭和20年（1945）12月に閣議決定された「戦災地復興計画基本方針」において、「過大都市を抑制すると共に地方中小都市の振興を図る」ことを目的として、保健および防災、美観を重視した土地利用計画および街路や駅前広場、パークシステムにもとづく緑地など主要な都市計画施設の計画標準が示された。街路については、駅舎や庁舎など都市のシンボルとなる施設の配置との連係や建造物・公園・山嶽などを背景とする美観を重視し、植樹帯や歩道を十分に確保した広幅員街路が計画された[図6]。復興計画の基礎となる土地整理については、土地証券制度の導入も検討されたが、最終的には土地区画整理方式が採用され、事業の施行については国の直轄は行わず、なるべく市町村長が施行者になることとされた。

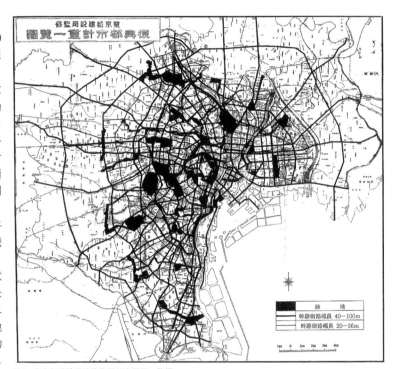

図7　東京都建設局監修復興都市計画一覧図

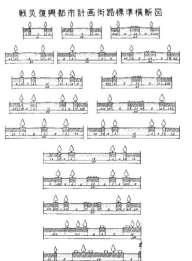

図6　戦災復興都市計画街路標準断面図

・戦災復興事業の見直しと計画縮小

戦後のわが国では、極度のインフレによる物価高騰に加え、巨大台風など相次ぐ自然災害が襲い国家財政は悪化した。経済安定9原則に基づく緊縮財政政策（ドッジライン）により戦災復興計画への国庫補助予算は大幅な削減を余儀

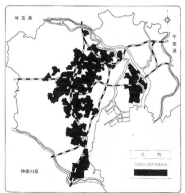 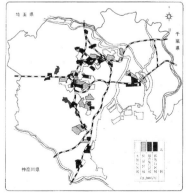

図8　東京特別都市計画土地区画整理事業区域（1947.11（右）と1950.3（左））

なくされた。昭和24年（1949）には「戦災復興都市計画の再検討に関する基本方針」が閣議決定され、すべての戦災指定都市の復興計画は見直しが行われた。当初計画では、東京の13路線を筆頭に全国で24路線で決定された100m道路は、名古屋市で2路線、広島市で1路線が実現するにとどまった。

その後も数次にわたる計画の縮小を経て昭和34年（1959）には戦災復興事業への国庫補助が打ち切られた。

事業の圧縮が最も大きかったのが、当初最も壮大な復興計画を立案した東京であった。東京の戦災復興計画は、当初40-50キロ圏内の衛星都市に450万の人口を分散させ、区部人口を350万人に抑制するという基本方針をもとに、34路線の幹線放射街路と8路線の幹線環状街路、大・小公園と鉄道や幹線道路に沿った都市計画緑地、防空空地帯を継承した緑地地域、そして焼失区域面積を上回る2万haの土地区画整理が昭和21年（1946）、特別都市計画として計画決定された[図7]。

しかし、地主らの反発と急速な人口回復による住宅需要の高まりは、事業執行期間の長い土地区画整理事業を難航させた。土地区画整理事業の最終的な施行面積は当初計画の6%の施行面積に過ぎず、国鉄の主要駅前地区にほぼ限定され、幅員100mの幹線道路7本を含む放射環状道路網や帯状緑地帯の計画もほとんどが削除されることとなった[図8,9]。

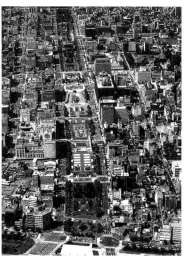

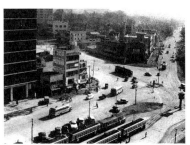

図9　渋谷駅東側付近（昭和33年5月）

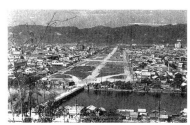

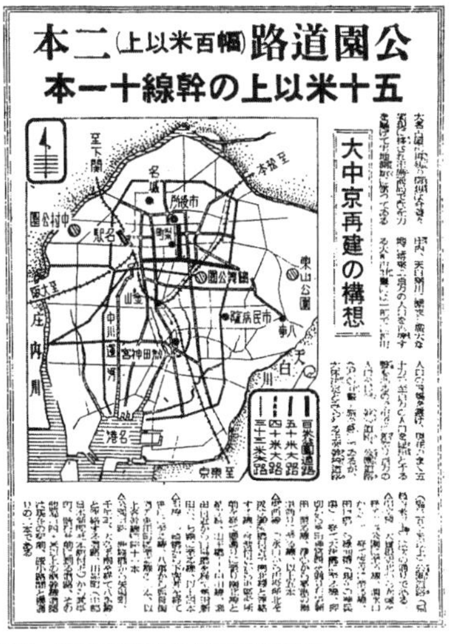
公園道路（幅百米以上）二本
十五米以上の幹線十一本
大中京再建の構想

図10　昭和20年12月6日中日新聞記事

図11　久屋大通り

・各地の戦災復興事業

戦災復興区画整理は事業主体が市町村であったことから、市町村の取り組み姿勢がその成果に大きく反映された。昭和24年（1949）の計画見直し時には95%の仮換地を終えていた名古屋は、所期の計画をほぼ実現し、久屋大通、若宮大通という2本の100m道路を実現させた[図10,11]。

仙台市では平均約25%もの減歩率の土地区画整理によって広幅員街路と公園緑地が生み出された。南北に東二番丁線、東西に青葉通り、広瀬通り、定禅寺通りの豊かな並木を有する広幅員街路は百年の大計として無電柱化も同時に進められ、杜の都仙台を代表する街路景観として親しまれている。

広島市では、平和大通りとして知られる100m道路が「防火的緑道」として計画され、広大な河岸緑地とともに貴重な公共空間が創出された[図12,13]ほか、徳島市では、駅前から眉山へ至る幅員50mの美観道路と新町川の河川緑地帯が実現された。住宅難で多くの市民生活が苦境にある中、広大な土地を道路や広場に使うことは、必ずしも当初から市民の賛同を得られたわけではなく、国による補助の削減も受けて実現に至らなかった都市も少なくない。しかし、今日各都市を象徴する貴重な公共空間を生み出した背景には、長期的な視点に立って戦災復興計画を立案推進した技術者たちの信念、そして市民らの理解があったのである。

図12　平和大通り（昭和30年頃）

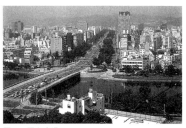

図13　平和大通り

**参考文献**

・石川幹子：都市と緑地、岩波書店、2001
・石田頼房：日本近現代都市計画の展開、自治体研究社、2004
・太田圓三：帝都復興事業に就て、復興局土木部、1924
・太田博太郎：日本の建築 歴史と伝統、筑摩書房、1968
・越澤明：大災害と復旧・復興計画、岩波書店、2012
・越澤明：復興計画、中央公論新社、2005
・財団法人東京市政調査会編：日本の近代をデザインした先駆者、東京市政調査会、2007
・昌子住江：震災復興計画の推進体制──帝都復興院をめぐって、第5回日本土木史研究発表会論文集、pp.257-263、土木学会、1985
・菅原進一：都市の大火と防火計画、共立出版、2003
・東京市役所編：帝都復興事業図表、東京市役所、1930
・内閣府中央防災会議災害教訓の継承に関する専門調査会：1923 関東大震災 第3編、2009
・中井祐：近代日本の橋梁デザイン思想、東京大学出版会、2005
・中井祐：帝都復興事業における隅田川六大橋の設計方針と永代橋・清洲橋の設計経緯、土木史研究論文集 Vol.23、pp.13-21、土木学会、2004
・日本統計普及会編：帝都復興事業大観、日本統計普及会、1930
・藤森照信：明治の東京計画、岩波書店、2004
・復興事務局編：帝都復興事業誌、復興事務局、1931
・松葉一清：『帝都復興史』を読む、新潮社、2012
・諸井孝文、武村雅之：関東地震(1923年9月1日)による被害要因別死者数の推定、日本地震工学会論文集 第4巻 第4号、pp.21-45、日本地震工学会、2004
・安田政彦：災害復興の日本史、吉川弘文館、2013

# 13.

## 植民地経営
満州

「満鉄」設立
満州の鉄道建設と港湾整備
満州の都市計画
満州の国道計画
満州の産業計画
台湾及び朝鮮半島における植民地経営

植民地経営——満州
# 「満鉄」設立

欧米列強によるアジア諸国の植民地化
日本の大陸進出と植民地経営
満州における植民地経営の特徴

### 日本の植民地経営

産業革命を成し遂げた欧米先進資本主義諸国は、19世紀後半以降、自国産業の原料供給や生産物の販売市場、さらに安価な労働力の獲得等をめざし、競ってアジア諸国の植民地化に乗り出した。こうした欧米列強による帝国主義的な国際政治の中にあって、後進資本主義国であった日本も、日清・日露戦争を経て、台湾、朝鮮、満州等を植民地とし、自国経済発展のための商品市場の開拓、食料及び原料の供給、投資市場の開発等を進めた。

そうした日本の植民地のなかでも、満州においては特徴的な植民地経営が行われた。総督府が植民地経営の中心的役割を担った台湾及び朝鮮と異なり、満州では、国策会社である満鉄により、鉄道や港湾等の運輸部門のみならず、都市、鉱業、電力といった、植民地経営の基盤となる幅広い部門のインフラ整備が進められた。さらに、満州事変以降は、満州国の建国を経て、国都新京の建設や国道整備、大規模ダムの建設による電力開発といったインフラ整備を通して、日本本国だけではなく、事実上の植民地である満州国内の経済発展に向けて、大規模な重化学工業化や都市化が進められた。こうした植民地経営を支えるため、多くの日本人土木技術者が海を渡り、各地のインフラ整備に従事したのである。

### 満州の地勢

一般に満州とは、女真人の住地であった現在の中国東北地方、遼寧、吉林、黒竜江の3省を中心とする地域をさす。この地域は、四方を山地に囲まれ、中央部には広大かつ肥沃な平野が広がる。平野の北部には松花江、南部には遼河、2本の大河が流れ、さらに朝鮮との国境には鴨緑江が流れる 図1。

この地域の気候は峻烈をきわめ、一年の寒暖の差が激しく、また昼夜の気温差も大きい。北部では、冬期の月平均気温が−20℃を下回ることもある。降水量は、年間600mm程度で、6月から9月の夏期に集中し、冬期の降水量が極めて少ないのが特徴である。

### 日本の大陸進出
#### ・日露戦争以前の満州

明治維新を経て、欧米列強のアジア進出、特にロシアの南下政策に強い危機感を抱いた日本は、朝鮮を日本の影響下に置き、これに対抗しようと考えた。しかし、こうした日本の朝鮮政策は、朝鮮を属国と見なしていた清国との対立を招き、明治27年(1894)8月、日清戦争が勃発した。

この戦争は、約8カ月で日本の勝利に終わり、明治28年(1895)4月、下関で日清講和条約(下関条約)が調印された。その主な内容は、朝鮮の独立の確認、遼東半島・台湾全島・澎湖列島の日本への割譲、賠償金2億両(日本円で約3億1,000万円)の支払い等であり、これにより日本は大陸進出の足がかりを得た。

ところが、日本の大陸進出を警戒したロシアは、ドイツ及びフランスとともに、遼東半島の清国への返還を日本に勧告(三国干渉)した。この3国に対抗する術を持たなかった日本は、明治28年(1895)5月、結局これを受諾した。

#### ・本格化する日本の大陸進出

南下を進めるロシアとそれを警戒する日本は、朝鮮半島及び満州の支配権をめぐり次第に対立を深め、明治37年(1904)2月、ついに日本はロシアに宣戦を布告した。そして、翌年5月の日本海海戦における勝利を契機として、日本政府はアメリカ合衆国大統領T.ルーズベルトに和平の仲介を依頼し、日露講和条約(ポーツマス条約)の締結に持ち込んだ。

この条約で、日本はロシアに、韓国における指導・保護・監理を行う権利、日露両国の満州からの撤兵、関東州の租借権と長春・旅順間の鉄道及び炭鉱の権利の譲渡等を認めさせ、大陸進出を本格化させることとなった。

### 南満州鉄道株式会社の設立

明治39年(1906)6月、ポーツマス条約でロシアから譲り受けた長春以南の東清鉄道南部支線の鉄道運輸と、その他の付帯事業を営むため、勅令により設立されたのが、南満州鉄道株式会社、いわゆる「満鉄」である 図2。

同年8月、外務・大蔵・逓信の3大臣により発せられた「会社設立事務の管理に関する命令書」(通称、三大臣命令書)において、満鉄の事業は、鉄道運輸業、鉱業、水運業、電気業、倉庫業、鉄道付属地における土地建物の経営、その他政府の許可を受けたる営業と定められた。さらに、三大臣命令書により、線路の港湾に達する地点において水陸運輸の連絡

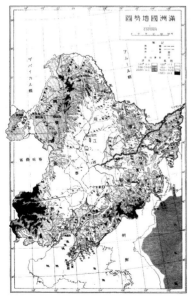

図1 満州の地勢／満州の地は、北に小興安嶺山系、東に長白山系、南に陰山山系、西に大興安嶺山系、四方を山地に囲まれ、中央部の広大な平野には、松花江及び遼河、2本の大河が流れる。

i. 児玉源太郎 ‥‥‥ (1852-1906)周防国都濃郡徳山村(現在の山口県周南市)出身。陸軍軍人。1898年に台湾総督に就任し、民生長官に起用した後藤新平とともに台湾統治にあたる。
ii. 後藤新平 ‥‥‥ (1857-1929)陸奥国胆沢郡塩釜村(現在の岩手県奥州市)出身。医師、官僚、政治家。1892年に内務省衛生局長に就任。1895年、臨時陸軍検疫部事務官長として日清戦争復員兵の検疫任務を短期間に遂行し、児玉源太郎の目に留まる。1898年、台湾総督となった児玉の下で民生長官となり、台湾の民生、財政、教育、衛生、鉄道建設などを推進。1906年、初代満鉄総裁に就任。その後、日本国内で逓信大臣、鉄道院総裁、内務大臣、外務大臣、帝都復興院総裁などを歴任。既出：pp.037, 109, 153

図2　満鉄創立時の満州の鉄道網／三国干渉の後、ロシアは、明治29年(1896)9月、シベリア鉄道の短絡線として東清鉄道の敷設を清国に承認させ、翌年起工した。さらにロシアは、明治31年(1898)3月、清国に遼東半島租借条約の調印を強要し、三国干渉により日本に返還させた遼東半島の租借権と、哈爾浜から旅順に至る東清鉄道南部支線の敷設権を獲得し、満州への影響力を強めていった。

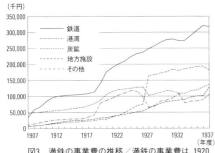

図3　満鉄の事業費の推移／満鉄の事業費は、1920年代前半まで鉄道と炭鉱の割合が高かったが、1920年代後半から炭鉱に替わり地方施設の割合が高まった。

に必要となる設備の建設、鉄道及び付帯事業の用地内における土木・教育・衛生等に関し必要となる設備の整備、さらにその経費を支弁するため、鉄道及び付帯事業の用地内の居住民に対する手数料の徴収やその他必要な費用の分賦といった、港湾経営や地方経営も満鉄の事業として位置づけられた。

満鉄の初代総裁に就任したのは、陸軍参謀総長児玉源太郎iの要請を受けた、当時台湾総督府民政長官であった後藤新平iiである。後藤は、満鉄総裁の就任にあたり「満鉄総裁就職情由書」を作成し、その中で、満州経営においては鉄道経営、炭鉱開発、移民、牧畜農工業施設が必要であるとし、移民の目標を50万人と算定した。

こうして、満州経営の中心的役割を担う満鉄が誕生し、鉄道経営を軸として、幅広い事業を展開していくことになったのである 図3。

### 満州国の建国

ところが、1930年代に入ると、満州を取り巻く情勢は、大きく変化することになる。

1920年代末から、中国全土における国権回復や日貨排斥の運動が高まる中、昭和6年(1931)9月、奉天郊外の柳条湖で満鉄の線路が爆破された（柳条湖事件）。関東軍は、これを中国軍の行為であるとして軍事行動を起こし、同年中に満州のほぼ全域を占領した（満州事変）。さらに、昭和7年(1932)3月、関東軍は清朝最後の皇帝溥儀を執政に据え、新京を首都とする総面積約113万km$^2$の傀儡国家「満州国」を建国し、国家経営の事実上の支配権を掌握したのである。この新国家のもと、国都建設や国道整備、さらに電力開発といった大規模なインフラ整備が進められ、国家の基盤が整えられていった。また、満州事変以前は、後藤が満州経営に必要であるとした移民が進まなかったのに対し、満州国建国後は、日本政府による本格的な移民政策が実施されることになった。

| 関連年表 | |
|---|---|
| 1891 | [露]シベリヤ鉄道起工<br>[台]台湾に鉄道開通(基隆・台北間) |
| 1894 | 日清戦争勃発 |
| 1895 | 日清講和条約(下関条約)、三国干渉<br>[台]台湾総督府設置 |
| 1897 | 東清鉄道起工<br>[朝]韓国王即位、国号を大韓に |
| 1899 | [台]台湾鉄道国有計画、台湾鉄道縦貫線起工<br>[韓]京仁鉄道起工 |
| 1900 | [台]台湾家屋建築規則公布<br>[朝]京仁鉄道全通 |
| 1901 | [朝]京釜鉄道起工 |
| 1902 | [露]シベリヤ鉄道完成 |
| 1903 | 東清鉄道全線開通 |
| 1904 | 日露戦争勃発 |
| 1905 | ポーツマス条約(日露講和条約)<br>大連市家屋建築取締規則公布<br>[台]台北市区改正計画公示<br>[朝]韓国統監府設置<br>[朝]京釜鉄道全通 |
| 1906 | 満鉄設立、関東都督府官制 |
| 1907 | 満鉄、営業開始、調査部設置<br>満鉄、家屋建築制限規定及び付属地居住者規約制定 |
| 1908 | [台]台湾鉄道縦貫線完成<br>満鉄、全線にわたり標準軌間で開業<br>満鉄、急行旅客列車運転開始<br>満鉄、東京支社に東亜経済調査局設置<br>満鉄、奉天・長春等で市街計画策定 |
| 1909 | 関東都督府、大連市区計画決定 |
| 1910 | [朝]韓国併合条約、朝鮮総督府設置 |
| 1911 | 鴨緑江橋梁竣工(奉天・釜山間直通運転開始)<br>[朝]朝鮮土地収用令公布、京城市区改正条例 |
| 1914 | 第一次世界大戦勃発 |
| 1915 | 日華条約(二十一ヵ条条約)<br>撫順炭鉱で露天掘開始 |
| 1917 | [朝]鮮鉄、満鉄に経営委託 |
| 1919 | ベルサイユ条約<br>日本、都市計画法・市街地建築物法公布<br>鞍山第一高炉火入式<br>満鉄、鉄道付属地に満鉄建築規定制定<br>関東庁、大連市建築規則制定<br>[台]日月潭第一発電所着工 |
| 1920 | [台]嘉南大圳着工 |
| 1921 | 満鉄、大連・長春間急行列車運転 |
| 1922 | 満鉄、中国国有鉄道と連絡旅客運輸開始 |
| 1923 | 関東大震災、帝都復興院設置 |
| 1924 | 帝都復興院廃止、内務省復興局設置 |
| 1926 | [朝]赴戦江水力発電工事着工 |
| 1930 | 帝都復興事業完成<br>[台]嘉南大圳竣工<br>[朝]赴戦江水力発電工事竣工 |
| 1931 | 満州事変 |

[露]：ロシアのできごと
[台]：台湾のできごと
[朝]：朝鮮半島のできごと

p.171へつづく

植民地経営──満州
# 満州の鉄道建設と港湾整備

欧州大陸へと通ずる鉄道輸送体系の構築
鉄道と港湾の一体的な経営
物流の要衝としての大連港の整備

## 鉄道建設

### ・標準軌への改築

明治40年（1907）4月1日、満鉄は、ポーツマス条約に基づきロシアから譲り受けた、長春～旅順間の東清鉄道南部支線において営業を開始した。

満鉄は、日本から朝鮮半島さらに満州を経て欧州大陸へと通ずる一貫した鉄道輸送体系の構築をめざしていた。そのためには、ロシアから引き継いだ路線の軌間を、欧州大陸と同じ標準軌へと改築する必要があった。そこで満鉄は、まず標準軌への軌間改築に着手し、明治41年（1908）5月、全線において標準軌での開業に至った。

さらに、満州～朝鮮間の鉄道輸送体系を構築するためには、日露戦争中に軍用の軽便鉄道として建設されていた、朝鮮と接する安東と奉天を結ぶ安奉線を全面的に改築する必要があった。この改築には清国が強く反発したが、明治42年（1909）8月6日、日本政府は清国政府に安奉線改築に関する最後通牒を突きつけ、翌日から改築工事に着手し、明治44年（1911）11月1日に安奉線の改築工事が竣工した。

### ・鴨緑江への架橋

安奉線の改築と並行して、満州と朝鮮との間を流れる鴨緑江に鉄道橋を渡す架橋工事が進められた。この工事は、韓国統監府（のち、朝鮮総督府）が担い、明治42年（1909）8月に着工、明治44年（1911）10月に竣工した図1。

これにより、満州～朝鮮間の直通運転が可能となり、日本から朝鮮半島を経て満州に至る、新たな鉄道輸送体系が整えられた。

### ・大連中心主義

満鉄の運輸収入は、貨物収入が旅客収入を大きく上回っていた図2。貨物輸送の中心となったのは、北満地域特産の大豆と、撫順をはじめとする炭鉱から産出される石炭で、これらの荷動きが、満鉄の運輸収入を大きく左右した。つまり、鉄道経営とともに、鉄道の起終点にあたる港湾の経営も一体的に進める必要

図2 満鉄の営業キロと運輸収入／満鉄の運輸収入は、大正4年（1915）以降貨物収入が急増し、旅客収入を大きく上回ることとなった。

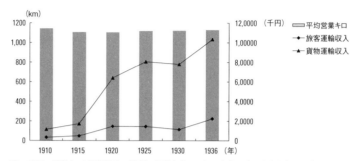

図1 鴨緑江鉄橋／鴨緑江鉄橋は、総延長944.6m、径間200ftと300ftがそれぞれ6連ずつ、あわせて12連の下路式曲弦トラス鋼橋で、中央部の300ft1連は、手動により90度回転する旋回橋であった。鉄道線路の両側には、幅員2.6mの歩道が設けられていた。架橋にあたっては、最新式の潜函工法により橋脚建設が進められた。

図4 満州国末期の鉄道網／満鉄は、満州国建国後も鉄道延長を伸ばし、昭和14年（1939）10月、ついに総延長が1万kmを突破した。

図3 特急あじあ号／満鉄は、昭和9年（1934）11月、大連・新京間において、最高速度110km/hを誇る特別急行列車「あじあ」の運転を開始した。

があったのである。

そこで満鉄は、貨物輸出入の要衝である大連港の整備を推進するとともに、北満地域で収穫される大豆等の穀物が、ロシアの東清鉄道経由でウラジオストクに輸送されるのではなく、満鉄経由で大連港に輸送されるよう、東清鉄道に対抗した貨物運賃制度を整えるなど、大連港への貨物の集積に尽力した。

### ・満州国建国後の満鉄

こうした満鉄の経営は、昭和6年（1931）9月の満州事変、さらに翌年の満州国建国により大きな転機を迎えることになる。

まず、昭和8年（1933）2月、満州国政府

図5　1920年代の大連埠頭／大連港の第2埠頭には満鉄の線路が引き込まれ、列車は客船に横付けされ、乗降客の便宜が図られた。大正13年(1924)には、埠頭待合所(写真中央右)が建設された。

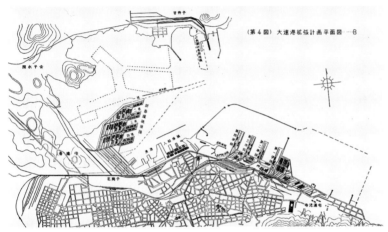

図6　大連港拡張計画平面図(昭和13年(1938))／大連港には、第1から第4埠頭のほか、対岸には石炭積み込み専用の甘井子埠頭が整備された。さらに、湾西奥部には、新たな埠頭整備を含む拡張工事が計画された。

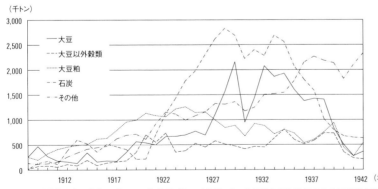

図7　大連港輸出主要貨物トン数／1930年代半ばまで、大連港からの主要輸出貨物は、日本向けの石炭と豆粕、さらに欧州向けの大豆が中心であったが、1930年代後半以降、これらの輸出量は急速に低下した。

## 関連年表(つづき)

|  |  |
|---|---|
| 1932 | 満州国樹立、満州国国都建設局開局<br>第一期国道建設五カ年計画(1932-1936) |
| 1933 | 満州国国都建設計画法公布<br>国都建設計画第一期事業(1933-1937)<br>京吉国道(新京・吉林)起工 |
| 1934 | 満州国帝政実施<br>満鉄、特急あじあ運転開始(図7)<br>[台]日月潭第一発電所竣工<br>[朝]朝鮮市街地計画令制定 |
| 1935 | 京吉国道竣工 |
| 1936 | 満州国都邑計画法制定<br>満州国産業開発五カ年計画大綱決定<br>[台]台湾都市計画令制定 |
| 1937 | 芦溝橋事件勃発(日中戦争突入)<br>[朝]鴨緑江水豊ダム着工<br>第二松花江豊満ダム着工<br>満州重工業開発株式会社設立<br>満鉄、鉄道付属地行政権一切を満州国に委譲<br>第二期国道建設五カ年計画(1937-1941) |
| 1938 | 満州国産業開発五カ年計画修正<br>第二松花江豊満発電所着工<br>関東州計画令制定<br>国都建設計画第二期事業(1938-1941) |
| 1939 | 第二次世界大戦勃発<br>満鉄、鉄道・炭鉱以外を開放する方針<br>哈大道路の調査計画着手 |
| 1940 | 満州国国土計画要綱案決定 |
| 1941 | 米英に宣戦布告(太平洋戦争突入)<br>満州国第二次産業開発五カ年計画決定<br>[朝]水豊発電所送電開始 |
| 1942 | 豊満発電所竣工、豊満ダム貯水開始<br>満州国都邑計画法改正 |
| 1943 | 豊満発電所発電開始<br>特急あじあ号運転休止<br>[朝]水豊ダム竣工 |
| 1945 | 日本降伏、満州国崩壊 |

玄関口ともいえる大連港の整備であった。明治40年(1907)4月、満鉄は大連に本社を構えると、大連港を満鉄の起終点として、鉄道輸送と一体となった大規模な港湾整備に着手した。

大連港は、日本が関東州の租借権を獲得する以前から、すでにロシアが港湾整備を進めていたが、満鉄はこれを引き継ぎ、防波堤や埠頭の拡張、さらに倉庫や待合所等の地上施設の整備を推進し、大連港を出入港船舶数、取扱貨物量ともに他の港湾を圧倒する存在に押し上げた 図5,6。昭和15年(1940)には、大連港は、貨物収容能力が125万t、貨物呑吐能力が年間1,200万tを誇る大規模な港湾へと発展した 図7。

が管轄する鉄道の経営が、満鉄に委託されることとなった。さらに、同年9月には北鮮鉄道、昭和10年(1935)にはソ連から満州国に譲渡された北満鉄路も満鉄に委託され、こうして、満鉄のもとで大陸鉄道の一貫経営が実現することとなった 図3,4。

### 港湾整備

満鉄は、大連・営口・安東の3港の建設と経営を任されたが、そのなかで最も力を注いだのが、物流の要衝であり、満州の

植民地経営——満州
# 満州の都市計画

鉄道・港湾等のインフラと一体となった市街整備
国都新京の建設
都邑計画法の制定

## 関東州（大連）の都市計画

明治31年（1898）3月、露清遼東半島租借条約に基づき、ロシアは清国より遼東半島を租借し、大連（当時、ダーリニー）の都市計画に着手した。さらに、市街地の北側に大規模な港湾を建設し、東清鉄道南部支線を引き込むとともに、市街にはダーリニー駅を設置し、鉄道・港湾と一体となった市街整備を進めた。図1。
ポーツマス条約に基づき、大連が日本の租借地となると、関東都督府（のち、関東庁）はロシアの計画を引き継ぎつつ、満州の玄関口として大連の市街整備を進めた。関東都督府は、明治42年（1909）に大連市区計画、関東庁となった大正8年（1919）に市街拡張計画を策定し、市街を住宅・商業・工場・住商混合の4地域に区分し、西方へと拡張していった。図2。

## 鉄道付属地の市街計画

・鉄道付属地の設定

三大臣命令書に基づき、満鉄は、付帯事業の一つとして鉄道付属地における土地建物の経営を営むこととなった。図3,4。
鉄道付属地とは、鉄道沿線の鉄道用地と、鉄道駅を中心とした区域のことで、三大臣命令書では、満鉄に鉄道付属地における土木・教育・衛生等に関し必要となる設備の整備を義務付けるとともに、その経費を支弁するため、付属地内の居住民に対する手数料の徴収やその他必要な費用の分賦の権能を与えた。
満鉄は、明治40年（1907）9月に「付属地居住者規約」を制定し、付属地内の居住者及び借地借家人に対して、会社諸規則の遵守と公共費用の負担を課した。また、明治40年（1907）6月に「家屋建築制限規定」を定めて建蔽率等を設定するとともに、大正8年（1919）3月には軒高制限等を導入するなど、付属地内の建築物のコントロールにも努めた。

・長春

満鉄は、明治40年度中に、長春、奉天をはじめとする鉄道付属地の市街計画を策定した。こうした市街計画は、満鉄技師（のち、土木課長）の加藤与之吉が担

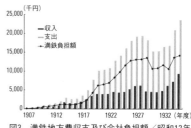

図3 満鉄地方費収支及び会社負担額／昭和12年（1937）11月に鉄道付属地が廃止され、一切の行政権が満州国に委譲されるまで、満鉄は地方経営に多大な投資を行い市街の整備に努めた。

図4 鉄道付属地内の人口の推移／満鉄設立当初こそ鉄道付属地内の人口は伸び悩んだが、第一次世界大戦後の好況を契機として、着実に人口を伸ばしていった。

当した[*1]。

満鉄付属地には、日本国内よりも早く

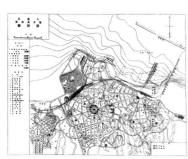

図1（上） 帝政ロシアが計画したダーリニー／市街の中央に大規模な円形広場が配置され、その周囲に公共建築が集められるとともに、この広場から放射状に10本の幹線街路が敷設された。

図2（右） 大連市全図（昭和13年（1938））／大連では、明治38年（1905）4月に大連市家屋建築取締仮規則が公布され、家屋は保温防火及び美観を重視して不燃性材料によるものとされたほか、木造建築と小規模な煉瓦造建築は仮建築として基本的に許可されないこととなった。大正8年（1919）には大連市建築規則が制定され、家屋はすべて石造、煉瓦造、もしくは鉄筋コンクリート造とされたほか、用途地域に応じた建築制限や美観及び安全上の制限、建築線や高さの規定等が定められた。

i. 加藤与之吉 ‥‥ (1867-1933) 1895年から新潟県土木課に勤務し、道路や河川の改修工事に従事。1907年、満鉄土木課長に就任。長春の市街計画などを担当し、その後、沙河口工場水道工事や天津水害復旧工事、鞍山製鉄所首山堡水源地工事などに尽くす
ii. 直木倫太郎 ‥‥ (1876-1943) 東京市に入り、東京築港調査事務所工務課長、東京市土木課長を歴任。その後、帝都復興院技監として復興事業に従事する。満州国建国後、国務院国道局長、水力電気建設局長、交通部技監などを歴任。既出：p.155
iii. 佐野利器 ‥‥‥ (1880-1956) 帝都復興院理事に就任し、復興事業や土地区画整理事業を推進。その後、満州国の国都新京の新市街建設に携わる。既出：p.153
iv. 近藤謙三郎 ‥‥ (1897-1975) 東京市に入り、銀座通りの道路改修工事に従事。満州国民政部初代都市計画課長、満州国政府直轄大東港建設局長を歴任

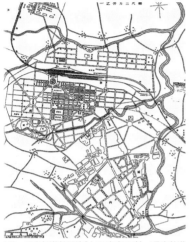

図5　長春鉄道付属地（大正4年（1915））／長春鉄道付属地では、長春駅南側の駅前に設けられた円形広場から、鉄道に垂直に長春大街が敷設され、これを骨格として格子状に街路が配置された。

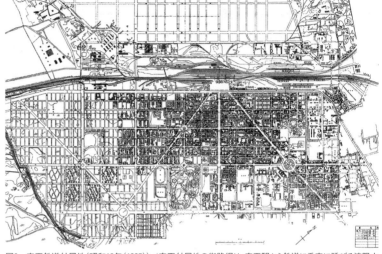

図6　奉天鉄道付属地（昭和12年（1937））／奉天付属地の街路網は、奉天駅から鉄道に垂直に延びる瀋陽大街と、鉄道に並行に走る鉄路大街を骨格として構成された。奉天駅から東へ斜めに延びる昭徳大街には円形広場が設けられ、その周辺には公共施設が配置された。

用途地域制が導入され*2、長春では、住宅地約15％、商業地約33％、糧桟地区約31％、公園及び遊歩道9％、公共施設その他用地約11％とされた*3。糧桟地区とは、農産物の保管や取引のための地区であり、満鉄は自らが輸送する農産物の集散に便利なよう、長春駅の北側と南東側に糧桟地区を設定するなど*4、鉄道輸送と一体となった市街計画を実施した 図5。

・奉天

奉天は、満州族の故地であり、古くから満州の中心地であった。満鉄も奉天付属地の経営に尽力し、奉天駅の東南に満鉄最大の鉄道付属地を設定し、市街の整備に努めた。

第一次世界大戦後の好況を契機として、奉天付属地は本格的な発展を遂げた。大正9年（1920）に市街拡張が計画され、鉄道の西側が工業地域として取り込まれ、一方東側は住宅・商業地域に定められた。さらに、大正15年（1926）に付属地の東南方向の隣接地が買収され、住宅・商業地域に定められ、以降、南方へと市街が拡張していった 図6。

### 国都新京の建設

昭和7年（1932）3月に建国された満州国の首都には、国土の地理的中心に近く、鉄道交通の中心であった長春の地が選ばれ、新京と改称された。

満州国政府は、昭和8年（1933）1月に国都建設事業計画を策定し、さらに同年4月に満州国国都建設計画法を公布し、国都建設計画第一期事業を開始した 図7。国都建設事業は、まず土地の民間売買を禁止して一括収用し、造成した宅地を民間に払い下げる事業手法により実施された。払い下げられた土地は、指定された期限内に使用を開始もしくは施設を完成されなければ買い戻されることとなっていた。こうした国都建設事業には、後藤新平のもと帝都復興事業で活躍した佐野利器[iii]や直木倫太郎[ii]、近藤謙三郎[iv]などの多くの日本人技術者が携わった。また、昭和11年（1936）6月、満州国都邑計画法が制定され、満州全域で都邑計画が実施された。

*1　満州国の首都計画、p51、日本経済評論社
*2　満州国の首都計画、p59、日本経済評論社
*3　満州国の首都計画、p52、日本経済評論社
*4　満州国の首都計画、p56, 59、日本経済評論社

図7　新京特別市建設計画図／新京の計画区域は200km²で、そのうち建設事業区域が100km²、近郊近隣地が100km²であった。新京の中央官衙は、執政府前の順天広場（図中央）から南へ延びる順天大街の両側に配置され、住居地域は南部から西部にかけて配置された。また、軽工業地域は新京駅（旧長春駅）の北側と計画区域の東端及び吉長鉄道の東関駅付近に配置され、準重工業地域は、東関駅の北側に配置された。さらに、幹線道路沿いには、商館、銀行、大会社、卸商店等が配置され、小売商店は支線の街路沿いに配置された。なお、建築物の高さは、特殊のものを除いて20mに抑えられた。公園緑地は、市街区域内の7％が予定され、水路沿いの低地に池などを設けた緑地帯を設置し、大中の公園を結ぶパークシステムが採用された。さらに、将来の無計画な開発を抑えるため、郊外の近隣地が近郊近隣地として計画区域に取り入れられた。

植民地経営——満州
# 満州の国道計画

国土をネットワークする国道の建設
施工技術の開発
自動車専用道路の計画

### 満州国の国道
・国道建設10カ年計画

満州において本格的な道路建設が行われたのは、満州国建国後のことであった。満州国建国当初、道路建設は、軍事上の必要から関東軍特務部が担っていた。しかし、国防だけではなく、政治、治安、経済、産業、文化等の側面から道路建設が急務であるとして、昭和8年（1933）、満州国は国務総理の下に国道局を設置し、この国道局が国道建設を担うこととした図1。国道局は、国道会議及び各土木建設所とともに、国道建設10カ年計画を策定し、国都新京を中心として主要都市や国境付近の重要地点等を結ぶ6万kmの国道建設を目標に掲げた図2。

### ・道路構造

満州国の道路構造は、1等から3等に区分された。1等国道は主に国都から主要都市または海港に達する路線及び国防上特に必要な路線で、車道の幅員は7m、2等国道は主として主要都市相互間を連絡する路線及び主要都市から主要県城または鉄道駅所在地に達する路線等で、車道の幅員は6m、3等国道は県城相互間を連絡する路線及び県城より地方都市に達する路線等で、特に幅員を規定せず在来の道路敷によるものとした図3。
道路舗装に関しては、砂利舗装は敷石舗装で15〜20cm厚のテルフォードマカダム形式が多く、市街地街路の舗装はタール散布が多く採用された。

### 京吉国道

満州国における代表的な国道建設事業の一つに、京吉国道の建設がある。京吉国道は、国都新京と吉林を結ぶ総延長約109kmの国道で、昭和8年（1933）6月に起工、総工費約93万円、延べ60万人の人員を要し、日本国内とは異なる厳しい気象条件など幾多の困難を克服し、昭和10年（1935）6月に竣工した図4,5。
満州においては、日本国内よりも早く重建設機械による機械化施工がなされたが、京吉国道においても、一部工事においてスクレーパーやグレーダー等を用いた機械化施工が試みられた図6,7。

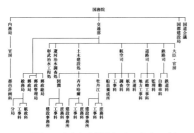

図1 満州国の土木行政機構（昭和12年（1937））／国道局は、昭和12年（1937）いったん民政部土木局となり、さらに同年交通部道路司に改組された。

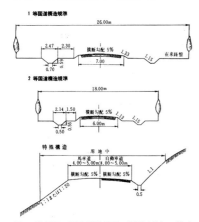

図3 満州国の道路構造規準／道路用地は、排水溝や路肩等を含めて、1等国道は幅員26m、2等国道は18mを確保した。1等及び2等は自動車道と馬車道を区分したが、新設国道は自動車道として、馬車は旧道を通行させた。

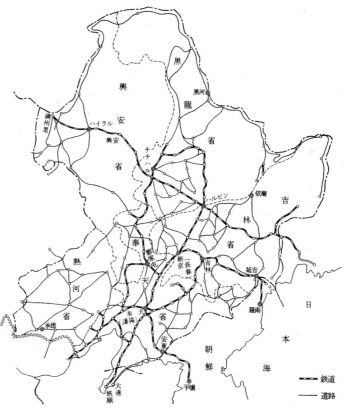

図2 満州の道路網／国道建設10カ年計画では、6万kmの国道建設を目標としたが、実際には、昭和7年（1932）の第1期国道建設5カ年計画（1932-1936）により約9,000km、昭和12年（1937）の第2期国道建設5カ年計画（1937-1941）により約13,000kmの竣工にとどまった。

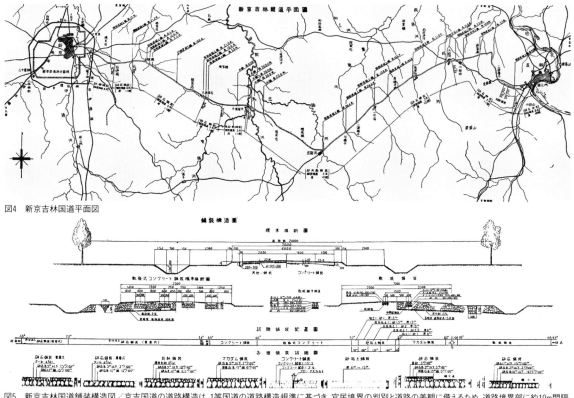

図4　新京吉林国道平面図

図5　新京吉林国道舗装構造図／京吉国道の道路構造は、1等国道の道路構造規準に基づき、官民境界の判別と道路の美観に備えるため、道路境界部に約10m間隔で並木が植えられた。また、舗装は砕石舗装または特殊舗装を基本とした。

## 哈大道路（自動車専用道路）

満州国経済の発展に伴い、高速自動車道路の建設に対する要請が高まり、昭和14年（1939）、満州国交通部道路司は、哈爾浜・大連間の高速自動車道路、「哈大道路」の調査・計画に着手した。哈大道路の予定路線は、哈爾浜を起点として、長春、奉天を経由し、大連に至る約1,031kmであった。各都市の通過にあたっては、混雑による速度低下や交通事故の軽減等に配慮し、都心部を避ける計画とした。

哈大道路は、標準時速100km、設計上は最高時速160kmを目標として、片側2車線の4車線で計画した。片側の幅員は7.5m、往復車線の中央に3mの緑地帯を設けて高速運転の安全を確保するとともに、片側2車線のうち外側を一般自動車用車線、内側を追い抜き用車線とした。また、舗装は非浸透性コンクリート舗装とした。哈大道路の輸送能力は6万t/日と想定され、鉄道輸送に匹敵する自動車輸送能力の増大が見込まれ、自動車産業をはじめとする産業振興に大きな期待が寄せられた。

哈大道路は完成を見ることなく終戦を迎えたが、高速道路の建設は戦後中国政府に引き継がれた。

図6　新京吉林国道試験舗装施工状況／日本国内に比べ寒暖の差が激しく、土質も異なる満州の特殊事情に適応するための試みとして、京吉国道の一部では、8種の試験舗装が施工された。

図7　新京吉林国道グレーダー作業状況／機械に不慣れであったことや、原料の揮発油が高価であったことなどから、機械化による工費は人力によるそれを上回る結果となったが、京吉国道における機械化施工の経験は、その後満州国内各地の飛行場建設などに活かされることとなった。

植民地経営——満州
# 満州の産業計画

重工業化を支える炭鉱開発と製鉄所建設
産業の発展を支える電力開発
大規模な農業移民の実施

### 鉱業の発達
・撫順炭鉱

1920年代前半まで、満鉄の事業費は鉄道と炭鉱に集中していた[p.169・図3]。なかでも撫順炭鉱の開発は、満鉄の最も重要な事業の一つであった。満鉄の貨物輸送の中心は大豆と石炭であったが、石炭の大部分は、この撫順炭鉱から産出される石炭が占めていた[図1]。

撫順炭鉱では、明治43年(1910)に大山・東郷両坑が開坑、さらに大正3年(1914)に露天掘りが開始され、出炭高を大きく伸ばしていった[図2]。撫順炭鉱から産出された石炭は、満州国内の需要を賄うだけでなく、日本などへ向けた主要な輸出品目となった。

・鞍山製鉄所

鞍山一帯の鉄鉱石は、明治42年(1909)8月、満鉄地質調査所長木戸忠太郎により発見され、大正5年(1916)10月、満鉄は鞍山製鉄所の建設に着手した。第一高炉は大正7年(1918)に完成し、翌年から操業を開始した[図3]。

鞍山一帯の鉄鉱石は、鉱石中に含まれる有用成分の割合が低い貧鉱であったこともあり、鞍山製鉄所は厳しい経営を強いられることになった。しかし、鞍山製鉄所は、当時の日本の勢力圏では、明治34年(1901)に操業を開始した八幡製鉄所に次ぐ規模の生産量を誇り、資源不足に悩む日本の重工業の発展に大きく貢献した。

### 水力発電とダム建設
・産業開発計画と水力発電

昭和11年(1936)11月、鉱工業をはじめとする重要産業の到達目標や資金額等を示した「満州国産業開発5ヵ年計画大綱」が決定された。当時の日本の年間国

図1　撫順炭鉱

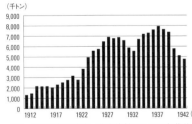

図2　撫順炭鉱出炭高／撫順炭鉱では、1920年代後半から出炭高を大きく伸ばしていった。これに応じて、大連港から輸出される石炭の貨物量も、1920年代後半から急速に増加した(p.171の図7参照)。

図3　鞍山製鉄所の溶鉱炉

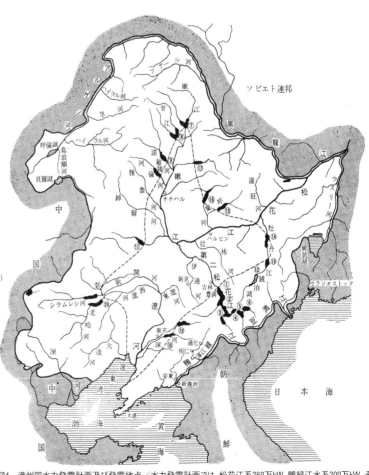

図4　満州国水力発電計画及び発電地点／水力発電計画では、松花江系260万kW、鴨緑江水系200万kW、その他280万kW、計740万kWの水力開発を目標として調査が進められた。

家予算に匹敵する約25億8,000万円の資金総額が提示され、その過半にあたる約13億9,000万円が鉱工業部門にあてられた。さらに、昭和12年(1937)7月に勃発した日中戦争の影響により、産業開発5ヵ年計画は修正され、鉱工業部門には当初の約3倍にあたる38億円の資金があてられることになった。こうした産業の発展を支えるため、産業開発5ヵ年計画の一環で、電力開発が進められた。

満州国の電力供給は、産業開発5ヵ年計画の計画当初は火力のみであったが、電力調査の結果、有力な水力発電地点が多数発見されたことから、昭和13年(1938)に政府内に水力電気建設局が設置され、国営による水力電気事業が進められた図4,5。その後、水力・火力電気の一元的運営と発送配電の一貫経営を確立するため、昭和15年(1940)12月に満州電業株式会社法が公布され、特殊会社満州電業株式会社が設立された。

なお、満州国における河川総合開発の基本方針は、①河川上流部に多数の貯水池を設け、洪水の原因となる雨期余剰水を約300億m³貯水し、中央盆地500万町歩の洪水を除去するとともに、②貯水を利用して700万kW水力発電及び80万町歩の灌漑を行うというものであった。

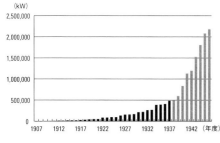

図5　全満州の発電設備／1930年代後半から、満州の発電設備は急速に拡大した（昭和13年(1938)以降は、推計値もしくは計画値）。

・豊満ダム

豊満ダムは、産業開発5ヵ年計画の一環で、第2松花江の吉林上流約24kmの地点に建設されたコンクリート重力式ダムである。当時、アメリカのボルダーダムとともに世界最大規模のダム湖を創出し、膨大な貯水量と落差を利用した水力発電により、産業開発の原動力となる電力を供給した図6〜8。

このダム建設により、松花江下流域の約16万haの水害が除去され、肥沃な可耕地が生み出されるとともに、下流の流路を一定にし、水量を平均化することで、松花江の水運にも貢献した。

## 移民政策

後藤新平は、満鉄総裁就任にあたり、10年で50万人の移民を構想した。しかし、満鉄設立から満州事変までの25年間に、日本人移民は関東州、満鉄付属地などを含めてわずか23万人に過ぎず、その大部分は開発に従事する者とその家族で、中国農民との競争が厳しい農業移民は千人に満たなかった図9。

農業移民に関しては、昭和11年(1936)8月、20ヵ年で100万戸500万人の農業移民計画が発表され、翌年10月、拓務省により第1期5ヵ年10万戸送出計画に基づく移民事業が実施された。しかし、日中戦争による農村の余剰労働力の減少、日本国内とは異なる条件下における農業技術の問題、現地における労働力不足などから、移民事業は十分な成果が上がらなかった。昭和17年(1942)には満州開拓第2期5ヵ年計画が実施されたが、昭和7年の試験移民開始から昭和17年までの農業移民の総数は、57,000戸、146,000人にとどまった。

一方、農業移民とは対照的に、第一次世界大戦後の好況を契機として、商工業や鉱業に従事する日本人人口は増加の一途をたどり、昭和15年(1940)には、満州の日本人人口は100万人を超えた。

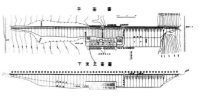

図6　豊満ダム平面図・下流正面図

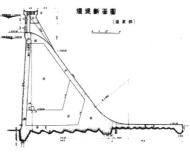

図7　豊満ダム断面図／豊満ダムは、昭和12年(1937)11月に着工、昭和17年(1942)11月に貯水を開始したが、完成を見ずに終戦を迎えた。

ダム形式＝コンクリート重力式ダム
ダム高＝91m　　　　有効貯水量＝125億m³
堤頂長＝1,100m　　流域面積＝43,000km²
堤体積＝190万m³　　最大発電力＝60万kW

図8　豊満発電所全景(昭和18年(1943))／豊満発電所は、昭和13年(1938)7月に着工、昭和17年(1942)10月に竣工し、翌年3月に発電を開始した。

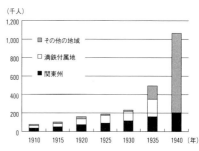

図9　満州における日本人人口の推移

植民地経営──満州

# 台湾及び朝鮮半島における植民地経営

台湾と朝鮮における植民地経営の特徴
鉄道・港湾・航路の一体的な物流政策
大規模ダムの建設

## 台湾

### ・台湾における植民地経営

下関条約に基づき日本に割譲された台湾では、明治28年(1895)5月、日本政府が台湾総督府を設置し、初代総督に海軍大将樺山資紀(1837-1922)を任命し、はじめての植民地経営に乗り出した。
台湾では、日本国内への食糧供給を目的として、砂糖や米を中心とする農業開発が進められ、その輸送基盤として鉄道及び港湾が整備された。さらに、米の増産に向けた大規模な灌漑事業や、電力需要を賄うための水力発電施設の建設も進められた。

### ・鉄道建設

台湾では、すでに清国政府が基隆・新竹間で鉄道を敷設していたが、明治28年(1895)8月、樺山は台湾縦貫鉄道の建設を政府に稟議した。
当初、民間による建設の動きもあったが、明治31年(1898年)3月、第4代総督児玉源太郎のもと後藤新平が民政長官に就任すると、縦貫鉄道を官設とすることとした。明治32年(1899年)3月には、台湾鉄道国有計画を策定し、予算2,880万円、10ヵ年の継続事業として、縦貫鉄道の建設に乗り出した図1。
明治41年(1908)4月に縦貫鉄道が竣工すると、総督府は、従来の河川中心の物流を鉄道中心の物流に変えるべく、運賃政策をはじめとするさまざまな施策を講じ、鉄道への貨物の集積に努めた図2。

### ・港湾整備

鉄道建設と並行して進められたのが、台湾の南北の玄関口となる基隆及び高雄両港の本格的な修築工事である。
明治32年(1899)に基隆港、明治41年(1908)に高雄港の修築工事が始まり、漸次整備が進められた。両港とも、開港時にはジャンク船が入れる程度の港であったが、修築工事により、1万t級の船舶が停泊可能な港湾へと発展した図3。
また、台湾の西海岸には、清朝時代から中国貿易のための主要港が立地していたが、総督府は、台湾と日本本国との貿易関係を強化するため、鉄道輸送と連携して、基隆及び高雄両港への貨物の集積に努めた。さらに日本政府は、基隆及び高雄両港を起終点とする日台間の航路の拡充や、日本の植民地間の航路の開拓など、積極的な海運政策を推進した図4。

### ・灌漑事業と水力発電

台湾南西部の広大な嘉南平野では、米の増産を図るため、大規模な灌漑事業、嘉南大圳の建設が行われた。
この事業は、台湾総督府技師八田與一を中心として進められた。大正9年(1920)9月に着工し、幾多の困難を乗り越え、昭和5年(1930)3月、総工費5,414万円をかけ、当時アジア一といわれた烏山頭ダムを含む嘉南大圳が竣工し、約15万haの大地を潤した図5。
一方、殖産事業の推進に向けて、台湾全島の電力需要を賄うため、大正8年(1919)、濁水渓の日月潭に日月潭第一発電所を建設する発電計画が起工した。資金難などで途中工事の中断を余儀なくされたが、昭和9年(1934)10月にようやく発電計画は竣工した図6。

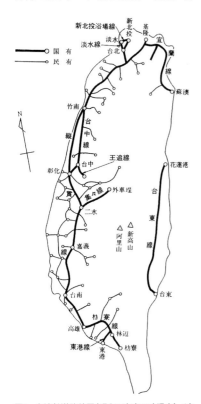

図1 台湾鉄道路線図(昭和20年(1945)現在)／台湾の縦貫鉄道は、北の基隆、南の高雄、南北両端から起工し、明治41年(1908)4月に竣工した。域内で完結する台湾鉄道の軌間は、日本国内と同じ狭軌が用いられた。

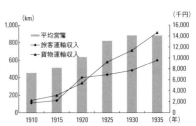

図2 台湾鉄道の営業キロと運輸収入／台湾鉄道の運輸収入は、旅客収入よりも貨物収入が上回っていた。その主要貨物は、砂糖・米・石炭・木材・肥料等であった。

図3 築港竣工後の基隆港平面図／基隆港は、外港と内港からなり、台湾最大の港湾として発展した。

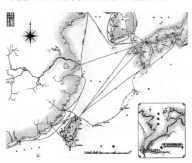

図4 台湾近海航路図／日本政府は、主要航路に補助金を交付するなど、積極的な海運政策を進め、日台間及び日本植民地間の航路拡充に努めた。

i. 八田與一 ・・・・・・ (1886-1942)1910年、東京帝国大学工科大学土木工学科卒。石川県生まれ。台湾総督府土木部に勤務し、上下水道工事や市区改正業務に携わったのち、嘉南平野の大規模灌漑事業に従事する
ii. 久保田豊 ・・・・・・ (1890-1986)1914年、東京帝国大学工科大学土木工学科卒。熊本県生まれ。1920年に久保田工業事務所を設立し、河川、水力、港湾などの技術顧問として国内及び朝鮮で活動。1926年に朝鮮水電会社に入り、赴戦江の大水力開発工事に従事。その後、朝鮮鴨緑江水力発電社長や朝鮮電業社長などを歴任し、この間、水豊ダム建設に携わる

i　　　ii

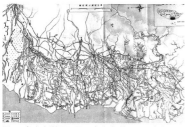

図5　嘉南大圳平面図／嘉南大圳により、嘉南平野一帯には、約16,000kmの水路が細かく張り巡らされた。

図6　日月潭貯水池／発電計画では、濁水渓の上流武界に高さ53mの重力式コンクリートダムを築造し、この水を総延長15,120mの水路で日月潭に送水して日月潭の水位を高め、さらに延長2,975mの水圧トンネルで門牌潭に導水して発電したのち、その水を水裡渓に放水することとした。

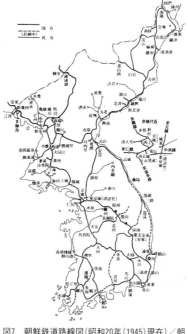

図7　朝鮮鉄道路線図（昭和20年(1945)現在）／朝鮮における鉄道の軌間は、欧州大陸へと通ずる一貫した鉄道輸送体系を構築するため、日本国内とは異なり、欧州大陸と同じ標準軌が用いられた。

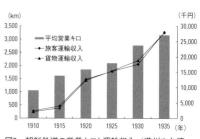

図8　朝鮮鉄道の営業キロと運輸収入／満州や台湾とは異なり、朝鮮鉄道では、旅客と貨物の運輸収入はほぼ同程度であった。

図9　水豊ダム／水豊ダム建設には、久保田豊[ii]をはじめとする多くの日本人ダム技術者が携わった。こうした技術者が、戦後日本のダム建設に大きく貢献することとなった。
ダム形式＝コンクリート重力式ダム
ダム高＝107m　　　　有効貯水量＝76億m³
堤頂長＝900m　　　　流域面積＝45,535km²
堤体積＝320万m³　　　最大発電力＝70万kW

## 朝鮮半島

### ・朝鮮半島における植民地経営

明治38年(1905)11月、第2次日韓協約（韓国保護協約）が結ばれ、日本は漢城（のち京城、現ソウル）に韓国統監府を設置し、韓国を保護国として、内政全般を事実上支配することとなった。さらに、明治43年(1910)8月には日韓併合条約が結ばれ、韓国の一切の統治権は日本に譲渡され、日本は朝鮮総督府を設置し、朝鮮統治を開始した。
朝鮮半島では、軍用線としての用途だけではなく、日本への食料や原料の供給、さらに日本商品の市場開拓等の基盤として、鉄道整備が進められた。また、日本本国の工業を補完するための工業化が進められ、これらの電力需要を賄うための大規模な水力発電施設が建設された。

### ・鉄道建設

朝鮮半島における鉄道は、アメリカ人により明治29年(1896)に着工し、明治32年(1899)9月に仁川・永登浦間32kmが開通したことに始まる。翌年7月には、京城・仁川間の京仁線が全通した。一方、明治34年(1901)8月には、京城と釜山を結ぶ京釜線が着工し、明治38年(1905)1月に全通した。さらに、明治38年10月に馬山線、明治39年4月に京義線が開通し、ここに朝鮮半島を縦貫する鉄道が完成した。
明治39年7月、日本政府は京城に朝鮮統監府鉄道管理局を設置し、京釜・京仁両線を買収するとともに、同年9月に京義・馬山両線を管理下に移し、朝鮮半島の鉄道の統一経営を行うこととした図7,8。

### ・水力発電

産業の発展による電力需要の高まりを受け、昭和12年(1937)9月に朝鮮満州鴨緑江水力発電株式会社が設立され、水豊ダム及び発電所の建設を中心とした大規模な鴨緑江開発が開始した。鴨緑江開発は、昭和12年10月に着工し、昭和16年8月には一部送電を開始した。さらに昭和18年にダム高107m、有効貯水量76億m³の巨大なコンクリート重力式の水豊ダムが竣工し、工業化に伴う電力需要を賄った図9。

## 参考文献

- 大江志乃夫ほか編：（岩波講座）近代日本と植民地3 植民地化と産業化、岩波書店、1993
- 内田弘四編：豊満ダム、大豊建設株式会社、1979
- 大阪毎日新聞社編：日本都市大観、附 満州國都市大觀、大阪毎日新聞社・東京日日新聞社、1933
- 大島秀信：「哈大道路について」、建設 第4巻 第10号、pp.11-23、満州土木研究会、1938
- 川西正鑑：満州国経済地理図説、刀江書院、1934
- 久保田豊：「鴨緑江水豊堰堤工事概要」、土木学会誌 第25巻 第12号、pp.1564-1567、土木学会、1939
- 国務院総務庁情報所：満州国大系（日文）第二十集 都市（特別市）編、1934
- 越沢明：「大東港の計画と建設（1937 ～ 1945年）──満州における未完の大規模開発プロジェクト」、日本土木史研究発表会論文集 第6巻、pp.223-234、土木学会、1986
- 越沢明：「台湾・満州・中国の都市計画」、（岩波講座）近代日本と植民地3 植民地化と産業化、pp.183-241、岩波書店、1993
- 越沢明：哈爾浜の都市計画1898-1945、総和社、1989
- 越沢明：満州国の首都計画 東京の現在と未来を問う、日本経済評論社、1988
- 小林英夫：「植民地経営の特質」、（岩波講座）近代日本と植民地3 植民地化と産業化、pp.3-26、岩波書店、1993
- 近藤謙三郎：「満州の都邑計画に就て」、土木学会誌 第25巻 第4号、pp.323-328、土木学会、1939
- 詳説日本史図録編集委員会：山川 詳説日本史図録、山川出版社、2008
- 瀬戸政章：「交通運輸上より見たる自動車専用道路と鉄道との比較論並に哈大道路建設計画の意義（二）」、建設 第5巻 第9号、pp.2-13、満州土木研究会、1940
- 瀬戸政章：「国防幹線道路起工さる」、土木満州 第2巻 第4号、pp.45-46、満州土木学会、1942
- 鮮交会：朝鮮交通史、鮮交会、1986
- 高橋泰隆：「植民地の鉄道と海運」、（岩波講座）近代日本と植民地3 植民地化と産業化、pp.263-289、岩波書店、1993
- 朝鮮総督府鉄道局：鴨緑江橋梁工事報告、朝鮮総督府鉄道局、1912
- 土木学会日本土木史編集委員会編：日本土木史 大正元年～昭和15年、土木学会、1965
- 土木学会日本土木史編集委員会編：日本土木史 昭和16年～昭和40年、土木学会、1973
- 土木学会附属土木図書館：満洲国建国初期道路建設──秋山徳三郎旧蔵写真集
- 西澤泰彦：図説 大連都市物語、河出書房新社、1999
- 西澤泰彦：図説「満州」都市物語、河出書房新社、1996
- 橋谷弘：帝国日本と植民地都市、吉川弘文館、2004
- 橋谷弘：「釜山・仁川の形成」、（岩波講座）近代日本と植民地3 植民地化と産業化、pp.243-262、岩波書店、1993
- 八田與一：嘉南大圳新設事業概要、嘉南大圳水利組合、1930
- 原田勝正：増補 満鉄、日本経済評論社、2007
- 原田清司：「朝鮮・満州鴨緑江水力発電株式会社」、水豊発電所工事大観、土建文化社、1942
- 松本進：「哈爾浜都市計画の特異性について」、建設 第3巻 第6号、pp.20-27、満州土木研究会、1938
- 満州国水力電気建設局編：松花江第一発電所工事写真帳 第一集、満州電気協会、1939
- 満史会：満州開発四十年史 下巻、満州開発四十年史刊行会、1964
- 満史会：満州開発四十年史 上巻、満州開発四十年史刊行会、1964
- 満史会：満州開発四十年史 補巻、満州開発四十年史刊行会、1965
- 山野善次：「満州に於ける都邑計画の実際」、土木満州 第1巻 第2号、pp.32-35、満州土木学会、1941
- 山本将雄：「豊満堰堤貯水開始す」、土木満州 第3巻 第1号、pp.47-49、満州土木学会、1943
- 臨時台湾総督府工事部：基隆築港誌、臨時台湾総督府工事部、1916
- 臨時台湾総督府工事部：基隆築港誌図譜、臨時台湾総督府工事部、1916

# 14.

## 発電
### 黒部峡谷開発

新たなエネルギーとしての電力
水力開発ブーム
ダム技術の発達
黒部峡谷における電源開発と自然保護
戦後の電源開発とエネルギー源の多様化

発電──黒部峡谷開発
# 新たなエネルギーとしての電力

電気事業の誕生
動力革命
電気事業の拡大

## 電気事業の誕生

わが国で最初に電灯が点ったのは、明治11年(1878)3月25日、工部大学校で開催された中央電信局の開局の祝宴であった[i]。その時、披露された電灯はアーク灯で、寿命が短く、発光が強すぎる上に電源装置が高価なため、一般家庭には普及しなかった[図1]。一方、フィラメントに京都の竹を使用し、エジソンによって実用化された白熱灯が、わが国で最初に点灯したのは、日本鉄道の上野〜高崎間の開通記念式が行われた上野駅で、明治17年(1884)のことであった。その後、明治19年には大阪紡績会社三軒屋工場で、昼夜連続操業のための夜間照明として、自家発電による電灯(白熱灯)が点灯した。当初は石油ランプが使用されていたが、綿と糸を扱う紡績工場では火災の危険があるため、電灯に取って代わった。

電気の一般供給が開始されるのは明治20年(1887)で、藤岡市助[ii]によって設立された日本初の電気事業会社である東京電灯会社が行った[図2]。最初の一般供給用発電所となったのは、東京・南茅場町の第二電灯局で、発電方式は蒸気によってエジソン式直流発電機を回す火力発電であった。その後、名古屋、神戸、大阪など各地で電灯会社が設立されるが、いずれも火力発電であった。

わが国における本格的な水力発電の始まりは、明治21年の宮城紡績会社の三居沢発電所で、紡績機用の水車タービンに発電機を取り付けて発電し、工場内の白熱灯を点した[図3]。明治24年(1891)には琵琶湖疏水を利用した京都市営の蹴上発電所が運転を開始し、京都市内の工場等へ電気を供給した[図4]。水力発電による初の一般供給であり、初の公営電気供給事業でもあった。

## 動力革命

・電車の運行

明治23年(1890)に上野公園で開催された第3回内国勧業博覧会で、わが国

図1 「東京銀座通電気燈建設之図」(野沢定吉画)／明治15年(1882)11月1日、東京・銀座通りに点灯した電灯(アーク灯)。電灯の実物による宣伝としての意味合いが強かった。

図2 東京電灯第一電灯局に設置されたブラッシュ式発電機／低圧直流式で配電範囲は半径2kmだったため、東京市内に5ヶ所の電灯局(発電所)が設置された。

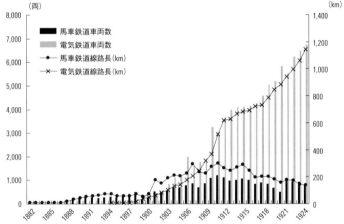

図6 馬車・電気鉄道線路長及び車両数／明治28年(1895)の電車運行以降、路線長、車両数ともに増加し、車両数は明治37年(1904)に、路線長は明治42年(1909)に馬車鉄道を上回っている。一方、馬車鉄道は大正以降、衰退の一途をたどっている。

図3 三居沢発電所／わが国最初の水力発電所。ただし、現存の建屋は明治42年(1909)の建て替え。現在は東北電力が管理・運用している。

図4 蹴上発電所／わが国で最初に電気の一般供給を開始した初代の蹴上発電所。琵琶湖疏水を利用した京都市の近代化事業の一環。

図5 京都電気鉄道／わが国最初の一般営業用電気鉄道。京都市内の塩小路東洞院から伏見油掛までの約6kmで運行を開始した。大正7年(1918)に市営化。

i. W.E.エアトン······William Edward Ayrton(1847-1908)工部大学校の電信科教授
ii. 藤岡市助······(1857-1918)工部大学校の3期生で、わが国初の電気事業会社・東京電灯を興す

最初の電車が運転された。しかし、この時は会場内での公開運転で、その距離わずか450mであった。一般営業用の電車が走り始めるのは、明治28年(1895)の京都電気鉄道が最初で、蹴上発電所から電気の供給を受けていた図5。その後、各都市で路面電車が開業し、明治42年(1909)には馬車鉄道の路線長を上回った図6。

・鉱山の電力化

明治23年(1890)、足尾銅山の間藤原動所(発電所)が運転を開始し、揚水用ポンプ、捲揚機、照明の一部に電気が導入された図7。足尾銅山では、その後も運搬軌道に電気機関車が導入されるなど設備の電化が進められ、明治30年(1897)には小坂銅山でも設備の電化が行われた。鉱山は開発が進めば進むほど坑内の排水・換気ならびに鉱石の搬出が困難となり、わが国の鉱山の多くは、江戸時代後期に動力面から休山、廃坑に至っていた。しかし、設備が電力化されたことによって、再び活況を呈するようになり、わが国の工業化を資源面から支えた。

・蒸気から電気への転換

日露戦争(明治37-38年)から第一次世界大戦(大正3-7年)にかけての時期は、工場の動力が蒸気から電気へ転換する「動力革命」が起こった図8。ただし、業種によって時期は異なり、金属工業(明治39年)、機械器具工業(明治44年)、化学工業(大正3年)、窯業(大正5年)など重化学工業が先行し、紡績工業(大正7年)、食品工業(大正8年)など軽工業が続いた。日清戦争(明治27-28年)の勝利によってすでに発展していた紡績・製糸などの軽工業が蒸気機関にたよっていたのに対し、日露戦争の軍需によって成長した重工業では電動機が積極的に導入されて、動力革命が起こった。その要因として、1馬力当たりの工場の建設費が、蒸気機関より電動機の方が安く、装置の設置スペースも小さくて済んだためであった。

## 電気事業の拡大

・電気事業者の増加

東京電灯が電気事業を開始して以降、全国の各都市で電灯会社が設立され、供給が開始されたが、当初は、その名の通りほとんどが電灯への供給であった表1。明治40年代以降、急速に電気事業者数が増加するが、それは先に述べた動力革命と電灯の一般家庭への普及によって電気市場が拡大したためである図9。電灯の普及は、従来の炭素線電球に比べ、耐久性が高く、電力消費量が少ないタングステン電球が改良、実用化されたことが大きい。

なお、戦時体制構築のため昭和13年(1938)に「電力国家統制法案」が施行されると、電力の国家管理が実施される。そして、半官半民の特殊法人「日本発送電株式会社」が設立されるとともに、事業者の統廃合が行われ、事業者数は減少する。

・電力行政

電気事業が急速に拡大する中、当初これに対応する法制度が存在しなかった。明治24年(1891)、漏電が原因とされた帝国議会仮議事堂の火災を契機に、保安取締を目的とした日本初の電力関連法となる「電気営業取締規則」が制定された。その後、急増する電気事業者の監督を円滑にするため、警視庁から逓信省に監督官庁を移し、明治29年(1896)に「電気事業取締規則」が公布された。明治44年(1911)には、「電気事業法」が制定され、これまでの保安取締から電気事業の発展促進に政策が転換された。

表1 電気事業者数と電灯数の推移／東京電灯の開業以降、電気事業者数は増加し、それに伴い、街灯数、路線長、供給戸数も増加の一途をたどっている。

| 年次 | 会社数 | 街灯基数 | 線路長(km) | 各戸取付電灯戸数 | 灯数 |
|---|---|---|---|---|---|
| 1886 | 1 | — | — | — | — |
| 1887 | 1 | — | 0.1 | 83 | 1,477 |
| 1888 | 2 | 81 | 19.6 | 358 | 4,011 |
| 1889 | 3 | 117 | 45.0 | 957 | 8,951 |
| 1890 | 8 | 155 | 167.9 | 3,449 | 20,544 |
| 1891 | 9 | 365 | 261.2 | 5,314 | 26,237 |
| 1892 | 11 | 415 | 300.1 | 7,133 | 35,647 |
| 1893 | 11 | 545 | 353.7 | 8,433 | 47,732 |
| 1894 | 20 | 680 | 524.8 | 14,907 | 70,161 |
| 1895 | 24 | 765 | 615.3 | 20,149 | 88,854 |
| 1896 | 29 | 1,786 | 829.7 | 23,034 | 106,306 |
| 1897 | 41 | 2,335 | 1,056.4 | 29,701 | 140,683 |
| 1898 | 45 | 2,951 | 1,225.4 | 33,485 | 159,689 |
| 1899 | 46 | 3,760 | 1,319.1 | 36,788 | 183,412 |
| 1900 | 50 | 5,190 | 1,472.4 | 43,272 | 217,273 |
| 1901 | 49 | 6,426 | 1,530.7 | 47,701 | 261,312 |
| 1902 | 59 | 7,239 | 2,059.7 | 57,472 | 318,097 |

図7 足尾銅山機械室／いち早く設備の電化が行われた足尾銅山。ベルトが発電機に繋がれているのが分かる。

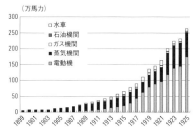

図8 製造業における原動機別馬力数の変化／大正6年(1917)にそれまで主流であった蒸気機関に代わって、電動機が主流となり、その後も伸張していった。

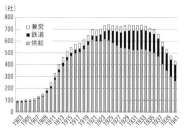

図9 電気事業者の推移／明治40年代以降、急速に会社数が増加している。昭和13年(1938)以降は電力の国家統制により激減する。

発電——黒部峡谷開発
# 水力開発ブーム

遠隔地水力発電
水主火従時代
黒部峡谷開発のはじまり

## 遠隔地水力発電

電気事業が誕生した当初は、内陸交通および送電技術が未発達であったため、石炭の輸送に便利で、消費地に近い沿岸の都市部に火力発電所が設けられており、火力発電が主流であった。対して、水力発電は、産業用の自家発電は別として、都市近郊で火力発電を補う程度の小規模なものが中心であった。

しかし、明治32年（1899）、広島水力電気が広発電所（呉市）から広島市内までの26kmで、11kWの高圧送電に成功し、わが国の長距離送電が始まった。その後、明治40年（1907）には、山梨県に東京電灯の駒橋発電所が完成し、東京までの75km、55kWの長距離高圧送電が開始された図1。こうして送電技術が確立されると、消費地から遠く離れた山間部で水力開発が積極的に行われるようになり、消費地までの送電網が整備されていった図2〜4。

## 水主火従時代
・電力業界の激化

送電技術の発達に加え、日清戦争後の石炭価格の高騰もあって、発電コストの低い水力発電が活況を呈し、明治44年（1911）にはそれまでの火主水従が逆転し、昭和37年（1962）まで約50年間、水主火従時代が続くようになる図5。

それまでの電気事業者は、自社の区域内で発電・送電・配電を一貫して行っていたが、需要が増大するにしたがって、自己の発電力だけでは供給できなくなった。そこに登場したのが、電気の送電と卸売を専門とする会社であった。さらに水力発電は、長期の大資本が必要になることから、資本合併が進み、東京電灯、大同電力、東邦電力、宇治電気、日本電力の五大電力を中心とした市場競争が熾烈となっていった。

・水力調査

全国各地で水力発電が計画されたが、水量や落差など正確な資料がなかったため、逓信省大臣・後藤新平の提唱により、臨時発電水力調査局が設置され、明治43年（1910）から3年間、全国の河川を対象に包蔵水力の調査が実施された。これが第一次発電水力調査で、100馬力以上の包蔵水力は、未開発1906地点、2940MW、既開発327地点、480MWが判明した。その後、第二次調査が大正7年（1918）から5年間、第三次調査が昭和

図1　駒橋発電所（明治40年（1907））／東京電灯が東京に送電することを目的に、山梨県で富士山麓の豊富な水資源を利用して開発した（15,000kW）。

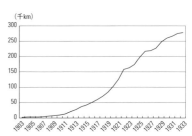

図2　電線路亘長の推移／駒橋発電所（明治40年（1907））による長距離高圧送電が成功したことによって、大正期以降、急激に電線路亘長が延伸している。

図3　送電線鉄塔／駒橋発電所の上流では、明治43年（1910）に設立された桂川電力が桂川の開発を行い、送電線を通して、東京まで送電した。

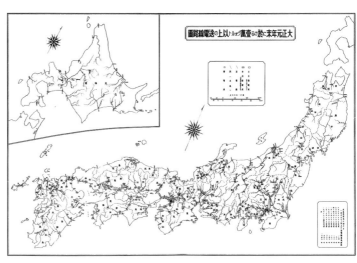

図4　大正元年（1922）における発電所（水力、火力）の分布と送電線路図／石炭の輸送に便利で消費地に近い沿岸部に火力発電所が、水量の豊富な山間部に水力発電所が分布している。山間部で発電された電力は、送電線によって消費地である都市部に送られる。

i. 高峰譲吉 ……（1854-1922）タカジアスターゼ、アドレナリンを発明。アルミニウム製造のため黒部川の開発に乗り出す
ii. 山岡順太郎 ……（1866-1928）日本電力社長、宇奈月の名付け親。ウナヅキ平に宇治の宇と奈良の奈
iii. 山田胖 ………（1886-1964）元・逓信省技師。東洋アルミナム、日本電力で黒部峡谷開発を指揮

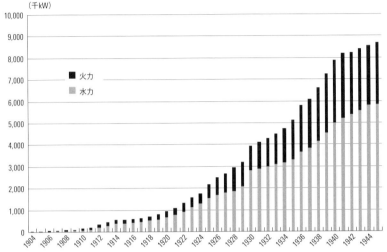

図5 発電電力量（水力、火力）の推移／明治44年（1911）に水力が火力の発電量を上回り、その後、昭和30年代後半までの約50年間、水主火従時代になる。

12年（1937）から7年間実施された。

## 黒部峡谷開発のはじまり

・高峰譲吉の計画

黒部川の電源開発は、ジアスターゼやアドレナリンの発明で知られる富山県出身の高峰譲吉[i]が、まだ日本でアルミニウム工業がなかった当時、アメリカから原料を輸入し、黒部川の豊富な水力を利用して、それを精錬し、アルミニウムを製造する日米合弁事業を計画したことに始まる。当初は神通川の水利権を申請したが、すでに多くの先願者があり、取得は困難であった。そこで、両岸に断崖絶壁が連続し、道路もなければ、集落もなく、天下の秘境と呼ばれ、どの電気事業者も開発を躊躇していた黒部川に目をつけた。大正6年（1917）、元・逓信省発電水力調査局技師の山田胖[iii]に調査を依頼し、大量かつ低廉な水力が包蔵していることが判明したため、翌年4月、平ノ小屋から欅平までの水利権を申請した。なお9月にはすでに三井鉱山が申請していた柳河原から猿飛など5地点の出願を譲り受けた。

・東洋アルミナムの設立

水利権を申請したものの、第一次世界大戦の終焉によりアルミニウムは生産縮減となり、アメリカからの出資が得られなくなった。そこで、日本でタカジアスターズの販売権を独占する三共（現・第一三共）の出資により、大正8年（1919）に東洋アルミナムが設立された。翌年、水利権を得ると、山田胖が同社の水力部長に就任し、桃原（現・宇奈月）に工事事務所を設置して、黒部川の水力開発に乗り出した。

・宇奈月温泉の開発

まず、国鉄北陸線の三日市駅（現・JR黒部駅）から桃原まで資材運搬用の鉄道を建設するため、大正10年（1921）に黒部鉄道株式会社が設立された。鉄道の敷設は、地元住民からも切望されていたが、人家は途中までしかなく、とても一般営業鉄道として経営が成り立つものではなかった。

一方、黒部川筋の黒薙や鐘釣の温泉主が電源開発によって被害を受けるとして工事の中止を訴えていた。そこで東洋アルミナムは、一帯の温泉を買収し、黒薙から引湯をして桃原に温泉地を開発すれば、鉄道経営も成り立つとして、翌11年に黒部温泉株式会社を設立した。東洋アルミナムは、電源開発にとどまらず、鉄道経営、温泉地開発という総合開発を計画したのであった。

・日本電力による買収

しかし、第一次世界大戦後の経済不況と高峰の急逝によって、東洋アルミナムは、大正12年（1923）2月に日本電力の傘下に入ってしまう（昭和3年に買収）。日本電力は電力の卸売供給を目的に設立された会社で、富山で興した電力を関西地方に送電することを目論んでおり図6、当初、温泉開発には否定的であった。しかし、現場を指揮していた山田胖の熱意によって工事は続けられ、引湯に成功、付近一帯の土地を買収して、都市計画を行い、大正14年（1925）には旅館が立ち並ぶ温泉場が完成した。こうして黒部川の水力開発の拠点である桃原は、宇奈月温泉として知られるようになった[ii]。

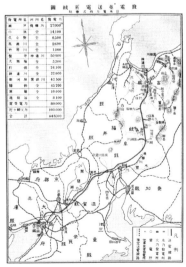

図6 日本電力の発電所ならびに送電系統図／東洋アルミナを買収した日本電力は、柳河原、鐘釣、黒薙、祖母谷の各発電所を建設し、富山から関西へ送電する計画であった。

発電──黒部峡谷開発
# ダム技術の発達

柳河原発電所
発電方式の変化
ダム技術の発達

## 柳河原発電所

### ・計画の変更
東洋アルミナムが日本電力の傘下に入ったことで、発電の目的はアルミニウムの製造から大阪・東京への送電に変更された。また、5地点の水利権を得ていたが、その後の調査によって何度か変更され、最終的に柳河原、黒部川第二、第三、第四の4発電所で総発電力32万kWが計画された。

### ・専用軌道の敷設
宇奈月までは鉄道が開通したものの、そこから上流は両岸に断崖絶壁が連なり、わずかな歩道があるのみであった。そこで、まず大正12年(1923)9月、工事用道路の開削に着手した。途中、山腹の大崩壊や積雪により工事は難航したが、軌道敷設(軌間762mm)、電車線の架設を行い、宇奈月から取水口の猫又まで11.8kmの第一期線が大正14年(1925)12月に開通した。図1。支水路の黒薙取水口までの黒薙支線は、昭和2年(1927)6月に開通した。

### ・建設工事
柳河原発電所の建設に向けた測量と設

図1 「柳河原發電所水路及專用鐵道平面圖」／猫又と黒薙の2ヶ所から取水し、柳河原発電所まで送水される。専用軌道は、柳河原発電所の建設に際し、取水口の猫又までが第一期として敷設された。その後、黒部川第二、第三発電所の建設に向けて、欅平まで延伸される。

計は急峻な地勢のため時間を要し、大正13年(1924)にようやく工事に着手できた。専用軌道が開通してからは工事が進捗し、大正15年3月に黒部川の激流を締め切り、堰堤工事にかかった。水路を通すため、森石谷、黒薙川を横断する箇所には、屹立する峡谷に鉄筋コンクリートアーチの水路橋が架けられた図2。冬の黒部に人が立ち入ることなど、それまでは想像できないことであったが、大雪崩の被害に遭いながらも、堰堤、隧道の工事は続けられ、昭和2年(1927)に柳河原発電所が完成し、最大出力36,000kWで運用を開始した図3。翌年には黒薙支水路が完成し、最大出力は50,700kWとなり、当時、わが国で最大の出力を誇る発電所となった。なお、現在は廃止・撤去され、新柳河原発電所が新設されている。

## 発電方式の変化
水力発電が始まった当初は、河川に設

図2 柳河原発電所の跡曳水路橋(昭和2年(1927))／黒薙川の川底より50m以上の場所に架かるRC開腹アーチ橋。水路橋としては、当時最大のスパン41.118m。長さは48.58m。

図3 柳河原発電所(昭和2年(1927))／黒部峡谷開発の第一号となった発電所。平成4年(1992)に廃止、翌年に撤去された。

表1 発電方式ごとの運開件数の推移／当初は、水路式のみであったが、調整池が設けられるようになる。その後、季節間変動に対応できるダム水路式、ダム式が登場する。

| 運開年 | 水路式 | うち、調整池式 | ダム水路式 | ダム式 | 合計 |
|---|---|---|---|---|---|
| 〜1900 | 17 | | | | 17 |
| 1901〜05 | 3 | | | | 3 |
| 1906〜10 | 30 | 2 | | | 30 |
| 1911〜15 | 34 | 5 | 1 | | 35 |
| 1916〜20 | 39 | 1 | 2 | 3 | 44 |
| 1921〜25 | 83 | 8 | 10 | 1 | 94 |
| 1926〜30 | 58 | 16 | 12 | 2 | 72 |
| 1931〜35 | 18 | 5 | 5 | 1 | 24 |
| 1936〜40 | 42 | 9 | 24 | 4 | 70 |
| 1941〜45 | 27 | 1 | 13 | 4 | 44 |
| 1946〜55 | 37 | 8 | 34 | 23 | 94 |
| 1956〜65 | 50 | 5 | 84 | 44 | 178 |
| 1966〜75 | 11 | | 47 | 26 | 84 |
| 1976〜85 | 31 | | 31 | 25 | 87 |
| 1986〜90 | 15 | 1 | 13 | 10 | 38 |

i. 石川栄次郎 ‥‥‥(1886-1959) 逓信省で水力地点調査。大同電力で大井ダムを建設
ii. 物部長穂 ‥‥‥‥(1888-1941) 東大教授、内務省土木試験所兼務。わが国の耐震設計の第一人者

図4 鬼怒川水力電気の黒部ダム（大正2年(1913)）／わが国初の発電用コンクリートダム。表面石積の曲線形重力ダム。高さ25.8m、長さ150.0m。

図5 建設中の大井ダム（大正13年(1924)）／鋼鉄製のトレッスルによるコンクリートの運搬とケーブルクレーンによる粗石の運搬が行われた。堤高53.4m、堤長276m。

図7 塚原ダム（昭和13年(1938)）／材料の開発から一貫した機械化施工まで、わが国のコンクリートダムの施工技術が大きく発展した。堤高87m、堤長215m。

けた堰堤で取水し、落差が得られるまで水路で導水して、発電を行う水路式発電であった。しかし、このような流れ込み式では河川の流量によって発電量が左右されるため、需要に応じた発電ができなかった。そこで水路の途中に調整池を設け、日間・週間の変動に対応できるようにした。

その後、河川にダムを設けて、貯水し、水路に導くダム水路式発電が登場する。これによって季節間の調整が可能となった。さらに、ダムが大型化すると、水路式ほど落差は得られないものの、ダムの高さと水量によって大きな電力を得ようとダム直下に発電所を設けたダム式発電が現れる表1。

### ダム技術の発達

ダム水路式、ダム式発電を可能にした背景には、大正期以降のコンクリートダム技術の急速な発達があった。

わが国最初のコンクリートダムは、明治33年(1900)に完成した神戸市水道局の布引ダムであった。その後、しばらくは水道用ダムしか建設されなかったが、大正2年(1912)に発電用としては初のコンクリートダムとなる黒部ダムが完成した図4。当初はコンクリートの品質が低く、施工技術も未熟であったため、型枠代わりに上下流両面に石積を築き、その中に粗石とコンクリートを投入していた。表面もコンクリートになったのは、

大正13年(1924)の大井ダムからであった。大井ダムは、大河川の本流を横断する当時最大規模のダムで、収縮継目の導入やトレッスルとシュートによるコンクリートの運搬と打設、ケーブルクレーンによる粗石の運搬など積極的な機械化が行われた図5,i。

昭和5年(1930)の完成当時、東洋一の規模を誇った小牧ダムでは、コンクリート容積が膨大になるため、わが国で初めて堤体内に温度計が設置され、コンクリートの温度応力とひび割れの研究が行われた。また、物部長穂iiが確立した耐震設計理論を初めて導入した重力式ダムでもあった図6。

昭和13年(1938)の塚原ダムでは、新たに開発された低発熱の中庸熱ポルトランドセメントを使用し、硬練りコンクリートをバケットで運搬して、バイブレータで締め固めた他、柱状ブロック工法が初めて採用された図7。セメントの開発、配合の改良、骨材の製造からコンクリートの打設まで一貫した機械化施工が行われ、わが国におけるコンクリートダムの施工法が確立された。

なお、物部長穂は昭和3年(1928)にバットレス式ダムの耐震設計法についても発表した図8。バットレス式ダムは、鉄筋コンクリートの遮水壁を水平梁で連結されたバットレスで支える構造で、セメントの使用量が少ないことから、工費が安く、資材運搬が容易で、工期も短い等、

戦前の一時期に脚光を浴びたダム型式である。

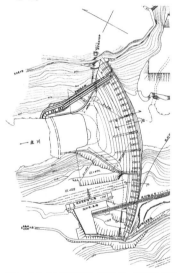

図6 小牧ダムの平面図／石井頴一郎がアメリカで視察したアローロックダムに似た曲線形重力式ダム。堤高79.248m、堤長300.84m。

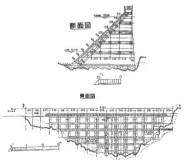

図8 恩原ダムの立面図・断面図（昭和3年(1928)）／物部長穂の耐震設計理論が初めて導入されたバットレス式ダム。堤高23.03m、堤長93.63m。

## 発電――黒部峡谷開発
# 黒部峡谷における電源開発と自然保護

黒部川の上流へ
電源開発と自然保護

### 黒部川の上流へ
・日電歩道

黒部川の上流へ向けた調査はすでに大正9年（1920）から開始されていた。欅平までは猟師道がかろうじて通じていたが、それより上流は断崖が続き、近づくことさえ出来なかった。よって、岩を削りながら、また屹立する岩壁には鉄棒を打ち込み、その上に丸太を並べて桟道としながら進み、昭和4年（1929）にようやく小黒部から平ノ小屋までの35kmが開通した。図1。長い年月と多額の費用を投じたこの日電歩道が足がかりとなって、測量、資材運搬が行われ、黒部峡谷の上流部の開発が進展した。

・専用軌道の延伸

柳河原発電所の完成後、黒部川第二、第三発電所の建設に向けて、専用軌道が延伸された。昭和5年（1930）8月に柳河原発電所の取水口及び黒部川第二発電所の建設地点である猫又から第二発電所の取水口（小屋平ダム）の小屋平までが開通した。その後、昭和12年（1937）7月に第三発電所の建設地点である欅平まで開通し、総延長は20.1kmとなった図2。なお、冬期は積雪により鉄道の運行ができないため、沿線にコンクリートで覆った冬期歩道が整備され、交通の確保が図られた。

軌道は資材運搬や作業員専用の鉄道であったが、水力開発によって次第に黒部峡谷が天下の絶景として知られるようになり、登山客や観光客から乗車の希望が絶えなくなった。そこで便乗扱いを開始したが、切符には「便乗ノ安全ニ付テハ一切保障致シマセン」と記載されていた。なお、昭和28年（1953）から黒部鉄道（現・黒部峡谷鉄道）として一般営業を開始し、現在も黒部峡谷の自然を満喫できるトロッコ電車として人気がある。

### 電源開発と自然保護
・黒部川第二発電所

黒部川第二発電所は、昭和8年（1933）に着工され、昭和11年に最大出力63,000kWで運用を開始したが、着工前に全国的な自然保護運動が起こり、黒部峡谷も昭和9年に中部山岳国立公園に指定された。そのため、湛水区域の制限、工作物の位置や構造等に多くの制約が課せられた。第二発電所の建屋は、自然景観との調和を図るため、モダニズムの建築家・山口文象[1]に設計を依頼した図3。なお、山口はドイツでダム水理の技術調査も行い、小屋平ダムの意匠設計を行ったほか、沈砂池、目黒橋等、一連の施設のデザインも手がけた図4,5。

小屋平ダムは、猿飛の奇峡に位置することから湛水の影響を考慮し、景観に配慮した地点が選定された。また、沈砂池は冬期の積雪や雪崩から工作物の破壊を防ぐため、半地下式にするとともに上部を鉄筋コンクリートで覆った図6。同様に沈砂池の出入口2ヵ所に設けられた水門も建屋の中に納められた。

図1　日電歩道の桟橋／はるか脚下に黒部川の激流をのぞく岩壁に、鉄棒を打ち込み、丸太を並べただけの桟道。まさに命がけの工事であった。

図3　黒部川第二発電所（昭和11年（1936））／モダニズム建築（バウハウス派）の代表作で、設計は山口文象。右側の目黒橋（鋼フィーレンディール）も山口による意匠設計。

なお、工事責任者であった日本電力の石井頴一郎は、著書『ダムの話』の中で、小屋平ダムの建設に際し、黒部峡谷におけるダムの景観と施設の安全性に苦心したことを述べ、ダムの建設地点は景

図2　『黒部峡谷』の鳥瞰図／専用軌道が宇奈月から猫又まで開通している。その先は、まだ開通していないが、日電歩道が鐘釣、仙人谷を通り、十字峡までと平ノ小屋から下廊下まで描かれており、全通の近いことが分かる。

i. 石井穎一郎 ‥‥‥ (1885-1972) 日本電力土木部長。小牧ダムの建設。アメリカから技術、機械を導入
ii. 山口文象 ‥‥‥‥ (1902-1978) モダニズムの建築家。帝都復興の橋梁、黒部川の発電施設など土木構造物もデザインした

図4 小屋平ダム(昭和11年(1936))/黒部峡谷の自然環境、景観に配慮された。意匠設計は山口文象。重力式コンクリートダム。堤高54.5m、堤長119.7m。

図5 黒部川第二発電所沈砂池の水門塔/沈砂池の入口および出口に設置された上下に昇降する水門を格納するための建屋。湾曲したデザインが特徴。意匠設計は山口文象。

図6 黒部川第二発電所沈砂池/冬期の積雪と雪崩に備えて、半地下式とし、鉄筋コンクリート床版で被覆した沈砂池。内部は2室に分かれている。

図7 高熱隧道内の工事/岩盤温度が165℃にも達した高熱隧道。坑内温度を低下させるためアンモニア冷凍機が設置された。

勝地が多いため、景観に配慮して観光価値を高める必要性があると説いている。

・黒部川第三発電所

第二発電所に続き、昭和11年(1936)に第三発電所の建設に着手した。当初、取水地点は十字峡の直下で許可を得ていたが、自然保護に対する制約は第二発電所建設の際よりも一層厳しくなり、十字峡の景観を損ねないよう計画を大幅に変更し、下流の仙人谷で了承された。発電所の建設地点である欅平までは専用軌道の延長工事が進められていたが、それより上流は急勾配のうえ、断崖が連続し、軌道を敷設するスペースはなかった。そこで、仙人谷まで約6kmのトンネルを掘削して、軌道を敷設した。いわゆる上部軌道である。なお、欅平で両軌道間に230mの高低差があるため、立て坑を掘削して、貨車がそのまま積み込めるエレベータが設置された。

この専用軌道と水路トンネルが、途中、阿曽原の高熱地帯を貫いており、掘削中の岩盤温度が165℃、坑内温度も90℃まで達した。プロペラファンで熱風を排出し、アンモニア冷凍機を設置して、冷水を散布しながらのまさに、焦熱地獄の中での工事となった 図7。その様子は、吉村昭の小説『高熱隧道』にも描かれた。また、宿舎が大雪崩によって吹き飛ばされ、80名以上が亡くなるなど工事は困難を極めたが、黒部川第三発電所(最大出力81,000kW)は昭和15年(1940)に完成した。

### 関連年表

| | |
|---|---|
| 1878 | わが国初の電灯(アーク灯)が点灯(工部大学校) |
| 1882頃 | 島津藩が水車を利用して発電を試みたとされる |
| 1882 | 東京銀座にアーク灯が点灯 |
| 1883 | わが国初の電気事業会社・東京電灯設立 |
| 1884 | わが国初の白熱灯が点灯(上野駅) |
| 1887 | 東京電灯が電気の一般供給開始(第二電灯局) |
| 1888 | 日本電気学会設立 |
| 1888 | 宮城紡績が三居沢発電所で水力発電開始 |
| 1890 | 第3回内国勧業博覧会で電車試運転(上野公園) |
| 1891 | 蹴上発電所運転開始 |
| 1891 | 「電気営業取締規制」 |
| 1892 | 日本電灯協会設立(のちに日本電気協会) |
| 1895 | 京都電気鉄道がわが国初の電車の営業運転 |
| 1899 | わが国初の長距離送電開始(広発電所) |
| 1906 | 逓信省通信局に電気課設置 |
| 1907 | 遠隔地大型水力開発の開始(駒橋発電所) |
| 1910 | 逓信省に臨時発電水力調査課が設置され、第一次水力調査開始 |
| 1911 | 「電気事業法」 |
| 1911 | 水主火従時代 |
| 1911 | わが国初の発電用アースダム(峰山第二ダム) |
| 1913 | わが国初の発電用コンクリートダム(黒部ダム) |
| 1918 | 第二次水力調査開始 |
| 1918 | ダム式発電開始(野花南ダム) |
| 1919 | 初のアーチダム(浦山ダム) |
| 1921 | 電気協会設立 |
| 1924 | 発電用バットレスダム完成(高野山調整池ダム) |
| 1924 | ダム水路式発電開始(大井ダム) |
| 1925 | 物部長穂が重力ダムの耐震設計法を発表 |
| 1927 | 金融恐慌により電力会社の統廃合はじまる |
| 1928 | 物部長穂がバットレスダムの耐震設計法を発表 |
| 1930 | 小牧ダム完成(耐震設計) |
| 1935 | 内務省「河川堰堤規則」(高さ15m以上をダム) |
| 1935 | 逓信省「発電用高堰堤規則」 |
| 1937 | 第三次水力調査開始 |
| 1938 | 「電力管理法」(電力の国家管理) |
| 1938 | 塚原ダム完成(セメントの開発、機械化施工) |
| 1939 | 日本発送電株式会社設立 |
| 1943 | 逓信省電力局を軍需省に移管 |
| 1946 | 「電気事業法」改正 |
| 1949 | 土木学会「重力ダムコンクリート標準示方書」 |
| 1951 | 電力再編により9電力会社発足 |
| 1955 | 「電化元年」(電気洗濯機が急速に普及) |
| 1955 | わが国初のハイアーチダム(上椎葉ダム) |
| 1955 | 財団法人日本原子力研究所設立 |
| 1956 | 土木学会「ダムコンクリート標準示方書」 |
| 1963 | 黒部ダム完成 |
| 1963 | わが国初の原子力発電(日本原子力研究所) |
| 1963 | 火主水従に逆転 |

発電――黒部峡谷開発
# 戦後の電源開発とエネルギー源の多様化

黒四開発
水力開発による観光地化
エネルギー源の多様化

### 黒四開発

戦時中および戦後しばらくは、電気事業は国家管理のもとにあったが、昭和26年(1951)に9つの電力会社に再編され、黒部川水系の発電所は、関西電力の管轄となった。

敗戦後の復興により、わが国の電力需要は年々増大し、電力供給は逼迫した。特に渇水に見舞われると水力発電の出力が激減し、それを補うはずの火力発電も戦後の石炭の質の低下や施設の損耗によって出力が減退しており、停電や自主制限が実施される状況であった。そのため各電力会社は大規模な電力開発に次々と着手していき、関西電力も昭和30年(1955)に黒部川第四発電所の建設を決定した。しかし、それは巨大な工事で膨大な工費が必要なうえ、黒部峡谷の最奥部で輸送路がなく、一年の半分は積雪により施工できない、さらに国立公園内のため厳しい制約がある等、極めて条件の厳しいプロジェクトであった図1。

富山県側からは人力や馬で立山を越えて物資が運ばれたが、物資輸送の大動脈となる長野県側から大町ルートが昭和31年(1956)に着工された。それは赤沢岳の下を貫く全長5.4kmの大町トンネル(現・関電トンネル)を掘削するもので、途中、破砕帯に遭遇するなど難工事の末、昭和33年に全通し、黒部ダム建設の輸送路が確保された。

落差545.5m、黒部ダムの下流10kmに造られた発電所は、国立公園内に位置するため自然景観保護の観点から、また冬期の建設工事や設備保守のために、変電所、閉開所を含めすべての施設が地下に収められた図2。ダムはコンクリート量が少なく、材料費、運搬費が節約できるアーチ式ダムが採用された。昭和33年に基礎掘削、翌年にコンクリートの打設を開始した。35年10月には高さ110mまで達したため、湛水を開始し、

図1 黒部川の水力開発の概念図／柳河原発電所(現・新柳河原)に始まり、黒部峡谷の奥へ奥へと開発が進み、黒部ダムに達した。

図2 黒部川第四発電所／幅22m、高さ33m、奥行117mの空間が、地下150mに位置する。現在は4基の発電機が設置され、最大出力33.5万kW。

図3 黒部ダム(昭和38年(1963))／堤高186.0m、堤長492.0mのわが国最高のドーム型アーチ式ダム。両側にウイング(重力式ダム)をもつ。

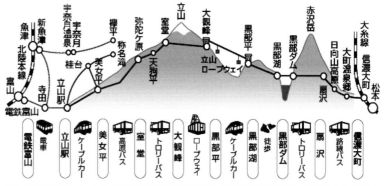

図4 立山黒部アルペンルート／昭和46年(1971)に全線開通した立山駅と扇沢を結ぶ山岳観光ルートで、トンネルバス、ケーブルカー、ロープウェイ等を乗り継ぐ。室堂までは既存の施設を、扇沢～黒部ダムは資材運搬用のトンネルを利用し、室堂～黒部湖までが観光用に建設された。

翌年1月に15.4万kWで一部発電を開始した。その後も順調にダムは高さを増し、38年(1963)5月に186mを誇るわが国最高のダムが完成した図3。6月には、7年の歳月と513億円の工費を投じ、最大出力25.8万kWの黒部川第四発電所が竣工した表1。

### 水力開発による観光地化

黒部川第四発電所の完成後、資材運搬用の大町トンネルは観光ルートとして開放され、室堂からダムまでも立山を貫くトンネルバス、ロープウェイ、ケーブルカーが新たに整備された図4。この立山黒部アルペンルートの全線開通によって、

表1 黒部川水系の発電所と出力の推移／順次、発電所が建設され、発電量が増大している。黒四の放水を利用した新黒二・新黒三発電所が建設された。なお、愛本・音沢発電所は、柳河原発電所よりも下流に位置する。（愛本発電所は、富山県電気局によって開発され、戦後、関西電力へ）

| 発電所 | 運開年月 | 出力（kW） | | | | |
|---|---|---|---|---|---|---|
| | | 1932年9月 | 1939年3月 | 1942年4月 | 1951年3月 | 1986年3月 |
| 柳河原 | 1927年11月 | 50,700 | 54,000 | 54,000 | 54,000 | 54,000 |
| 愛本 | 1936年6月 | | 29,700 | 29,700 | 29,700 | 29,700 |
| 黒部川第二 | 1936年10月 | | 65,200 | 65,200 | 72,000 | 72,000 |
| 黒部川第三 | 1940年11月 | | | 81,000 | 81,000 | 81,000 |
| 黒薙第二 | 1947年12月 | | | | 7,000 | 7,600 |
| 黒部川第四 | 1961年1月 | | | | | 335,000 |
| 新黒部川第三 | 1963年10月 | | | | | 105,000 |
| 新黒部川第二 | 1966年9月 | | | | | 74,200 |
| 音沢 | 1968年7月 | | | | | 124,000 |
| 合計出力 | | 50,700 | 148,900 | 229,900 | 243,700 | 882,500 |

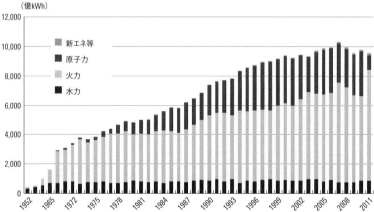

図5 発電電力量（水力、火力、原子力、新エネルギー）の推移／昭和38年に水力と火力が逆転して以降、火力は年々増大していった。一方、水力は横ばいの状態である（約9％）。原子力は、平成22年までに約30％に増加したが、福島第一原発の事故により激減した。導入が進む新エネルギーはすべて合わせても、約1％にしかならない。

図6 日本初の原子炉JRR-1／昭和32年（1957）8月27日、日本原子力研究所（東海村）に設置された日本最初の原子炉JRR-1が臨界に達し、「原子力の火」が灯った。

黒部ダムは年間100万人が訪れる観光地となった。

黒部川水系の電力開発によって、これまで一部の特殊な人しか立ち入ることできなかった黒部の秘境に一般の人々が気軽に訪れることができるようになり、新たな魅力が創出された。

## エネルギー源の多様化

### ・火主水従

戦後、電力需要の増大に対応するため、大規模なダムを伴う電源開発が行われたが、水力開発には多額の費用と工期を要する。そこで急増する電力需要に応えるため、火力発電所の新設が積極的に行われた。また、水力と火力の効率的な運用の組合せが提言されたこともあり、昭和38年（1963）にはこれまで約50年間続いた水主火従が逆転し、火力発電の時代を迎える図5。

### ・原子力発電のはじまり

昭和31年（1956）、財団法人日本原子力研究所が設立され、翌年には東海村に設置された日本最初の原子炉JRR-1が臨界に達し、「原子力の火」が灯った図6。昭和38年（1963）10月26日（原子力の日）には、実験炉JPDRでわが国最初の原子力発電が行われた。そして、電力9社と電源開発（株）の出資により日本原子力発電（株）が設立され、初の商業用原子力発電所である東海発電所（16.6万kW）で、昭和41年（1966）から営業運転が開始された。

原子力は、エネルギー資源に乏しいわが国にとって、技術で獲得できる事実上の国産エネルギーとして、積極的な推進政策がとられ、平成23年（2011）2月末時点で54基の原子力発電所が運転され、発電量は約3,000億kWh、シェアは30％に達していた。

しかし、3月11日の東日本大震災によって東京電力（株）福島第一原子力発電所で事故が発生し、同発電所の廃止ならびに定期検査で停止した発電所の再稼働が認められず、翌年5月には全原子力発電所の停止という状態になった。原子力に対する安全性や放射性廃棄物の処理問題、一方で原子力発電の停止による電力不足や料金の値上げ、地元における雇用の問題など、今後の原子力発電のあり方が問われている。

### ・再生可能エネルギー

福島第一原子力発電所の事故後、太陽光、風力など再生可能エネルギーが脚光を浴び、固定価格買取制度や補助金の給付などによって積極的に導入拡大が図られている。しかしながら、発電効率やコストの問題など課題も多く、バイオマスや地熱など他の発電方式を含めても、全発電量に占める割合はわずか1％ほどで図5、今後の技術開発と政策が期待される。

**参考文献**

・石井頴一郎：ダムの話、朝日新聞社、1949
・河内則一：黒部開発の恩人──山田胖の功績顕彰録、顕彰碑建立世話人会、1959
・関西電力五十年史、関西電力、2002
・黒部川第四発電所建設史、関西電力、1965
・水力技術百年史、電力土木技術協会、1992
・電力百年史 前篇、政経社、1980
・土木建築工事畫報、12巻 3号, 11号、14巻 10号、16巻 2号
・日本電力株式會社十年史、日本電力株式會社、1933
・平成23年度エネルギーに関する年次報告（エネルギー白書2012）、環境省、2012

付録

# 東北開発計画

## 【付録】
# 東北開発計画
### 近代国土計画の始まり

### 幕末の東北

明治維新は我が国が近代化する画期であった。これを経て明治政府による中央集権的統一国家の成立と資本主義化が始まるが、新政府が主権を握るには、旧幕時代の国家体制であった徳川幕藩体制と武士社会からの脱却が必要であった。そのための国内紛争に戊辰戦争がある。戊辰戦争は関西から始まるが、戦いの多くが関東以北で展開した。対抗する旧体制勢力として東北地方では越後を含む諸藩による奥羽列藩同盟が結ばれ、東北の多くで激戦となった[図1,2]。

この戦争終結後、明治政府は越後を含む東北の開発に目を向ける。その主導者に明治6年（1873）から初代内務卿（今日の内閣総理大臣格）となった大久保利通がいた。

### 士族授産と殖産興業

戊辰戦争を終結させた明治政府は、国体安定のための急務として士族授産、殖産興業などの方針を掲げた。東北開発計画でも、これらの政策が反映される。

### 明治初頭の東北開発

東北開発を含む、国家事業の開始のために大久保は、わが国初の一般向け国債「起業公債」を発行し、事業費を調達する[図14]。しかしながら大久保は、その発行直前の明治11年（1878）5月に凶刃に倒れるが、事業は開始となる。

以下、大久保が描いた東北開発プロジェクト[図3,4]から始まる今日までの東北開発について、交通という側面から全体像と部門別の変遷を概観したい。

### 交通からみた東北開発

大久保利通による東北開発は、仙台湾北部に位置する野蒜港を中心として内陸の水運と陸運を連携させるものであった。これにより岩手県盛岡方面からは北上川、秋田方面からは雄物川を遡り、岩手県との県境・鬼首峠から北上川支川へ、山形方面からは最上川から宮城県との県境・関山峠から名取川方面へ、福島県は阿武隈川を下る。そして北上川下流から西の野蒜港までは北上運

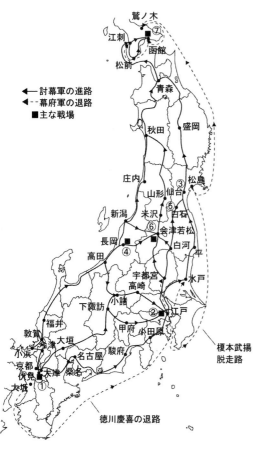

王政復古後の主な事件
① 1868年1月　　　　　鳥羽・伏見の戦い
② 1868年5月　　　　　上野戦争
③ 1868年5月　　　　　奥羽列藩同盟
④ 1868年5～7月　　　長岡城攻防戦
⑤ 1868年7月　　　　　奥羽越列藩同盟
⑥ 1868年8～9月　　　会津戦争
⑦ 1868年10月～1869年5月　函館戦争

図1　戊辰戦争の進軍路

図2　奥羽越列藩同盟諸藩と会津藩・鶴岡藩の位置

河を開削して内水面にて接続。阿武隈川、名取川などの河口部は江戸時代の伊達政宗時代以後に開削された運河群(明治初頭に総称して貞山運河と銘々)により連絡される。これらにより、東北地方の大規模な運輸ネットワークが構想された。

野蒜築港に至る背景には、北上川の河口港・石巻における上流からの流砂による河口閉塞による、外洋船への荷物の積替えに苦慮していたこともある。このため、代替案の計画が大久保からファン・ドールンに依頼され、野蒜の運河と築港計画が提案され、実施に移された。

しかし、交通体系の主軸としての舟運の隆盛は明治前半までであり、鉄道の発達により、その座は早くに奪われた。

また、野蒜築港事業自身、明治15年(1882)に一期工事が完成しつつも、外洋船の投錨地とする外港と、内港を連絡する水路の突堤が、漂砂と激浪により維持できず、港としては放棄されるに至る図6,8,9,10。

河川舟運の衰退は、河川改修の主眼を低水工事から治水のための高水工事へ向けさせることとなり、国直轄の治水事業が展開することになる。

東北地方の鉄道の発達は、明治20年代から関東から青森までの南北軸の整備が我が国初の私鉄鉄道会社である日本鉄道を中心に進められ、その後、東西方向も含むネットワークも進むが明治39年(1906)公布の「鉄道国有法」により国有鉄道としての買収も進められる図16,17,18,20。

道路の発達についてもう少し詳しくみてみると、野蒜築港と関連、または時期を同じくして、峠越えのための道路整備と隧道掘削などが行われた。中でも有名なものに米沢と福島を結ぶ万世大路がある。この事業は、山形県令・三島通庸 p.145-ii による東北の道路計画の中核をなすもの。県境をまたぐ栗子隧道の延長868mは当時の最大級。新道の命名は14年の明治天皇御巡幸をもって開通した際下賜されたもの。その後、昭和11年(1936)には自動車通行のための改良が実施され、素掘りであった栗子隧道は坑道の掘り下げと拡幅、コンクリート巻立が行われた。また、同41年(1966)には栗子ハイウェイが新設され、峠付近の万世大路は廃道となる。同年6月には国土開発幹線自

図3 大久保利通提案の七大プロジェクト

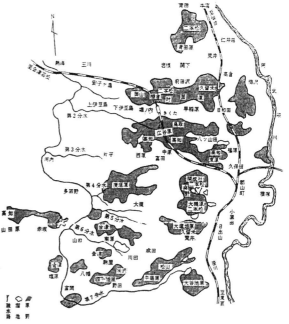

図5 安積疎水と各藩士族の入植地

図4 東北における廃藩置県の状況(明治4年(1871)12月時点の府県名と列順。点線は現境)

動車道建設法が成立し、今日における東北地方の高速道路網の基礎が確立された。その背景とも言うべき東北自動車道は昭和47年（1972）に区間開通、同62年（1987）に全線開通した[図21]。

また、高速鉄道網については、東海道新幹線の成功後の昭和45年（1970）の全国新幹線鉄道整備法に基づく新路線3計画の1つに東北新幹線が含まれた。昭和46年（1971）着工、開業は同57年（1982）に大宮－盛岡間、平成3年（1991）に東京－盛岡、同14年（2002）に東京－八戸、同22年（2010）に東京－新青森間である。

東北新幹線からの分岐路線である山形新幹線（同4年（1992）東京－山形間開業）と秋田新幹線（平成9年（1997）開業）は、分岐後、標準軌へ改軌された在来線を走るミニ新幹線方式の嚆矢となっている。

### 河川からみた東北開発

東北地方における河川改修は、大きくみると明治初頭の野蒜築港と低水工事などの舟運確保のための改修事業[図7,11,13]、明治後半からの治水のための分水事業に分けることができる。大規模な分水事業が実施された河川には北上川、雄物川、最上川などがある。

また、上流部の砂防事業については、明治中期から開始される。

北上川は東北における河川改修において特に著しい変遷を経る[図26]。明治末期から、宮城県内の流路において分水事業が実施され、昭和7年（1932）までに竣工する。また、北上川中流部における治水は大正末から昭和初頭にてダムによる洪水調節が主眼となり、昭和14年（1939）の河水統制事業として石淵と田瀬の2ダムが着工された。

第2次大戦後、河水統制事業は国土総合開発となり、同28年（1953）には北上川総合開発計画（KVA）が第1号として閣議決定された。この計画の中心は5カ所の多目的ダム建設にあった。また、米国地域開発の成功事例であるTVA（テネシー川流域開発公社）事業が範とされた[図28]。

### 発電からみた東北開発

（図22,23,24,27,28参照）

東北地方における発電は、明治21年、宮城紡績製糸会社の計画で仙台三居沢の発電所（水力）による近距離、小規模発電（5kW）に始まる。その後、河川本川を横断する堰堤からの取水による水力発電が進む。特に福島県における電源開発は特筆され、まずは安積疏水の流路を利用した沼上発電所が明治32年（1899）に郡

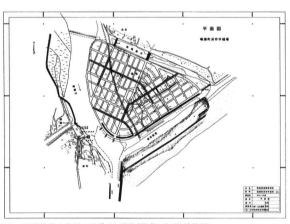

図6　野蒜築港市街地の建設時と現況（平成11年当時）比較

図8　宮城県下野蒜築港実測全図

図7　近世の沿岸航路図

図9　野蒜築港跡地（東日本大震災被災前）

図10　石井閘門／明治13年（1880）完成（平成12年度土木学会選奨土木遺産、同14年国指定重要文化財）

山までの22.5kmの長距離送電に成功する。続いて、明治45年（1912）からは猪苗代湖からの流出河川の発電開発が進む。また、その下流の阿賀野川においては昭和初頭に流路を横断する3つのダムが建設された。戦後の昭和26年（1951）からは阿賀野川左支川・只見川にて大ダム建設による電源開発が続く。これらの発電は、関東方面の電源として今日でも重要な位置を占めている。

この他の特徴的な電源事業として、昭和6年（1931）の満州事変の軍需産業増大に伴う電源開発が挙げられる。特に東北地方では、同9年（1934）の東北地方の大冷害を機とした国策会社として同11年に東北振興電力が創業された。

中小河川における水力発電も各地に見られるが、鉱山や炭鉱開発に伴うものがある。

また、前出の北上川総合開発構想においても多目的ダム群の建設において発電が含まれた。その後、火力発電も補いながら電力需要に対する需給量が確保される。そして、原子力発電の実用化により高度経済成長期以降、東北地方においても宮城、福島、青森県内に原子力発電所が建設されている。

### 港湾開発

東北における港湾開発は、近世の西、東回り航路図7により、主として河川河口部を港とした整備が行われた図15。河口港は、内陸河川の舟運と、海洋舟運を連絡する結節点であった。それは、河川と海洋における輸送船構造の違いからも必要な中継地でもあった。

これら近世の外洋航路開発は江戸時代初頭に河村瑞賢が開発を進めた西廻り航路と東廻り航路を基本とする。

また、近世になると内陸河川の舟運路開発も進められ、通過を困難とさせていた岩礁部などが撤去され、舟運での難航部が解消された。

明治に入ると、北上川河口部に代表される河口部の堆砂による閉塞問題の解決が必要な河川が生じた。

北上川河口部問題は大久保の東北開発構想に結びつけられ、野蒜築港と北上運河の建設へと発展した。

その後、鉄道の整備、道路の整備などが進み、かつ、モータリゼーションの拡大により、河川舟運による内陸運輸は衰退する。

このため港湾の役割は、外洋航路の中継地、漁船の停泊地や係留地となった。また、野蒜築港が頓挫した後の仙台湾における港湾は、塩釜港が中心となったが、昭和39年（1964）に仙台湾地域の新産業都市と重要港湾指定に伴い昭和46年には仙台港が開港し、大型船

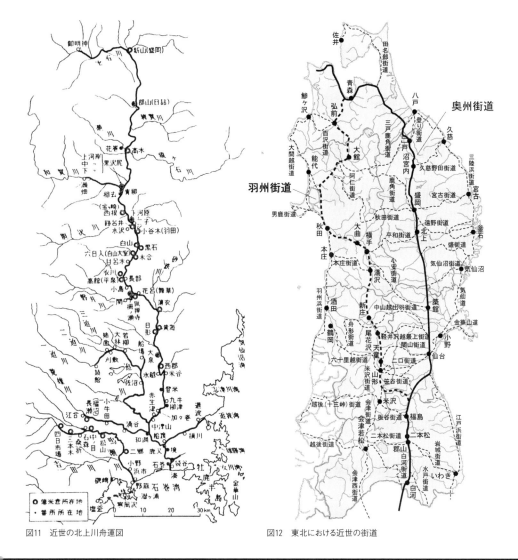

図11　近世の北上川舟運図　　　　　　図12　東北における近世の街道

舶の係留、国際貿易港としても重要な位置を占めることとなる。これと共に同42年には北上川河口右岸部に石巻港が工業港として開港した。

## 開拓、干拓

大久保による東北開発には、士族授産に伴う開拓と疏水事業などもあった。特に、福島県のほぼ中央に位置する郡山における安積開拓、それに伴う安積疏水事業がある図5,32。

しかし、それ以前に東北地方の近代的開拓事業の嚆矢として幕末に始まる青森県十和田市の三本木ヶ原開拓があった図31。これは新渡戸傳、十次郎、七郎の親子3代にわたる事業で、安政2年(1855)着工、明治初頭に利用が始まる。計画は現・十和田市である三本木ヶ原を碁盤の目状の地割りにて開墾、そのために用水を十和田湖から導水するものであった。新渡戸七郎は三男・稲造の長男であり、安積疏水、那須野ヶ原疏水にも参加する。また、明治2年(1869)には札幌開拓も始まっており、三本木ヶ原開拓の実績は、北海道開拓でも参考にされたと考えることができる。

人々の交流としては、更に、三島通庸が明治15年(1882)に福島県令となり、安積疏水事

図13　江戸時代の東北日本の舟運

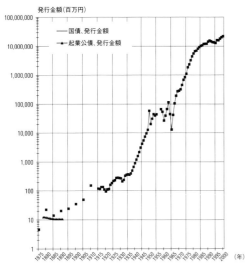

図14　国債及び起業公債 発行金額の推移（対数グラフ）

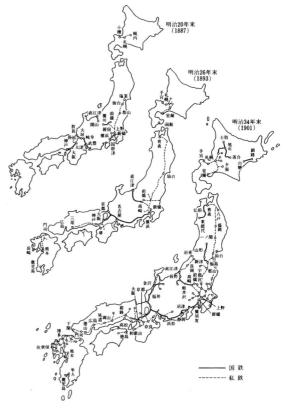

図16　鉄道網発達状況図

図15　東北地方における港湾の現況

業に関与、同17年(1884)には栃木県令となり那須疏水に関与した。技術援助として、安積疏水事業では、野蒜築港の計画者であるファン・ドールンが既に現地にて行われていた調査内容の妥当性の判断、取水関連施設の基本設計などの援助を行っている。同事業の施設施工のために九州石工も参加している。また、万世大路事業ではドールンと同じお雇い蘭人工師・G.A.エッシャーが、工事予定地を測量し、地元による測量の正確さを賞賛した。同事業ではまた、米国製蒸気式穿孔機を購入、使用された。野蒜築港の内港と運河掘削では、蒸気浚渫船が導入された。東北における開拓事業は昭和になり、八郎潟干拓事業 図29 へと続く。同干拓事業については明治初頭からその検討のために測量などの動きが見られるが、実施に移されるのは昭和32年(1957)の着工、同42年(1967)入植開始、同52年(1977)竣工した。米の増産が目的であったが、竣工時には減反政策が始まっていた。

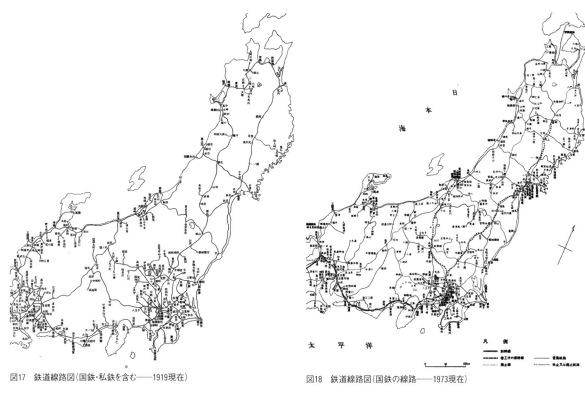

図17 鉄道線路図(国鉄・私鉄を含む――1919現在)

図18 鉄道線路図(国鉄の線路――1973現在)

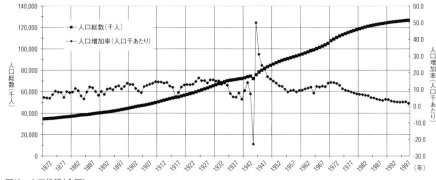

図19 人口推移(全国)

図20　JR東日本営業路線図

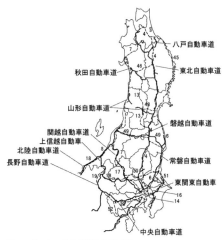

図21　東日本の高速道路と主な国道

図22　東北地方電気事業者分布図（大正11年現在）

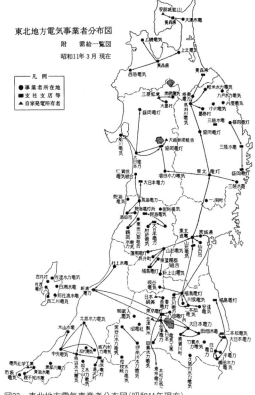

図23　東北地方電気事業者分布図（昭和11年現在）

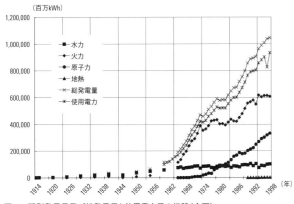

図24 種別発電量及び総発電量と使用電力量の推移(全国)

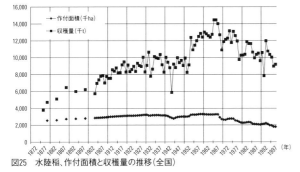

図25 水陸稲、作付面積と収穫量の推移(全国)

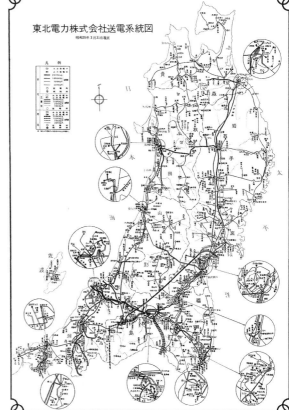

図27 東北電力株式会社送電系統図(昭和35年現在)

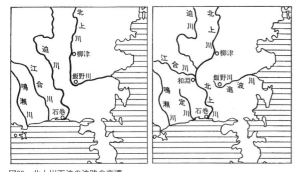

図26 北上川下流の流路の変遷

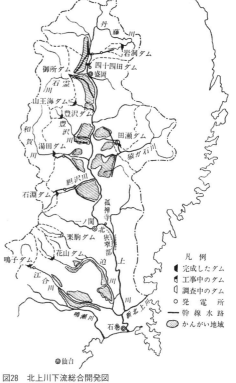

図28 北上川下流総合開発図

図29 八郎潟事業計画概要図

図31 三本木原開拓とその位置図

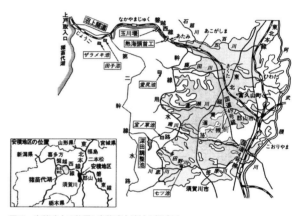

図32 安積疏水の位置と安積疏水地域の概略図

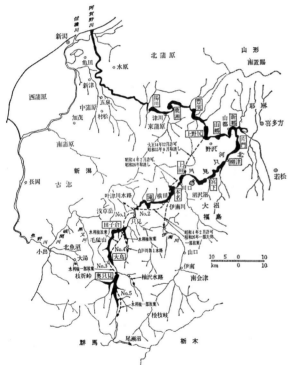

図30 只見川水系電源一覧図

| 年代 | 記事 | 種別 | 県名 |
|---|---|---|---|
| 1868 | この頃から、宮城県において、運河(貞山堀改修)開発に着手する | 交通開発 | 宮城 |
| 1875 | 安場保和と中条政恒の計画、阿部茂兵衛と鴫原弥作の設計、開成社員25名の施工で福島県郡山市桑野(当時安積郡桑野村)が開拓される[1873] | 農業開発 | 福島 |
|  | 東京〜青森、津軽海峡〜北海道に電信線が布設される | 交通開発 | 東北各県 |
| 1876 | この頃から、旧奥州街道を国道とし、岩手県磐井郡真柴村〜二戸郡釜沢村まで延長する | 交通開発 | 岩手 |
|  | 明治天皇が大久保利通らと東北地方を御巡幸される | その他 | 東北各県 |
| 1878 | 宮城県桃生郡和淵村地内において、北上川護岸工事に着手する | 災害工事 治水 | 宮城 |
|  | 宮城県の野蒜において、野蒜築港計画(北上運河の開さく・内港工事)が開始される | 交通開発 | 宮城 |

| | | | |
|---|---|---|---|
| | 秋田県の要請により約1カ月にわたり東京工部大学生が八郎潟と船川港の測量に従事する | その他 | 秋田 |
| 1880 | 福島県耶麻郡河東村の十六橋改築工事が完了する[1879] | 交通開発 | 福島 |
| | 貞山運河改修等の土木事業および河川、道路、港湾の測量に着手する。計画者は早川智寛。また貞山運河を貞山堀と改名する | 交通開発 | 宮城 |
| | 宮城県において北上川の改修に着手する | 治水 | 宮城 |
| | 宮城・山形にまたがる関山新道の開さくに着手する | 交通開発 | 宮城・山形 |
| | 明治年間における最長の道路トンネルである栗子ずい道(延長864m、幅員4.45m、高さ3.64mの素掘式)が開通する | 交通開発 | 山形・福島 |
| 1881 | 宮城県の北上川において、北上運河が開通する[1878] | 交通開発 | 宮城 |
| | 明治政府はオランダ人ファン・ドールンの助言により宮城県桃生郡鳴瀬町野蒜に野蒜港を一応完成させる[1878] | 交通開発 | 宮城 |
| | 三島通庸の計画による福島～米沢間に万世大路(米沢街道)が完成する。[1877] | 交通開発 | 福島・山形 |
| 1882 | 三島通庸の計画、山形県二等属高木秀明の設計で北村山郡関山村より宮城県界に至る関山新道が完成する。[1880][備考]出典:山形県史明治初期下三島文書。また宮城県史8土木では着工1879年、計画早川智寛とある | 交通開発 | 山形・宮城 |
| | 宮城県東名浜にて、東名運河の開削に着手 | 治水 | 宮城 |
| 1883 | 奈良原繁とファン・ドールンの功労で福島県安積郡および岩瀬郡の一部に安積疏水が完成する[1879] | 農業開発 | 福島 |
| 1884 | 宮城県桃生郡鳴瀬町の野蒜港が秋の台風で大災害をうけ、ついに廃止と決定される | 災害 | 宮城 |
| | 三島通庸の計画により白河から宮城県貝田に至る陸羽街道が完成する[1882] | 交通開発 | 福島・宮城 |
| | 三島通庸の計画と地元民の施工で会津若松と栃木県、新潟県、山形県間の三方道路建設工事が完了する[1882] | 交通開発 | 福島 |
| | 伊達政宗の構想、川村孫兵衛重吉の計画、和田織部房長と佐々木伊兵衛門の施工および早川智寛と大久保利通の功労で木曳堀と御舟入堀(現在の貞山運河)が完成。[1600頃][備考]名取郡誌では1885年が竣工年となっている | 交通開発 | 宮城 |
| 1885 | 秋田県において古市波止場(土崎港)が完成する | 交通開発 | 秋田 |
| 1888 | 会津磐梯山が噴火し死者400余、被害約500戸に達する | 災害 | 福島 |
| | 宮城紡績製糸会社三居沢工場の計画で仙台市三居沢に東北最初の発電所が完成し5kWの発電を開始する | 発電開発 | 宮城 |
| 1889 | 貞山堀(塩釜港・蒲生・名取川・阿武隈川)の改修掘さくが完成する。[備考]宮城県土木技術研究論文集第13集によれば、着工年が1884年と記されている | 交通開発 | 宮城 |
| 1891 | 日本鉄道会社線・盛岡～青森間が開通し、上野～青森間が全通する。総延長739.2km。[1887][備考]宮城県土木技術研究論文集第13集によると、東北本線全通を当時は奥羽線と称し、1906年(明治39)に国有となり東北本線となるとある | 交通開発 | 東北各県 |
| 1892 | 内務省の計画で山形県最上川治水工事が完成する[1885] | 治水 | 山形 |
| 1894 | 宮城水力紡績製糸会社の計画で仙台市三居沢に30kWで発電開始し仙台市内に電力を供給する[1893] | 発電開発 | 宮城 |
| 1896 | 福島電燈会社の計画で、阿武隈川水系信夫郡吾妻町庭坂に70kWの庭坂第一発電所が完成する[1894] | 発電開発 | 福島 |
| | 6月、三陸沿岸(気仙郡気仙村～九戸郡種市村まで)において三陸沖地震による大津波が起こる。死者2万7700名という | 災害 | 宮城・岩手・青森 |
| 1898 | 常磐線・久之浜～小高間の完了により、水戸～岩沼間が全通し同線をへて上野～青森間に直通列車が運転開始される | 交通開発 | 東北各県 |
| 1899 | 松平宮城県知事の計画で宮城県黒川郡大松沢の品井沼潜穴閘門の築造工事完了[1898] | 治水 | 宮城 |
| | 郡山絹糸紡績会社の計画で300kWの沼上発電所が完成する | 発電開発 | 福島 |
| 1900 | 古川馬車軌道として、宮城県古川～小牛田間の鉄道を建設。総額4万3200円、事業計画者は佐々木吉郎四郎。なお大正2年4月20日、陸羽東線の開通にともない解散 | 交通開発 | 宮城 |
| 1902 | 盛岡～石巻間の北上川に低水工事を完了する。全長200km[1880] | 治水 | 岩手 |
| 1904 | 岩越鉄道会社により磐越西線・会津若松～喜多方間に鉄道施設を完成、郡山～喜多方間が開通する。延長81.9km | 交通開発 | 福島 |
| 1906 | 鉄道国有法が公布され、日本および岩越鉄道会社が買収され国有となる | 交通開発 | 東北各県 |
| 1911 | 内務省土木局仙台土木出張所が開設される | その他 | 宮城 |
| | 宮城県品井沼で、第一期品井沼干拓事業を完了する。774町歩の広さを有する[1906] | 農業開発 | 宮城 |
| | 石巻電灯会社により宮城県石巻町において、石巻発電所(ガス式)を建設する。東北地方最初のガス式発電所で、発電機は交流三相70kW、2200V、50サイクルのもの1台[1910] | 発電開発 | 宮城 |
| 1912 | 新潟県および福島県とにおいて、磐越第71区線路を新設する[1909] | 交通開発 | 福島・新潟 |
| 1914 | 福島県猪苗代町において、猪苗代第一発電所の建設工事に着手する | 発電開発 | 福島 |
| | 喜多方～新津間において磐越西線工事を完了し、11月に郡山～新津間の全線が開通する。延長136.3 km[1897] | 交通開発 | 福島・新潟 |
| | 秋田県南秋田郡豊川村、金足村に産出する石油よりアスファルトを製造し、国産として初めて市場に供給する | 技術開発 | 秋田 |
| 1915 | 福島県耶麻郡猪苗代町に、猪苗代第一発電所が完成する。出力3万7500kW、東京まで225kWを11万5000Vの特高送電を開始する | 発電開発 | 福島 |
| 1917 | 山形県酒田市において、酒田港修築工事に着手する | 交通開発 | 山形 |
| | 宮城県において鳴瀬川、阿武隈川の河川改修計画に着手する | 治水 | 宮城 |
| | 宮城県において、江合川、鳴瀬川合流改修工事に着手する | 治水 | 宮城 |
| | 宮城県塩釜港の築港工事が内務省直轄で着工、予定工費598万円 | 交通開発 | 宮城 |
| | 青森県西津軽郡五所ケ原市飯ъ山山国有林に、国有林野山治山事業(坪毛沢流域治山事業)を完了する。これは、木を用いた堰堤で、最初の試みとして画期的な工事である[1914] | 治山 | 青森 |
| | 福島県郡山～平間に、磐越東線が全線開通。延長85.6km | 交通開発 | 福島 |
| | 陸羽線(陸羽東線)の鳴子～羽前向町間の開通により小牛田～新庄間が全線完成する。延長94.1 km | 交通開発 | 宮城・山形 |
| 1918 | 福島県耶麻郡磐梯町に、猪苗代第二発電所取水ダムを建設する。最大出力3万6000kW | 発電開発 | 福島 |
| 1919 | 山形県東田川郡清川村～飽海郡上郷村において、最上川下流改修工事に着手する | 治水 | 山形 |
| 1920 | 福島県原町市に日立鉄筋コンクリート無線電信塔完成。当時世界最高の600ft | 交通開発 | 福島 |
| 1921 | 福島県の阿武隈川水系五百川(安積疏水)に、丸守発電所(水路式)を建設する。最大出力3850kW | 発電開発 | 福島 |
| 1922 | 鳴瀬川、阿武隈川、名取川にて、第一次治水計画による第二期治水工事を完了する[1910] | 治水 | 宮城 |
| 1924 | 青森市安方で、青森港第一期工事北防波堤工事および青森港西物揚場工事が完了[1915] | 交通開発 | 青森 |
| | 羽越本線・新津～秋田間の全線が開通し裏日本縦貫鉄道が完成する。延長271.7km | 交通開発 | 新潟・山形・秋田 |

| 年 | 内容 | 分類 | 県 |
|---|---|---|---|
| 1926 | 福島県耶麻郡磐梯町に、猪苗代第三発電所取水ダムを建設する。最大出力2万1000kW | 発電開発 | 福島 |
| | 福島県耶麻郡磐梯町に、猪苗代第四発電所取水ダムを建設する。最大出力3万3000kW | 発電開発 | 福島 |
| 1927 | この年から10年間ほど、大規模開墾計画調査が、秋田県八郎潟において行なわれる | 農業開発 | 秋田 |
| 1928 | 福島県南会津郡下郷町において、大川発電所建設工事を完了する[1925] | 発電開発 | 福島 |
| | 北上川、最上川、雄物川にて、第一次治水計画による第一期河川工事を完了する[1910] | 治水 | 宮城・山形・秋田 |
| | 秋田県において、新屋放水路開さく工事に着手する | 治水 | 秋田 |
| 1929 | 宮城県金華山および青森県尻屋崎にて、航路標識(無線方位信号所)の設置に着手する | 交通開発 | 宮城・青森 |
| | 仙台～塩釜～石巻間において、宮城電気鉄道が鉄道敷設事業を完了する(現在の仙石線)。延長50.5km | 交通開発 | 宮城 |
| 1930 | 山形県酒田市下瀬地内に、下瀬閘門新設工事を完了する[1928] | 治水 | 山形 |
| 1931 | 宮城県柳津町において、北上川改修工事を完了する。総工費800万円[1911] | 治水 | 宮城 |
| | 宮城県桃生郡飯野川において、飯野川可動堰(ローリングゲート)取付工事を完了する[1925] | 治水 | 宮城 |
| | 宮城県桃生町脇谷において、脇谷水門工事を完了する[1928] | 治水 | 宮城 |
| 1932 | 宮城県桃生町脇谷に脇谷閘門および脇谷洗堰が完成する[1925] | 治水 | 宮城 |
| | 宮城県登米郡豊里村鴇波地内に鴇波洗堰が完成する[1916] | 治水 | 宮城 |
| 1933 | 宮城県の塩釜港が完成する[1914] | 交通開発 | 宮城 |
| 1934 | 仙山トンネル(宮城県～山形県境の面白山を掘さく)建設工事に着手する。建設機械オートフィーダー付さく岩機を初めて使用する | 交通開発 | 宮城・山形 |
| | 東北地方が冷害に襲われ、大凶作となり社会問題となる | 災害 | 東北各県 |
| | 北上川改修工事が宮城県で完了する[1911] | 治水 | 宮城 |
| | 北上川河口改良工事が宮城県で完了する[1918] | 治水 | 宮城 |
| | 二ッ小屋道路トンネルが福島県信夫郡中野村で完了する。延長384.0mで明治13年開通のものを切拡げた[1933] | 交通開発 | 福島 |
| 1936 | 日橋川発電所および取水ダムが福島県耶麻郡磐梯町の日橋川に完成する。東北地方最初のカプラン水車を使用する。最大出力1万kW | 発電開発 | 福島 |
| | 1880年(明治13)完成の旧粟子を全面的に改修した粟子道路トンネルが福島県信夫郡中野村と山形県南置賜郡万世村境に完成する。延長870m、幅6.6m、車道幅4.5m[1934] | 交通開発 | 福島・山形 |
| | 福島県と宮城県とにおいて、阿武隈川(荒川)流域砂防工事に着手する | 治山 | 宮城・福島 |
| 1937 | 砂防事業(重力式砂防ダム)が由利郡象潟町横岡の奈曽川水系で完了する。秋田で初めての砂防ダム[1933] | 治山 | 秋田 |
| | 港湾修築工事が秋田県船川港において完了する[1911] | 交通開発 | 秋田 |
| | 港湾修築工事が宮城県の塩釜港において完了する[1914] | 交通開発 | 宮城 |
| | 山形県米沢市松川沿岸～米沢市窪田までの最上川上流改修工事を完了する[1933] | 治水 | 山形 |
| 1938 | 蓬莱発電所が福島市大字立子山の阿武隈川にて完成する。最大出力3万8500kW[1937] | 発電開発 | 福島 |
| | 港湾修築工事が秋田県本荘港において完了する[1933] | 交通開発 | 秋田 |
| | 港湾修築工事が青森県深浦港において完了する[1926] | 交通開発 | 青森 |
| | 港湾修築工事が福島県小名浜港において完了する[1918] | 交通開発 | 福島 |
| | 港湾修築工事が岩手県釜石港において完成する[1932] | 交通開発 | 岩手 |
| | 港湾修築工事が秋田県の金浦港において完了する[1926] | 交通開発 | 秋田 |
| | 港湾修築工事が宮城県の石巻港において完了する[1927] | 交通開発 | 宮城 |
| | 雄物川改修工事が秋田市新屋放水路において完了する。秋田市付近平野の水害の除去と河口の改修をはかる[1917] | 治水 | 秋田 |
| | 青森県三戸郡長苗代村～八戸市において、馬淵川改修工事に着手する | 治水 | 青森 |
| 1939 | 青森県～秋田県において、十和田発電所の建設工事に着手する | 発電開発 | 青森・秋田 |
| | 宮城県志田郡高倉村において、鳴瀬川改修工事に着手する | 治水 | 宮城 |
| | 宮城県栗原郡宮沢村～鳴瀬川新合流点間において、江合川改修工事に着手する | 治水 | 宮城 |
| | 港湾修築工事が青森県八戸港において完了する[1919] | 交通開発 | 青森 |
| | 港湾修築工事が岩手県の山田港で完了する[1932] | 交通開発 | 岩手 |
| | 港湾修築工事が山形県の加茂港で完了する[1902] | 交通開発 | 山形 |
| | 港湾修築工事が秋田県の土崎港において完了する[1929] | 交通開発 | 秋田 |
| | 信夫発電所が福島市渡利の阿武隈川水系において完成する[1937] | 発電開発 | 福島 |
| 1940 | 港湾修築工事が宮城県の女川港において完了する[1927] | 交通開発 | 宮城 |
| | 福島県耶麻郡猪苗代町に秋元貯水池ダムと発電所を建設する。最大出力9万3600kW | 発電開発 | 福島 |
| 1941 | 会津線が福島県会津柳津～会津宮下間に建設される | 交通開発 | 福島 |
| | 港湾修築工事が山形県の酒田港において完了する[1933] | 交通開発 | 山形 |
| | 漁港修築事業が秋田県の平沢港において完了する[1940] | 交通開発 | 秋田 |
| | 港湾修築工事が宮城県石巻港において完了する[1932] | 交通開発 | 宮城 |
| | 岩手県西磐井郡地内より盛岡市内に至る間で、北上川上流改修工事に着手する | 治水 | 岩手 |
| 1942 | 港湾修築工事が青森県大奥村の大間港で完了する[1912] | 交通開発 | 青森 |
| | 港湾修築工事が青森港で完了する[1914] | 交通開発 | 青森 |
| 1943 | 仙台土木出張所が、内務省国土局東北土木出張所と改称する | その他 | 宮城 |
| | 青森町三本木原において、開墾事業(国営)が完了する[1937] | 農業開発 | 青森 |
| 1947 | 進駐米軍矢本飛行場建設工事のうち滑走路拡張その他工事が宮城県桃生郡矢本町で完了する[1946] | 軍事 | 宮城 |
| 1948 | 三沢飛行場工事が青森県三沢市で完了する | 交通開発 | 青森 |
| 1950 | 磐梯朝日(1896.61km²)地区が十和田八幡平(1936指定)に続き国立公園の指定をうける | その他 | 山形・福島・新潟 |

| | | | |
|---|---|---|---|
| | 宮下発電所が福島県大沼郡の只見川で完成する。最大出力6万4200kW[1941] | 発電開発 | 福島 |
| | 宮城県の品井沼の品井沼干拓事業工事が完成する[1941] | 農業開発 | 宮城 |
| | 矢本飛行場建設工事が(米軍による事業計画)宮城県矢本町で完成する | 軍事 | 宮城 |
| 1951 | 新安積地区幹線水路工事が福島県耶麻郡猪苗代町で完成する[1946] | 農業開発 | 福島 |
| | 宮城県の北上川流域において、国土開発特定地域の指定による工事が開始される | 交通開発 | 宮城 |
| | 阿賀野川水系の只見川電源開発工事が開始される | 発電開発 | 福島 |
| | 9電力会社が発足し電力再編成なる。東北電力株式会社が創立される | その他 | 東北各県 |
| 1952 | 北上川上流改修第二期計画工事が岩手県北上川上流部で完成する[1947] | 治水 | 岩手 |
| 1954 | 建設省計画の北上川特定地域総合開発事業が岩手県和賀郡東和田町田瀬(田瀬ダム)で完了。昭和16年10月1日に着手し昭和19年までにほぼ25%完成したが戦争苛烈となり資材入手難等により一時中止となった[1941] | 総合開発 | 岩手 |
| | 9月26日、暴風雨をついて出港した青函連絡船洞爺丸が函館港外七重浜沖で座礁転覆する。死者・行方不明1155名に達し、洞爺丸遭難事件としてわが国最大の海難事故となる | 災害 | 青森・北海道 |
| 1955 | 陸中海岸(115.84km²)地区が国立公園に指定される | その他 | 岩手・宮城 |
| | 仙山線において国鉄はじめての交流電化試験が実施されることとなり通電式が行なわれる | 交通開発 | 宮城・山形 |
| 1956 | 八郎潟東岸排水改良工事(現在の国営八郎潟干拓工事の一部)が、秋田県南秋田郡八郎潟町字川口より面潟字三倉鼻で完了する[1952] | 治水・農業開発 | 秋田 |
| 1957 | 迫川総合開発事業の花山ダムが宮城県栗原郡花山村字湯ノ淵牛で完成する[1952] | エネルギー開発 | 宮城 |
| | 仙山線において交流電気機関車による営業運転を開始する | 交通開発 | 山形・宮城 |
| 1960 | 田子倉発電所が福島県只見川水系に完成する。総貯水量4億9100万m³の貯水量と堤高150mの重力式コンクリートダムを有し最大出力38万kWは水力発電ではわが国最大の規模である[1955] | 発電開発 | 福島 |
| | 新安積疏水が福島県耶麻郡猪苗代町から福島県郡山市に完成する[1944] | 農業開発 | 福島 |
| 1961 | 奥只見発電所が福島県只見川水系に完成する。総貯水量6億100万m³の貯水池と堤高157mの重力式コンクリートダムを有し最大出力36万kW。重力式では高さ、有効貯水容量でわが国最大の規模である[1957] | 発電開発 | 福島 |
| | 秋田空港が秋田市新屋割山に完成する | 交通開発 | 秋田 |
| 1962 | 横黒線(現北上線)・岩沢〜陸中川尻間線路付替工事が完了し、鷲の巣川橋梁工事が岩手県和賀郡湯田村鷲の巣で完成する。規模は154mのディビダーク工法によるPC橋梁で、わが国鉄道橋最初のものであり、かつ道路橋も含めて東北地方最初の形式の橋[1960] | 交通開発 | 岩手 |
| 1963 | 鳥海(285.13km²)および蔵王(400.89km²)地区が国定公園に指定される | その他 | 秋田・山形・宮城 |
| | 八郎潟干拓事業として南北排水機場が秋田県南秋田郡琴浜村払戸地先と山本郡琴丘町鹿渡地先で完成する[1959] | 農業開発 | 秋田 |
| | 八郎潟干拓事業として中央干拓堤防が秋田県八郎潟内で完成する[1958] | 農業開発 | 秋田 |
| | 東北電力揚川発電所建設工事が新潟県東蒲原郡三川村の阿賀野川筋最下流で完成する。使用水量、トンネル容量ともわが国最大。最大出力5万3600kW[1961] | 発電開発 | 新潟 |
| | 東北電力新潟火力発電所新設工事(第1、2期)が新潟市桃山通り2丁目2で完了。天然ガスと重油の混焼によるわが国初の火力発電所で出力は1、2号機とも12万5000kW[1961] | 発電開発 | 新潟 |
| | 国道13号線栗子国道中野第1、第2トンネル工事が福島県信夫郡飯坂町中野で完了[1961] | 交通開発 | 福島 |
| | 花巻空港が岩手県花巻町に完成する。滑走路延長1200m[1961] | 交通開発 | 岩手 |
| | 仙台湾地内において、新産業都市建設促進法の制定により、仙台新港の建設と釜房ダム建設に着手する | 総合開発 | 宮城 |
| 1964 | 青函トンネル調査坑の掘さくに着手する。青森県側は津軽半島竜飛岬、北海道側は渡島半島福島町吉岡町より斜坑を掘り進める | 交通開発 | 青森・北海道 |
| | 青森空港建設工事が青森市大字大谷字山内6で完了する[1962] | 交通開発 | 青森 |
| | 6月16日、新潟市を中心に大地震が発生(新潟地震)。死者26、全壊全焼2250戸、東北地方にも大きな被害を与える | 災害 | 新潟・東北各県 |
| | 電発の大鳥発電所取水ダムが福島県大沼郡金山町の只見川水系で完了する。セミアーチ式はわが国初の形式である。最大出力9万5000kW[1962] | 発電開発 | 福島 |
| 1965 | 5月27日、八郎潟新農村建設事業団法が公布され、国営八郎潟干拓地に新農村建設に着手 | 農業開発 | 秋田 |
| | 東北本線が盛岡まで交流電化を完成する | 交通開発 | 岩手 |
| 1966 | 東北本線・盛岡〜青森間複線工事の一部が盛岡市下厨川で完了する | 交通開発 | 岩手 |
| | 仙台バイパス地盤改良(ペーパードレーン)が仙台市苦竹で完了する。4月には総延長33.8kmのうち25kmを供用開始する[1965] | 交通開発 | 宮城 |
| | 国営三本木開拓建設事業が青森県において完成する[1937] | 農業開発 | 青森 |
| | 国営新安積開拓建設事業が福島県において完成する[1945] | 農業開発 | 福島 |
| | 5月、福島市と米沢市を結ぶ東栗子トンネル(2675m)、西栗子トンネル(2376m)が完成、道路トンネルとしてはわが国第3位と第5位。冬期交通が確保され、明治13年、昭和11年、昭和41年と3回にわたる技術開発である[1961] | 交通開発 | 山形・福島 |
| | 6月、国土開発幹線自動車道建設法が成立、東北地方では東京〜青森(670km)、盛岡〜八戸(90km)、北上〜秋田(120km)、仙台〜酒田(150km)、平〜新潟(220km)、東京〜平(330km)が決定する | 交通開発 | 東北各県 |
| | 八郎潟防潮樋門工事その他が秋田県男鹿市船越地で完了する[1959] | 農業開発 | 秋田 |
| | 松川地熱発電所が岩手県岩手郡松尾村に完成する。八幡平の地熱を利用した世界でも最大のもので出力20MW、高さ44.6mの冷却塔を有し工費19億円を要した[1965] | 発電開発 | 岩手 |
| | 東電福島原子力発電所建設工事が福島県双葉郡大熊町〜双葉町で着手される | 発電開発 | 福島 |
| | 青函トンネル調査坑の本州側の本格的な掘さくが日本鉄道建設公団により進められる | 交通開発 | 青森 |
| 1967 | 宮城県において、仙台新港工事に着手する | 交通開発 | 宮城 |
| | 東北本線・福島〜仙台〜盛岡間の複線が全通する | 交通開発 | 岩手・宮城・福島 |

**参考文献**

・岩本由輝：東北開発120年（増補版）、刀水書房、2009
・大蔵省：起業公債并起業景況第三回報告、1880
・勝田政治：廃藩置県、講談社、2000
・小出博：利根川と淀川、中公新書、1975
・小出博：日本の河川 自然史と社会史、東京大学出版会、1970
・郡山市教育委員会：郡山の歴史、郡山市、2004
・沢本守幸：公共投資百年の歩み、大成出版社、1981
・水土を拓いた人びと編集委員会・農業土木学会編：水土を拓いた人びと――北海道から沖縄まで わがふるさとの先達、農山漁村文化協会、1999
・数字でみる日本の100年（改訂第4版）、矢野恒太記念会、2000
・高橋哲夫：安積野士族開拓誌、歴史春秋社、1983
・高橋康夫・吉田伸之・宮本雅明・伊藤毅編：図集 日本都市史、東京大学出版会、1993
・地方史研究協議会編：日本産業史体系（東北地方篇）、東京大学出版会、1960
・東北地方電気事業史、東北電力、1960
・東北の土木史編集委員会編：東北の土木史、土木学会東北支部、1969
・土木学会編：明治以後 本邦土木と外人、土木学会、1942
・日本史籍協会編：大久保利通文書 九（覆刻再刊）、東京大学出版会、1929
・日本大百科全書 第21巻、小学館、1988
・原田勝正：日本鉄道史 技術と人間、刀水書房、2001
・松浦茂樹：明治の国土開発史 近代土木技術の礎、鹿島出版会、1992
・明治財政史編纂会編：明治財政史 第八巻（再版）、吉川弘文館、1904
・渡辺信夫監修：東北の街道――道の文化史いまむかし、東北建設協会、1998

# 掲載図表出典

## 01. 世界の中の近代日本土木

### Civil Enginineerの誕生
図1　北河大次郎撮影
図2　PICON, A.編："L'art de l'ingénieur, "Editions du Centre Pompidou, 1997, p.161
図3　Photothèque des musées de la Ville de Paris
図5　東京大学工学系研究科社会基盤学専攻図書室蔵
i　Ecole Nationale des Ponts et Chaussées
ii　WATSON, G.: "The Smeatonians," Thomas Telford ltd., 1989. 口絵
iii　E.T.ベル：数学を作った人々 上、東京図書、1997、p.174
iv　PANNELL, J.P.M.: "Man the Builder," Thames and Hudson ltd., 1977, p.229

### 西洋における国土と都市の近代化
図1　GUILLERME, A.: "Bâtir la ville," Champ Vallon, 1995, p.63
図2　SCHIVELBUSCH, W.: "The Railway Journey," Urizen Books, 1979, p.5
図3　MINARD, C.J., "Tableaux graphiques et cartes figuratives, 1844-1870," E.N.P.C.
図4　ミッチェル：マクミラン世界歴史統計、原書房、1983. のデータを図化
図5　Bibliothèque Nationale, Paris
図6　ショエ：近代都市、井上書院、1983、p.58
図7　ショエ：近代都市、井上書院、1983、p.106
表1　SAINTE MARIE GAUTHIER, V.: 'Haussmann à l'oeuvre,' "Urbanisme," no.296, 09/10, 1997, pp.35-39. のデータに基づく
i　WATSON, G.: "The Smeatonians," Thomas Telford ltd., 1989, p.45
ii　PANNELL, J.P.M.: "Man the Builder," Thames and Hudson ltd., 1977, p.93
iii, v　Musée Carnavalet
iv　"Cerdà," Electa, 1996, p.138

### 西洋における構造物の近代化
図1　LOYER, F.: "Le siècle de l'industrie," Skira, 1983, p.41
図2　PICON, A.編："L'art de l'ingénieur," Editions du Centre Pompidou, 1997, p.425
図3　PICON, A.編："L'art de l'ingénieur," Editions du Centre Pompidou, 1997, p.180
図4　北河大次郎撮影
図5　PICON, A.編："L'art de l'ingénieur," Editions du Centre Pompidou, 1997, p.224
図6　PICON, A.編："L'art de l'ingénieur," Editions du Centre Pompidou, 1997, p.340
図7　BILL, M.: "Robert Maillart, "Verlag für Architektur AG, 1949, p.4
i　WATSON, G.: "The Smeatonians," Thomas Telford ltd., 1989, p.63
ii　National Portrait Gallery, London
iii　北河大次郎撮影
iv　WATSON, G.: "The Smeatonians," Thomas Telford ltd., 1989, p.81
v　BILL, M.: "Robert Maillart, "Verlag für Architektur AG, 1949, p.11
vi　オルドネス：PC構造の原点フレシネー、建設図書、2000、p.30

### 日本の国土の地理的特性
図1、図7　ミッチェル：マクミラン世界歴史統計、原書房、1983. のデータを図化
図2　高橋裕：河川工学、東京大学出版会、1990
図3　国立天文台編：理科年表（平成21年）、丸善、2008、p.938
図4　国立天文台編：理科年表（平成21年）、丸善、2008、p.676. を加工
図5　国立天文台編：理科年表（平成21年）、丸善、2008、p.667. を加工
図6　国立天文台編：理科年表（平成21年）、丸善、2008、pp.756-757
図8　国際連合統計局：国際連合 世界統計年鑑2006、原書房、2008、pp.268-291. のデータを図化

### 日本の開国
図1、図2　マディソン：世界経済の成長史、東洋経済新報社、2000. のデータを図化
図3　BRUNTON, R.H.: 'The Japan Lights,' "Minutes of Proceedings," ICE, vol.47, 1877, part i
図4、図5　北河大次郎撮影
図6　尚古集成館所蔵

図7　土木学会附属土木図書館所蔵
i, ii　高橋裕・藤井肇男：近代日本土木人物事典、鹿島出版会、2013

### 文明開化の時代
図1　久米邦武編：特命全権大使米欧回覧実記（二）、岩波文庫、1978、p.125
図2　土木学会編：明治以後本邦土木と外人、土木学会、1942. などを参考に図化
図3　沢本守幸：公共投資100年の歩み、大成出版社、1981、p.62
図4　小西四郎：錦絵 幕末明治の歴史6　文明開化、講談社、2000、pp.10-11
図5　横浜開港資料館所蔵
i　高橋裕・藤井肇男：近代日本土木人物事典、鹿島出版会、2013

### 日本の社会資本の形成と技術者の育成
図1　沢本守幸：公共投資100年の歩み、大成出版社、1981. のデータを図化
図2　土木学会編：新体系土木工学 別巻　日本土木史、技報堂出版、1994、p.78. などを参考に図化
図3　百年史出版委員会：東京大学百年史、東京大学出版会、1977-1987. などのデータを図化
図4　土木学会附属土木図書館所蔵
i～iii,　高橋裕・藤井肇男：近代日本土木人物事典、鹿島出版会、2013

## 02. 鉄道——東海道本線

### 東海道本線の完成
図1、図2、図4　鉄道省編：日本鉄道史（上）、鉄道省、1921
図3、図5　原典不詳
i, ii　原典不詳

### 東海道本線の改良
図1、図3　小野田滋所蔵（絵葉書）
図2、図4　原典不詳
図5、図6　国鉄編：日本国有鉄道百年写真史、日本国有鉄道、1972

### 東海道新幹線の開業
図1、図2　国鉄編：鉄道技術発達史・第1篇（総説）、日本国有鉄道、1958
図3、図8　国鉄名古屋幹線工事局編：なごや幹線133K、日本国有鉄道名古屋幹線工事局、1964
図4、図7　原典不詳
図5、図6　小野田滋所蔵（絵葉書）
i　高橋裕・藤井肇男：近代日本土木人物事典、鹿島出版会、2013
ii　原典不詳

### 新幹線ネットワークの形成
図1、図2　出典不詳
図3　小野田滋作成
図4　小野田滋撮影

### 初期の鉄道政策
図1～図4　出典不詳
図5　小野田滋作成
i　原典不詳

### 明治後期以降の鉄道政策の展開
図1～図3　帝国鉄道協会会報、18巻 7号、帝国鉄道協会、1917
図4-1、図4-2　小野田滋作成
図5　出典不詳

### 都市鉄道の発展——路面電車と近郊鉄道
図1、図2　出典不詳
図3、図4　小野田滋所蔵（絵葉書）
図5　小野田滋作成
i, ii　原典不詳

### 都市鉄道の発展——拡大する地下鉄網
図1～図5　小野田滋所蔵（絵葉書）
図6　丸ノ内線第五工事区編：総理官邸前ルーフ・シールド工事記録集、帝都高速度交通営団、1961
図7　小野田滋作成

## 03. 開拓——北海道開拓

### 北辺の未開地
図1、図4〜図7　北海道大学附属図書館所蔵（図4は文字加筆）
図2　NPO法人北海道遺産協議会提供
図3　函館市中央図書館所蔵
i, iv, v　北海道大学附属図書館所蔵
ii　原典不詳
iii　函館市中央図書館所蔵

### 北海道開発の始動
図1、図4、図5、図7　北海道大学附属図書館所蔵
図2　北海道博物館所蔵
図3　北海道立文書館所蔵
図6　北海道大学提供（文字加筆）
i〜vi　北海道大学附属図書館所蔵
v　原典不詳

### 海陸の連絡と技術開発
図1、図8　原口征人所蔵
図2　土木学会北海道支部提供
図3、図4　北海道庁編：小樽築港工事報文 前編、北海道庁、1924
図5　北海道庁編：小樽築港工事報文 後編、北海道庁、1924
図6　北海道大学附属図書館所蔵
図7　国土交通省北海道開発局提供
i　高橋裕・藤井肇男：近代日本土木人物事典、鹿島出版会、2013
ii　故広井工学博士記念事業会編：工学博士廣井勇伝、工事画報社、1930
iii　中村廉次編：伊藤長右衛門先生伝、北海道港湾協会、1964
iv　網走市市史編さん室所蔵
v　北大工学部土木一期会編：北大工学部土木の源流、1987

### 開拓の持続と拓地殖民
図1〜図3　一般財団法人石狩川振興財団提供
図4、図5　北海道大学附属図書館所蔵
図6　NPO法人北海道遺産協議会提供
図7　東オホーツクシーニックバイウェイ提供
i　北海道大学附属図書館所蔵
ii　高橋裕・藤井肇男：近代日本土木人物事典、鹿島出版会、2013
iii　北海道の治水技術研究会編：石狩川治水の曙光 岡崎文吉の足跡、北海道開発局、1990
iv　原典不詳

### 拓殖から総合開発へ
図1　帯広市図書館所蔵
図2、図3　鐵道省北海道建設事務所編：音更線混凝土拱橋工事概要、鐵道省北海道建設事務所, 1937
図4　西山芳一提供
図5　土木学会北海道支部提供
図6　国土交通省北海道開発局提供
図7　志方孝之：砂浜と原野にいどんで1951〜1976苫小牧港の記録、志方写真工芸社、1977
i, iii　北海道大学附属図書館所蔵
ii　高橋敏五郎：道路こそわが命、1986

## 04. 河川——淀川改修

### 近世から近代初期の大阪湾と淀川
淀川改修史年表　淀川百年史編集委員会編：淀川百年史、建設省近畿地方建設局、1974、pp.1792-1809 の年表より抜粋
図1　土木工要録 附録、内務省土木局、1881［（所収）楠善雄解説：江戸科学古典叢書8 土木工要録（付録）、恒和出版、1976、pp. 8-9］
図2　土木工要録 附録、内務省土木局、1881［（所収）楠善雄解説：江戸科学古典叢書8 土木工要録（付録）、恒和出版、1976、pp.170-171］
図3　横浜開港資料館：R.H.ブラントン 日本の灯台と横浜のまちづくりの父、横浜開港資料普及会、1991、p.56
図4　大阪築港事務所：大阪築港誌、1906
i〜iv　原典不詳
v　高橋裕・藤井肇男：近代日本土木人物事典、鹿島出版会、2013

### 淀川改修計画
図1　淀川百年史編集委員会編：淀川百年史、建設省近畿地方建設局、1974、p.432
図2　淀川百年史編集委員会編：淀川百年史、建設省近畿地方建設局、1974、p.1073
図3　淀川百年史編集委員会編：淀川百年史、建設省近畿地方建設局、1974、p.399
図4　淀川百年史編集委員会編：淀川百年史、建設省近畿地方建設局、1974、p.1241淀川の分流と放水路工事
図1　淀川百年史編集委員会編：淀川百年史、建設省近畿地方建設局、1974、p.411
図2　淀川百年史編集委員会編：淀川百年史、建設省近畿地方建設局、1974、p.488
図3　淀川百年史編集委員会編：淀川百年史、建設省近畿地方建設局、1974、p.494

### 近代治水事業の全面展開
図1　淀川百年史編集委員会編：淀川百年史、建設省近畿地方建設局、1974、p.492
図2　淀川百年史編集委員会編：淀川百年史、建設省近畿地方建設局、1974、p.1246
図3　Flüsse UND Kanäle-DIE GESCHICHTE DER DEUTSCHEN WASSERSTRASSEN, DSV-Verlag BUSSE SEEWALD, p.373
図4　淀川百年史編集委員会編：淀川百年史、建設省近畿地方建設局、1974、p.1245
図5　淀川百年史編集委員会編：淀川百年史、建設省近畿地方建設局、1974、p.1498

### 分水堰技術の変遷
図1　淀川百年史編集委員会編：淀川百年史、建設省近畿地方建設局、1974、p.1253
図2　水門の風土工学研究委員会「鋼製ゲート百選」選定委員会編：鋼製ゲート百選、技報堂出版、2000、p.26
図3　淀川百年史編集委員会編：淀川百年史、建設省近畿地方建設局、1974、p.1076
図4　知野泰明撮影
図5　北上大堰概要：北上川下流工事事務所
図6　淀川百年史編集委員会編：淀川百年史、建設省近畿地方建設局、1974、pp.396, 397, 1194, 1198, 1200
表1　知野泰明作成
表2　岡部三郎：可動堰の撰定に就て、土木学会誌 第12巻 第4号、1926。および、宮本武之輔：治水工学、修教社書院、1936,pp.232-248 を基に作成
i, ii　原典不詳

## 05. 港湾——横浜築港

### 横浜開港前後
図1、図3　横浜開港記念資料館蔵［横浜市企画調整局編：港町・横浜の都市形成史、1981、横浜絵地図ほか収録］
図2　神奈川県立博物館蔵［横浜市企画調整局編：港町・横浜の都市形成史、1981、横浜絵葉書ほか収録］
図4　石井孝：幕末開港期経済史研究、有隣堂、1987 など
図5　横浜市史、横浜市、1958
i　横浜商工会議所百年史、横浜商工会議所、1981
ii　原典不詳

### 横浜第一次築港
図1　横浜市企画調整局編：港町・横浜の都市形成史、1981。横浜港修築史 明治・大正・昭和前期、運輸省第二港湾建設局京浜港工事事務所、1983 など
図2〜図6　臨時横浜築港局編：横浜築港誌、1896
表1　横浜港振興協会横浜港史刊行委員会編：横浜港史 総論編、横浜市港湾局企画課、1989より［運輸省第二港湾建設局京浜港工事事務所編：横浜港修築史、1983、および、運輸省第二港湾建設部：横浜港概要、1951を中心に作成］
i〜iv　原典不詳
v　高橋裕・藤井肇男：近代日本土木人物事典、鹿島出版会、2013

### 横浜港での近代埠頭の完成
図1〜図3　臨時税関工事部：横浜税関海面埋立工事報告、1906

図4　横浜開港資料館所蔵
図5　横浜港震害復旧工事報告
図6　横浜市史、横浜市、1958

### 日本における近代港湾の誕生
図1　日本港湾協会：日本港湾史、1978 を基に作図
図2、図4　広井勇：再訂 築港、丸善、1913（文字加筆）
図3　奥田助七郎：名古屋築港誌、名古屋港管理組合、1953
図5　運輸港湾局：日本港湾修築史、1951（文字加筆）

### 近代から現代の港湾整備へ
図1　港湾投資評価研究会編：みなとの役割と社会経済評価、東洋経済新報社、2001
図2、図3　横浜港振興協会、横浜港史刊行委員会編：横浜港史 総論編 各論編 資料編、1989
表1　日本港湾協会：日本港湾史、1978

## 06. 都市計画——東京市区改正事業
### 近世城下町・江戸から近代都市・東京へ
図1　山下和正：地図で読む江戸時代、柏書房、1998、p.106
図2　玉井哲雄編：よみがえる明治の東京　東京十五区写真集、角川書店、1992、口絵写真2
図3　藤森照信：明治の東京計画、岩波書店、1982、図1
図4　藤森照信：明治の東京計画、岩波書店、1982、図50

### 市区改正計画策定の経緯
図1　松島栄一、影山光洋、喜多川周之編：思い出の写真集　東京・昔と今、ベストセラーズ、1971、p.63
図2　藤森照信：明治の東京計画、岩波書店、1982、図35
図3　藤森照信：明治の東京計画、岩波書店、1982、図38
i, ii　原典不詳
iii　高橋裕・藤井肇男：近代日本土木人物事典、鹿島出版会、2013

### 市区改正計画の実現
図1　藤森照信：明治の東京計画、岩波書店、1982、図41
図2　玉井哲雄編：よみがえる明治の東京　東京十五区写真集、角川書店、1992、p.19
図3　米本晋一：日本橋改築工事報告、工学会誌 第359巻、1913
図4　玉井哲雄編：よみがえる明治の東京　東京十五区写真集、角川書店、1992、p.18
図5　佐藤昌：日本公園緑地発達史 下巻、都市計画研究所、1977、pp.343-344
図6　松島栄一、影山光洋、喜多川周之編：思い出の写真集　東京・昔と今、ベストセラーズ、1971、p.22
図7　玉井哲雄編：よみがえる明治の東京　東京十五区写真集、角川書店、1992、口絵写真3
i　高橋裕・藤井肇男：近代日本土木人物事典、鹿島出版会、2013

### 東京の新たな都市問題への対応
図1　明治・大正・昭和 東京1万分1地形図集成、柏書房、1983、pp.62, 64
図2　石田頼房：日本近現代都市計画の展開、自治体研究社、2004、p.108 図4-3
図3　越沢明：東京都市計画物語、日本経済評論社、1991、p.169
図4　石田頼房：日本近現代都市計画の展開、自治体研究社、2004、p.147 図6-1
図5　石田頼房編：未完の東京計画、筑摩書房、1992、p.135 図5-3
i　高橋裕・藤井肇男：近代日本土木人物事典、鹿島出版会、2013

## 07. 都市の再生——琵琶湖疏水
### 琵琶湖疏水、建設の背景
図1　田中尚人作成
図2、図3　京都市電気局編：琵琶湖疏水及び水力使用事業、1940
i, iv, v　原典不詳
ii, iii, vi　高橋裕・藤井肇男：近代日本土木人物事典、鹿島出版会、2013

### 琵琶湖疏水、建設と土木技術
図1、図5　田中尚人作成

図2　田辺家資料
図3　田辺朔郎：琵琶湖疏水誌、丸善、1920
図4　田中尚人提供
i　高橋裕・藤井肇男：近代日本土木人物事典、鹿島出版会、2013

### 第二琵琶湖疏水と都市の拡大
図1　田辺家資料
図2　京都府統計史料集——百年の統計-3、京都府総合資料館、1971
図4　京都市編：京都の歴史 第八巻 古都の近代、1975 を基に作成
図5　建設局小史編纂委員会編：建設行政の歩み——京都市建設局小史——、京都市建設局、1983 を基に作成
図6（左図）　植村善博・上野裕：京都地図物語、古今書院、1999
図6（右図）　京都府市町村合併史、1986

### 歴史都市・京都の近代化過程
図1　田中尚人作成
図2　京都文化博物館：京都の歴史と文化、1988
図3　京都新聞社編：琵琶湖疏水の百年（資料編）、京都市水道局、1990
図4　京都市役所編：京都市水害誌、付図、1936

### 近代疏水・運河と総合開発
図1　田中尚人所蔵
図2　（上図）田辺家資料を基に作成。（下図）都市計画京都地方委員会：京阪間ノ運河計画ニ就テ、1925、を参考に作成
図3　溝口常俊：古地図で見る名古屋、樹林舎、2008.［大名古屋市新区制地図（愛知県図書館所蔵）］（文字加筆）
図4　白井芳樹：とやま土木物語、富山新聞社、2002
i, ii　高橋裕・藤井肇男：近代日本土木人物事典、鹿島出版会、2013

## 08. 水道——神戸水道
### 近世以前の日本の水道
図1、図2、図4　岡田昌彰提供
図3　江戸名所図会 1巻「御茶の水 水道橋 神田上水懸樋」
i, ii　原典不詳

### 近代の衛生思想、水道建設の展開
図1、図2　岡田昌彰提供
i　原典不詳
ii〜iv　高橋裕・藤井肇男：近代日本土木人物事典、鹿島出版会、2013

### 近代水道の普及
図1　中村玄正：入門 上水道、工学図書、2001
図2　中島工学博士記念事業会編：日本水道史、中島工学博士記念事業会、1927
図3、図4　岡田昌彰提供
図5　（右）堀越正雄：水道の文化史——江戸の水道・東京の水道、鹿島出版会、1981。（左）NHK金沢放送局「石川100」、1931
i　高橋裕・藤井肇男：近代日本土木人物事典、鹿島出版会、2013

### 神戸水道建設の背景と計画
図1　神戸市水道七十年史、神戸市水道局、1973
図2　神戸市水道誌、神戸市、1910
図3〜図5　岡田昌彰提供
i　神戸市水道七十年史、神戸市水道局、1973
ii, iii　高橋裕・藤井肇男：近代日本土木人物事典、鹿島出版会、2013

### 神戸水道の技術と景観
図1〜図4、図6　岡田昌彰提供
図5　摂津名所図会

## 09. 干拓——児島湾干拓
### 近世岡山の農業土木
図1　井上敬太：児島湾干拓沿革資料収拾録、同和鉱業株式会社、1967、口絵
図2　岡山大学附属図書館所蔵池田家文庫所蔵 T7-97
図3　土木学会：明治以前日本土木史、1936 を基に作成
図4　岡山大学附属図書館所蔵池田家文庫所蔵 T7-57

図5 沖新田開墾三百年奉賛会記念史編集委員会：沖新田開墾三百年記念史、1995、p.38
図6 樋口輝久撮影
図7 谷口澄夫：岡山藩、吉川弘文館、1995 を基に作成
図8 樋口輝久撮影
i〜iii 原典不詳

### 児島湾への近代技術の導入
図1 井上敬太：児島湾干拓沿革資料収拾録、同和鉱業株式会社、1967、p.129
図2 井上敬太：児島湾干拓沿革資料収拾録、同和鉱業株式会社、1967、p.132
図3 樋口輝久撮影
図4 兒嶋灣開墾起工史、p.28
図5 兒嶋灣開墾起工史、p.38
図6 樋口輝久撮影
図7 井上径重：兒嶋灣開墾史附録開墾工事方法、岡島書店、1903、附図
図8 井上敬太：児島湾干拓沿革資料収拾録、同和鉱業株式会社、1967、口絵
図9 兒嶋灣開墾起工史、p.35
i〜iii 原典不詳
iv 高橋裕・藤井肇男：近代日本土木人物事典、鹿島出版会、2013

### 児島湾干拓事業の展開
図1 井上敬太：児島湾干拓沿革資料収拾録、同和鉱業株式会社、1967、p.212
図2 牧隆泰：農業水利構造學、丸善出版、1950、p.583
図3、図6 井上敬太：児島湾干拓沿革資料収拾録、同和鉱業株式会社、1967、口絵
図4、図7、図8 樋口輝久撮影
図5 児島湾第六区干拓工事藤田組契約書
図6 井上敬太：児島湾干拓沿革資料収拾録、同和鉱業株式会社、1967、p.291

### 戦後の児島湾と全国の農業政策
図1 井上敬太：児島湾干拓沿革資料収拾録、同和鉱業株式会社、1967、p.280
図2 児島湖発達史編纂委員会編：児島湖発達史、1972、p.408
図3 樋口輝久撮影
図4 岡山県生活環境部環境管理課：児島湖ハンドブック、2004 を基に作成
図5 農林水産省：食料需給表 を基に作成
表1 井上敬太：児島湾干拓沿革資料収拾録、同和鉱業株式会社、1967 を基に作成
表2 井上敬太：児島湾干拓沿革資料収拾録、同和鉱業株式会社、1967、p.341

## 10. 郊外開発——阪急と沿線開発
### 私鉄による都市開発の軌跡
図1 大阪市都市住宅史編集委員会編：まちに住まう——大阪都市住宅史、平凡社、1989、p.315
図2 三宅正弘作図
図3 片木篤・藤谷陽悦・角野幸博編：近代日本の郊外住宅地、鹿島出版会、2000、p.319
i 原典不詳

### 阪急のアミューズメント・デザイン
図1 阪神電車沿線案内（文字加筆）
図2 「阪神間モダニズム」展実行委員会編：阪神間モダニズム——六甲山麓に花開いた文化、明治末期-昭和15年の軌跡、淡交社、1997、p.3
図3 三宅正弘作図
図4 清水靖夫編：明治前期・昭和前期神戸都市地図、柏書房、1995（文字加筆）

### 関西私鉄の沿線開発の多角化
図1、図3、図4 阪神電車沿線案内

図2 阪急ブレーブス五十年史、株式会社阪急ブレーブス・阪急電鉄株式会社、1987、p.55
図5 阪神電気鉄道株式会社所蔵［三宅正弘：甲子園ホテル物語、東方出版、2009、巻頭］
図6 甲子園ホテル・パンフレット

### 私鉄と東京・大阪
図1 山口廣編：郊外住宅地の系譜——東京の田園ユートピア、鹿島出版会、1987、p.44［建設省建築研究所（1953）］
図2 所蔵先不詳

## 11. 道路——国道1号
### 東海道から国道1号へ
図1 北河大次郎撮影
図2 亀山市教育委員会提供
図3 ガスミュージアム（がす資料館）蔵
図4 国立公文書館蔵
図5 箱根町教育委員会提供
i 原典不詳

### 国道1号と道路法の制定
図1 国土交通省「陸運統計要覧」および国土交通省総合政策局情報政策課「交通関連統計資料集」を基に作成
図2 溝口親種：阪神国道改築工事概要（一）、道路の改良、第5巻 第2号、1923年、pp.121-132
図3 東京府：東京府一号国道改修工事概要、1926
図4 宮本武之輔：鐵筋混凝土道路、道路の改良、第7巻 第8号、1925年、p.69
図5 北海道庁札幌土木事務所：救済事業国道28号線栗山耕成間道路改良直営工事写真
図6 下川凹夫：漫書、道路の改良、第12巻 第7号、1930年、p.92
図7 春木節郎：新京浜（36号）国道新設工事、土木建築工事画報、第14巻 第2号、1938年、pp.105-107
i WATSON, G.: "Samuel Hill", Thomas Telford ltd., 1989, p.45
ii, iii 高橋裕・藤井肇男：近代日本土木人物事典、鹿島出版会、2013

### 国道1号における道路構造物のデザイン
図1、図3〜図5 土木学会附属土木図書館所蔵
図2 小野田滋撮影
図6 讓原建設株式会社提供
図7 末松栄：神奈川縣下一號國道複線道路、土木工学、第3巻 第10号、1934年、p.732
図8 武部健一：道II、法政大学出版局、2003、p.213
i〜iii 高橋裕・藤井肇男：近代日本土木人物事典、鹿島出版会、2013

### 国道の全国ネットワーク
図1、図2 北河大次郎作成
図3 牧野雅楽之丞：道路工学、常盤書房、1931
図4〜図6 日本道路協会編：日本道路史、1977. の図・データを基に作成
図7 ワトキンス調査団編・建設省道路局訳：名古屋・神戸高速道路調査報告書、建設省道路局、1956
i〜v 高橋裕・藤井肇男：近代日本土木人物事典、鹿島出版会、2013

### 高速道路の全国ネットワーク
図1、図5 土木学会編：日本の土木地理、森北出版、1974
図2 財団法人田中研究所：日本の高速自動車道、1968
図3 日本道路公団：みちのはなし、1957
図4 日本道路協会編：日本道路史、1977. のデータを基に作成
i 高橋裕・藤井肇男：近代日本土木人物事典、鹿島出版会、2013
ii 財団法人田中研究所：日本の高速自動車道、1968

## 12. 災害からの復興——帝都復興事業
### 江戸以来の防火対策と復興
図1 江戸名所図会7巻、1666［国立国会図書館蔵］
図2 東京市史稿 市街篇 第64、東京都、1973［東京都公文書館所蔵］
i, iii 高橋裕・藤井肇男：近代日本土木人物事典、鹿島出版会、2013
ii WATSON, G.: "Samuel Hill", Thomas Telford ltd., 1989, p.45

### 関東大震災の発生と帝都復興院の発足
図1　土木学会付属土木図書館デジタルアーカイブス
図2　帝都復興事業図表、第一図、東京市役所、1930
図3　帝都復興事業大観、日本統計普及会、1930
表1　諸井孝文・武村雅之：日本地震工学会論文集 第4巻 第4号、p.32、2004
i～iii　高橋裕・藤井肇男：近代日本土木人物事典、鹿島出版会、2013

### 帝都復興計画と復興体制の変遷
図1　帝都復興事業大観、日本統計普及会、1930
図2　都市計画協会所蔵
図3　帝都復興事業図表、第五図、東京市役所、1930
図4　東京都復興記念館所蔵
図5　後藤・安田記念東京都市研究所市政専門図書館所蔵
i　高橋裕・藤井肇男：近代日本土木人物事典、鹿島出版会、2013

### 土地区画整理の実施と街路・公園の整備
図1　帝都復興事業図表、第七図、東京市役所、1930
図2　帝都復興事業図表、第十図、東京市役所、1930
図3　太田圓三：帝都復興事業に就て、復興局土木部、p.122、1924
図4～図6　土木学会付属土木図書館デジタルアーカイブス
図7　帝都復興事業図表、第十五図、東京市役所、1930
図8　東京市帝都復興事業概要、東京市役所
i,ii　小野良平監修：東京の緑をつくった偉人たち、東京都公園協会、2014

### 橋梁及び河川・運河の整備と防火地区の指定
図1　帝都復興事業図表、第十一図(部分)、東京市役所、1930
図2、図3、図5、図6　土木学会付属土木図書館デジタルアーカイブス
図4　帝都復興事業誌 土木編(上巻)、復興事務局、1931、p.280
図7　帝都復興事業図表、第十三図、東京市役所、1930
図8　帝都復興事業図表、第二十五図、東京市役所、1930
表1　中井祐：帝都復興事業における隅田川六大橋の設計方針と永代橋・清洲橋の設計経緯、土木史研究論文集 23巻、p.16、2004
i,ii　高橋裕・藤井肇男：近代日本土木人物事典、鹿島出版会、2013

### 市場新設、住宅供給と横浜の復興
図1　帝都復興事業図表、第十七図、東京市役所、1930
図2　土木建築工事画報、工事画報社、1934.8、p.88
図3　土木建築工事画報、工事画報社、1934.8、p.91
図4　横浜市資料
図5　小池徳久：横濱復興録、横浜復興録編纂所、1926
i　高橋裕・藤井肇男：近代日本土木人物事典、鹿島出版会、2013

### 帝都復興後の災害と復興
図1　函館大火史、函館消防本部、1937
図2　静岡市の大火と復興
図3　公園緑地 第7巻 第4号、公園緑地協会、1943、口絵
図4　高橋康夫・中川理編：京・まちづくり史、昭和堂、2003、p.203
図5　公園緑地 第3巻 第2・3合体号、公園緑地協会、1939
図6　建設省編：戦災復興誌 第一巻(計画事業編)、都市計画協会、1959、p.89
図7　東京都建設局区画整理部計画課編：甦った東京 東京都戦災復興土地区画整理事業誌、東京都建設局、1987
図8　東京都建設局区画整理部計画課編：甦った東京 東京都戦災復興土地区画整理事業誌、東京都建設局、1987、p.21(1947.11)、p.34(1950.3)
図9　土木学会付属土木図書館デジタルアーカイブス
図10　戦災復興誌、名古屋市計画局、1984、p.36
図11　戦災復興誌、名古屋市計画局、1984、口絵
図12　戦災復興事業誌編集研究会・広島市都市整備局都市整備部区画整理課編：戦災復興事業誌、広島市都市整備局都市整備部区画整理課、1995
図13　土井祥子提供

---

## 13. 植民地経営——満州

### 「満鉄」設立
図1　川西正鑑：満州国経済地理図説、刀江書院、1934、p.2
図2　原田勝正：増補 満鉄、日本経済評論社、2007、p.60

図3　満史会：満州開発四十年史 上巻、満州開発四十年史刊行会、1964、p.298
i～ii　高橋裕・藤井肇男：近代日本土木人物事典、鹿島出版会、2013

### 満州の鉄道建設と港湾整備
図1　朝鮮総督府鉄道局：鴨緑江橋梁工事報告、朝鮮総督府鉄道局、1912
図2　大江志乃夫ほか編：(岩波講座)近代日本と植民地3 植民地化と産業化、岩波書店、1993、pp.266-267
図3　満史会：満州開発四十年史 上巻、満州開発四十年史刊行会、1964、p.12
図4　原田勝正：増補 満鉄、日本経済評論社、2007、p.211
図5　西澤泰彦：図説「満州」都市物語、河出書房新社、1996、p.71
図6　満史会：満州開発四十年史 上巻、満州開発四十年史刊行会、1964、p.595
図7　満史会：満州開発四十年史 上巻、満州開発四十年史刊行会、1964、p.602

### 満州の都市計画
図1　西澤泰彦：図説「満州」都市物語、河出書房新社、1996、p.46
図2　西澤泰彦：図説「満州」都市物語、河出書房新社、1996、p.45
図3　満史会：満州開発四十年史 上巻、満州開発四十年史刊行会、1964、p.223
図4　満史会：満州開発四十年史 上巻、満州開発四十年史刊行会、1964、p.257
図5　西澤泰彦：図説「満州」都市物語、河出書房新社、1996、p.100
図6　西澤泰彦：図説「満州」都市物語、河出書房新社、1996、p.87
図7　土木学会日本土木史編集委員会編：日本土木史 大正元年～昭和15年、土木学会、1965、p.588
i～iv　高橋裕・藤井肇男：近代日本土木人物事典、鹿島出版会、2013

### 満州の国道計画
図1　満史会：満州開発四十年史 上巻、満州開発四十年史刊行会、1964、p.633
図2　土木学会日本土木史編集委員会編：日本土木史 大正元年～昭和15年、土木学会、1965、p.274
図3　土木学会日本土木史編集委員会編：日本土木史 大正元年～昭和15年、土木学会、1965、p.723
図4、図5　満史会：満州開発四十年史 上巻、満州開発四十年史刊行会、1964、p.636
図6、図7　土木学会附属土木図書館：満州国建国初期道路建設－秋山徳三郎旧蔵写真集－

### 満州の産業計画
図1　満史会：満州開発四十年史 下巻、満州開発四十年史刊行会、1964、p.7
図2　満史会：満州開発四十年史 上巻、満州開発四十年史刊行会、1964、p.309
図3　満史会：満州開発四十年史 下巻、満州開発四十年史刊行会、1964、p.312
図4　土木学会日本土木史編集委員会編：日本土木史 大正元年～昭和15年、土木学会、1965、p.1177
図5　満史会：満州開発四十年史 下巻、満州開発四十年史刊行会、1964、p.537
図6、図7　満州国水力電気建設局編：松花江第一発電所工事写真帳 第一集、満州電気協会、1939
図8　内田弘四編：豊満ダム、大豊建設株式会社、1979
図9　満史会：満州開発四十年史 上巻、満州開発四十年史刊行会、1964、p.84

### 台湾及び朝鮮半島における植民地経営
図1　土木学会日本土木史編集委員会編：日本土木史 昭和16年～昭和40年、土木学会、1973、p.792
図2、図8　大江志乃夫ほか編：(岩波講座)近代日本と植民地3 植民地化と産業化、岩波書店、1993、pp.266-267
図3　臨時台湾総督府工事部：基隆築港誌図譜、臨時台湾総督府工事部、1916、p.7(文字加筆)
図4　臨時台湾総督府工事部：基隆築港誌図譜、臨時台湾総督府工事部、1916、p.1
図5　八田與一：嘉南大圳新設事業概要、嘉南大圳水利組合、1930

図6　土木学会日本土木史編集委員会編：日本土木史 大正元年～昭和15年、土木学会、1965、p.1156
図7　土木学会日本土木史編集委員会編：日本土木史 昭和16年～昭和40年、土木学会、1973、p.787
図9　満史会：満州開発四十年史 上巻、満州開発四十年史刊行会、1964、p.318
i, ii　高橋裕・藤井肇男：近代日本土木人物事典、鹿島出版会、2013

## 14. 発電——黒部峡谷開発

### 新たなエネルギーとしての電力
図1　関西電力五十年史編纂事務局：関西電力五十年史、関西電力株式会社、2002、p.13
図2　関西電力五十年史編纂事務局：関西電力五十年史、関西電力株式会社、2002、p.14
図3　樋口輝久撮影
図4　関西電力五十年史編纂事務局：関西電力五十年史、関西電力株式会社、2002、p.64
図5　関西電力五十年史編纂事務局：関西電力五十年史、関西電力株式会社、2002、p.78
図6　小竹即一：電力百年史 前編、政経社、1980、pp.834-835 を基に作成
図7　土木学会附属土木図書館：古市公威旧蔵写真館、15-2
図8　南亮進：動力革命と技術進歩、東洋経済新報社、1976、p.226 を基に樋口輝久作成
図9　小竹即一：電力百年史 前編、政経社、1980、pp.758-764 を基に作成
表1　関西電力五十年史編纂事務局：関西電力五十年史、関西電力株式会社、2002、p.16
i, ii　原典不詳

### 水力開発ブーム
図1　土木学会附属土木図書館：戦前土木絵葉書ライブラリー、発電所24
図2　橘川武郎：日本電力業発展のダイナミズム、名古屋大学出版会、2004、pp.35, 67 を基に作成
図3　土木学会附属土木図書館：戦前土木絵葉書ライブラリー、発電所85
図4　工業会：明治工業史電気編、工学会明治工業史発行所、1930、附図
図5　水力技術百年誌編纂委員会編：水力技術百年史、電力土木技術協会、1992、pp.29, 39, 48 を基に作成
図6　土木学会附属土木図書館：戦前土木絵葉書ライブラリー、発電所108
i, ii　原典不詳
iii　高橋裕・藤井肇男：近代日本土木人物事典、鹿島出版会、2013

### ダム技術の発達
図1　久保田雄三：日本電力株式会社十年史、1933、附図
図2　土木学会附属土木図書館：戦前土木絵葉書ライブラリー、発電所101
図3　土木学会附属土木図書館：戦前土木絵葉書ライブラリー、発電所97
図4　東京電力株式会社提供
図5　土木學會：土木學會誌臨時増刊 土木工事寫眞集、1930、p.20
図6　石井頴一郎：小牧發電工事報告、土木學會誌、18巻4号、1932、pp.389-454
図7　山本格：塚原堰堤工事 其二・工事設備に就て、土木建築工事畫報、15巻2号、1939、p.55
図8　通商産業省公益事業局水力課：日本發電用高堰堤要覧、發電水力協会、1954、p.324
表1　水力技術百年誌編纂委員会編：水力技術百年史、電力土木技術協会、1992 を基に作成
i, ii　高橋裕・藤井肇男：近代日本土木人物事典、鹿島出版会、2013

### 黒部峡谷における電源開発と自然保護
図1　関西電力株式会社黒四建設記録編集委員会：黒部川第四発電所建設史、1965、p.29
図2　黒部鐵道株式會社、1928（文字加筆）
図3　関西電力五十年史編纂事務局：関西電力五十年史、関西電力株式会社、2002、p.181
図4　土木学会附属土木図書館：石井頴一郎旧蔵写真集59

図5　樋口輝久撮影
図6　日本電力の黒部川第三發電所工事、土木建築工事畫報、12巻11号、1936、p.244
図7　齋藤孝二郎：黒部の發電工事、土木建築工事畫報、16巻2号、1940、p.48
i　高橋裕・藤井肇男：近代日本土木人物事典、鹿島出版会、2013
ii　原典不詳

### 戦後の電源開発とエネルギー源の多様化
図1　関西電力五十年史編纂事務局：関西電力五十年史、関西電力株式会社、2002、p.393
図2、図3　樋口輝久撮影
図4　立山黒部アルペンルート
図5　資源エネルギー庁：エネルギー白書2012 を基に作成
図6　関西電力五十年史編纂事務局：関西電力五十年史、関西電力株式会社、2002、p.301
表1　関西地方電気事業百年史編纂委員会：関西地方電気事業百年史、1987 を基に作成

## 付録：東北開発計画

図1　日本大百科全書 第21巻、小学館、1988、p.503 を基に作成
図2　岩本由輝：東北開発120年（増補版）、刀水書房、2009、p.6
図3　松浦茂樹：明治の国土開発史 近代土木技術の礎、鹿島出版会、1992、p.63 に①～⑦の関連情報を加筆
図4　勝田政治：廃藩置県、講談社、p.8 を基に作成
図5　郡山市：郡山の歴史、2004、p.110.［高橋哲夫：安積野士族開拓誌、歴史春秋社、1983、p.111］の所収図に一部修正
図6　東北大学大学院 後藤光亀、株式会社大江設計提供
図7　高橋康夫・吉田伸之・宮本雅明・伊藤毅編：図集 日本都市史、東京大学出版会、1993、p.268 を基に作成
図8　大蔵省：起業公債并起業景況第三回報告、1880
図9　運輸省塩釜港湾空港工事事務所提供
図10　知野泰明撮影
図11　地方史研究協議会：日本産業史体系（東北地方篇）、東京大学出版会、1960
図12　渡辺信夫監修：東北の街道一道の文化史いまむかし一、付図、東北建設協会、1998 を基に作成
図13　小出博：利根川と淀川、中公新書、p.107、1975
図14　明治財政史編纂会編：明治財政史 第八巻、吉川弘文館（再版）、1904 のデータを基に作図
図16　松浦茂樹：明治の国土開発史 近代土木技術の礎、鹿島出版会、1992、p.30.［原図は、沢本守幸：公共投資百年の歩み、大成出版社、1981、pp.109-111］
図17、図18　原田勝正：日本鉄道史 技術と人間、刀水書房、2001、巻末付図
図19　矢野恒太記念会：数字でみる日本の100年（改訂第4版）、2000、pp.36-38 の統計表から作図
図20　東日本旅客鉄道株式会社提供
図22　東北電力：東北地方電気事業史、1960、p.54
図23　東北電力：東北地方電気事業史、1960、p.57
図24　矢野恒太記念会：数字でみる日本の100年（改訂第4版）、2000、pp.175, 178 の統計表から作図
図25　矢野恒太記念会：数字でみる日本の100年（改訂第4版）、2000、pp.203-204 の統計表から作図
図26　小出博：日本の河川 自然史と社会史、東京大学出版会、1970、p.76
図27　東北電力：東北地方電気事業史、1960、付図
図28　東北の土木史編集委員会編：東北の土木史、土木学会東北支部、1969、p.97
図29　東北の土木史編集委員会編：東北の土木史、土木学会東北支部、1969、p.64
図30　東北の土木史編集委員会編：東北の土木史、土木学会東北支部、1969、p.153
図31　「水土を拓いた人びと」編集委員会・農業土木学会編：水土を拓いた人びと一北海道から沖縄まで　わがふるさとの先達一、農山漁村文化協会、1999、p.20
年表　東北の土木史編集委員会編：東北の土木史、土木学会東北支部、1969 より抜粋

# 索引

## あ

青山士　069
安積疏水　095, 102, 196, 198
鞍山製鉄所　176

## い

石井頴一郎　188, 189
石狩川　047, 050, 052
石川栄耀　091
井上勝　028, 029, 036, 037

## う

ウォートルス　084, 139, 150

## え

衛生　015, 090, 108, 112, 169, 172
永代橋　150, 158, 159
エコール・サントラル　013
エッセル　058, 059, 068, 078
エディストーン灯台　012

## お

逢坂山トンネル　028, 029
王子製紙　054
大井ダム　187
大久保藤五郎忠行　106
大久保利通　022, 023, 095, 144, 194
大隈重信　075
大河津分水　067〜069
大阪港　030, 058, 059, 178
太田圓三　153, 158
岡崎文吉　052, 053
岡山港　123
沖野忠雄　052, 059, 060, 079, 081
小樽港　030, 049, 050, 072, 075, 078
帯広　053, 054
お雇い外国人　022, 025, 050, 058, 084, 095

## か

外国人居留地　020, 073, 150
改正鉄道敷設法　039
改税約書　020
街路構造令　145
河港道路修築規則　064, 080
笠井愛次郎　120, 121
河水統制事業　196
河川管理施設等構造令　063
河川法　024, 064, 065, 080, 095
嘉南大圳　178
河村瑞賢　058, 095, 197
川崎運河　103

神田上水　106
官庁集中計画　084, 088
関東軍　169, 174
関東大震災　075, 077, 088, 108, 143, 144, 151, 152, 160, 162
函嶺洞門　143

## き

北垣国道　050, 094, 095
北但馬地震　162
軌道法　040, 041
狭軌　032, 038
京都市営電気軌道　098
京都電気鉄道　098
京伏運河　102
清洲橋　158, 159
銀座煉瓦街　073, 084, 138, 150

## く

熊沢蕃山　119
栗子隧道　195
クロフォード　048, 049
黒部川第三発電所　184, 188, 189
黒部川第二発電所　184, 188
黒部川第四発電所　184, 190
黒部ダム　187, 190, 191

## け

蹴上発電所　182, 183
京浜運河　077, 102, 103, 154, 161
京釜線　179
軽便鉄道法　038〜040
毛馬洗堰　060〜062, 066
毛馬閘門　062
ケレップ水制　058

## こ

広軌　032, 038
工技生養成所　028, 029
神戸港　030, 072, 076, 077, 079
香櫨園　128, 130
港湾整備緊急措置法　081
港湾法　080, 081
五カ条の誓文　022
国土開発幹線自動車道建設法　147
国土開発縦貫自動車道建設法　146, 147
児玉源太郎　169, 178
五島慶太　041
後藤新平　037, 108, 109, 152, 153, 155, 156, 169, 173, 177, 178, 184
小林一三　041, 128〜131, 134, 135, 164
小牧ダム　187
駒橋発電所　184
五稜郭　046
コレラ　086, 108, 109, 112

## さ

札幌　046〜050
札幌農学校　025, 048〜050
札幌本道　047
佐野藤次郎　112, 113
佐野利器　152〜154, 173
三居沢発電所　182
三本木ヶ原開拓　198
三陸津波　163

## し

市街地建築物法　090, 099, 140, 151, 159, 166
時局匡救事業　141
静岡大火　162
私設鉄道法　036, 038, 039
civil engineering（シビルエンジニアリング）　012
渋沢栄一　022, 086, 087, 134, 140
島津斉彬　021
集成館　021
シールド工法　042, 043, 110
新京　168, 169, 173, 174
新京吉林国道（京吉国道）　174, 175

## す

水豊ダム　179
水力発電　054, 096, 097, 099〜101, 176〜179, 182, 184, 186, 190, 196, 197
隅田川六大橋　158
隅田公園　157
スミートン　012, 013
角倉了以　095

## せ

政友会　140, 141
関宿水閘門　067
瀬田川洗堰　060〜062, 066
全国新幹線鉄道整備法　034, 196
戦災復興事業　157, 163〜165

## そ

十河信二　032, 033, 153

## た

大連　170, 172, 175
台湾総督府　169, 178
高橋是清　141
高峰譲吉　185
宝塚　128, 130〜132, 134
田中豊　158
田辺朔郎　050, 051, 095〜097
ターミナルデパート　132, 134
ダム式発電　187
ダム水路式発電　187
淡水化　124, 125

丹那トンネル　031,042

## ち

地方鉄道法　038〜040,140
沖積層　106
長春　168,170,172,173,175
朝鮮総督府　170,179

## つ

塚原ダム　187
津田永忠　118,119

## て

貞山運河　195
帝都復興院　152〜155,158
帝都復興事業　152,154〜158,161〜163,173
鉄道国有法　037,195
鉄道敷設法　024,036,038,039,051
テルフォード　012,013,174
デ・レーケ　058〜061,074,075,078,095
田園都市論（Garden-City論）　015,129,134

## と

東海道　029,030,038,060,072,102,138〜140,142,
　　161
東海道新幹線　032〜034,196
東急電鉄　041,135
東京駅　042,088
東京市区改正　042,086,087,089,099,160
東京市区改正新設計　042
東京築港　074,077,078,154
東京電灯　182〜184
東京防災令　151
東京モノレール　043
東京緑地計画　090,091,093
同潤会　160
東名・名神高速道路　138
東洋アルミナム　185,186
道路橋梁河川港湾等通行銭徴収ノ件　080
道路構造令　142,145
道路法　080,140,142,144,145
徳川家康　106,107
特別都市計画法　151,154,164
都市計画法　090,099,151,154,156,160,163
土地区画整理　090,154,156,158,162,164
利根川橋　139,142
土木学会　012,156
土木試験所　144
ドールン　058,059,074,075,078,095,195,199

## な

内国勧業博覧会　040,098,100,182
直木倫太郎　153,155,156,173
中川運河　103
中島鋭治　109

## に

日米修好通商条約　020,072,108
日本鉄道　029,036,182,195
日本電力　184,188,197
日本道路公団　147
日本橋　040,084,088,142,144,160

## ぬ

布引五本松堰堤　112,114,115

## の

野蒜港　078,194

## は

函館　020,046,047,051,109,114,144
函館大火　162
箱根　031,139,143
哈大道路　174,175
八郎潟干拓事業　199
八田與一　178,179
服部長七　121
パーマー　030,074,075,109,112
原口要　025,086,087
原敬　140
ハリス　072
バルトン　112,113
阪急電鉄　041,128
阪神大水害　163
阪神電鉄　128,129,134
万世大路　195,199

## ひ

聖橋　158
日比谷公園　088,095
平井晴二郎　025,109
広井勇　049〜051,078
琵琶湖疏水　089,094〜102,182

## ふ

富岩運河　103
福沢諭吉　022,100
藤井真透　146,147
藤田伝三郎　120,121
撫順炭鉱　176
ブラントン　058,068,073,074
古市公威　025,060,068,074,076,079

## へ

ベックマン　085

## ほ

ホイーラー　049
ボイル　029

## は

哈大道路　174,175
奉天　169,170,172,173,175
豊満ダム　177
北海道鉄道敷設法　036,051
本多静六　088,089

## ま

牧彦七　145,161
増田淳　142,143
松ヶ崎放水路　068
松田道之　086,151
満州　055,091,168,170,172,174,177
満鉄　152,168〜173,176,177

## み

三島通庸　144,145,193,196
三角港　078
南一郎平　095
南満州鉄道株式会社　168
箕面有馬電気軌道　128〜132
民政党　141,144

## む

ムルデル　059,068,074,075,078,120,121,124

## め

目黒蒲田電鉄　134,135

## も

モレル　028,029

## や

山県有朋　086
山口文象　188,189
山田胖　185

## ゆ

湧水　031,106,107

## よ

横浜築港　050,072〜075,078,081
芳川顕正　086,151
吉村長策　112,113
淀川大堰　063

## り

陸上交通事業調整法　041

## ろ

ローラーゲート　062,063,067,068

## わ

稚内港北防波堤ドーム　051
ワトキンス　147

# おわりに

　図ったわけではありませんが、明治150年を迎える平成30年に、ようやく本書を刊行することができました。平成16年に小委員会による本格的な教材検討を始めてから14年、幾度かの中断はありましたが、その度に先輩諸兄から叱咤激励いただき、本書を未完に終わらせることなく、どうにか刊行にこぎつけることができました。

　さて、刊行までの14年間に、東日本大震災をはじめとして、人々の価値観を大きく揺さぶる様々な出来事がありました。それまでの常識や定説が覆されたこともあります。しかし本書の内容は、決して賞味期限の切れた古びた内容ではありません。各章の図版や解説は、各執筆者が、先人の偉業、時には失敗に真摯に向き合い、これから土木を学ぼうとする学生をはじめ未来の技術者や専門家に伝えるべき事柄を丁寧に紡ぎ出した成果であるということができます。それらは、たとえ長い時を経ても古びることはなく、技術者や専門家が眼前の課題に取組む際の羅針盤となることでしょう。

　とはいえ、本書の内容が完璧であるとは思いません。また、土木史研究委員会では、戦後に建設された土木施設の歴史的・文化的価値評価について議論を始めています。それこそ「刊行までいったい何年かかるんだ?」と問われそうですが、本書の続編にぜひご期待ください。

　将来を見通すことが難しい時こそ、歴史に学ぶことが重要であることは言うまでもありません。本書が、明るい将来を築くための一助となれば幸いです。

　最後に、出版に向けて長年ご尽力いただいた鹿島出版会の橋口聖一様、制作をご担当いただいたしまうまデザインの高木達樹様に御礼申し上げ、結びといたします。

土木学会 土木史研究委員会<br>
教材検討小委員会 幹事長<br>
阿部貴弘

# 図説 近代日本土木史

2018年 7月10日　第1刷発行
2020年10月10日　第3刷発行

編　者　　土木学会土木史研究委員会

発行者　　坪内文生

発行所　　鹿島出版会
　　　　　〒104-0028 東京都中央区八重洲2-5-14
　　　　　電話 03-6202-5200
　　　　　振替 00160-2-180883

印刷・製本　壮光舎印刷

デザイン　　高木達樹（しまうまデザイン）

©Committee on Historical Studies in Civil Engineering, JSCE, 2018
Printed in Japan
ISBN 978-4-306-02495-3 C3051

落丁・乱丁本はお取り替えいたします。
本書の無断複製（コピー）は著作権法上での例外を除き禁じられています。
また、代行業者等に依頼してスキャンやデジタル化することは、
たとえ個人や家庭内の利用を目的とする場合でも著作権法違反です。

本書の内容に関するご意見・ご感想は下記までお寄せ下さい。
URL : http://www.kajima-publishing.co.jp
e-mail : info@kajima-publishing.co.jp